普通高等教育一流本科专业建设成果教材

现代数据采集技术

葛 亮 甘芳吉 主编

U0205513

Modern
Data Acquisition
Technology

化学工业出版社
·北京·

内容简介

数据采集已经成为现代科技中不可或缺的一部分，本书全面并系统地介绍了现代数据采集技术。全书共分 10 章，主要内容包括：数据采集及其基本原理、数据采集系统常用传感器、数据采集信号调理、多路模拟开关、模/数转换器、数/模转换器、数据传输技术、采样数据处理与分析、数据采集板卡、数据采集系统设计。

本书图文并茂，注重理论与实际的结合，其中部分应用实例系作者近年来科研工作的经验总结，尽量做到帮助读者合理且正确地设计数据采集系统。本书可作为高等院校仪器仪表、机电一体化、电子信息类、自动化等相关专业的教材，也可作为相关工程技术人员的参考用书。

图书在版编目（CIP）数据

现代数据采集技术 / 葛亮，甘芳吉主编. —北京：
化学工业出版社，2024. 9
ISBN 978-7-122-45766-0

Ⅰ.①现…　Ⅱ.①葛…　②甘…　Ⅲ.①数据采集
Ⅳ.①TP274

中国国家版本馆 CIP 数据核字（2024）第 108075 号

责任编辑：丁文璇　　　　　　文字编辑：毛亚囡
责任校对：宋　夏　　　　　　装帧设计：张　辉

出版发行：化学工业出版社
　　　　　（北京市东城区青年湖南街 13 号　邮政编码 100011）
印　　装：河北延风印务有限公司
787mm×1092mm　1/16　印张 16¼　字数 409 千字
2024 年 9 月北京第 1 版第 1 次印刷

购书咨询：010-64518888　　　　售后服务：010-64518899
网　　址：http://www.cip.com.cn

定　　价：50.00 元

编写人员名单

主　编：葛　亮　西南石油大学
　　　　甘芳吉　四川大学

副主编：刘　娟　西南石油大学
　　　　方　鑫　西南石油大学
　　　　杨秋菊　西南石油大学
　　　　韦国晖　西南石油大学
　　　　林丽君　成都大学
　　　　徐　倩　西南石油大学
　　　　赵书朵　西南石油大学

参　编：肖小汀　西南石油大学
　　　　王　飞　中国石油西南油气田分公司
　　　　丁昕炜　中国石油西南油气田分公司
　　　　王　超　中国石油西南油气田分公司
　　　　陈　昊　西南石油大学
　　　　牟　强　西南石油大学

审　稿：石明江　西南石油大学
　　　　张　禾　西南石油大学
　　　　赖　欣　西南石油大学

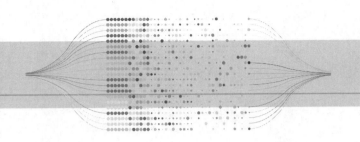

序

　　在互联网行业快速发展的今天，数据采集极大地推动了信息化进程，为企业和个人提供了更加精准、全面、高效的数据支持。随着技术的不断更新换代，数据采集在未来的发展前景也备受瞩目。随着大数据时代的来临，各种类型、各种规模的数据都在不断涌现，而这些数据需要通过数据采集技术进行处理和分析，才能为企业和个人所用。智能硬件设备也为数据采集技术提供了更多可能性，例如传感器技术和物联网技术等。人工智能技术作为数据采集领域中最重要的驱动力之一，它的不断升级也为数据采集带来了更多可能性。通过机器学习和深度学习等技术手段，机器可以不断地提升自己的数据采集能力，同时也降低了人工干预的成本，提高了数据采集的准确性和速度。总之，数据采集在未来的发展前景十分广阔。在这个领域中，市场需求日益增长、人工智能技术持续升级、大数据时代来临、智能硬件设备的普及、开源社区技术发展迅速、云计算技术的普及、产业链不断完善和政策环境逐步完善等因素，都将推动数据采集进入一个全新的时代。

　　《现代数据采集技术》正是针对当前技术与市场需求，结合作者多年科研成果和教学探索最终形成。在内容安排上，保证学生有较厚实的理论基础，满足本科教学要求，使学生日后具有较强的发展潜力；在知识结构上，本教材以工程应用为背景，结合本学科前沿的新进展和有关的技术进步成果，用现代的思想、观点和方法重新认识基础内容并引入现代科技的新内容；在教材建设上，本教材适应网络时代多样化的教学需要，课程配套资源质量高，满足创新人才培养需求。全书还提供若干可操作的设计案例，并且将作者的一些科研成果以案例形式介绍给学生，通过对本教材的学习，有利于学生掌握数据采集与接口的基本技术，了解数据采集系统硬件和软件的设计方法，为将来从事数据采集与处理工作打下基础。

　　相信本书的出版，会为检测领域的工程技术人员、科技工作者和高校师生提供有价值的借鉴和参考。

长江学者

英国纽卡斯尔大学　教授

田贵云

2024 年 3 月

前　言

数据采集技术是信息科学的一个重要分支，它研究信息数据的采集、存储、处理及控制等工作，与传感器技术、信号处理技术、计算机技术一起构成了现代检测技术的基础。数据转换技术（A/D 和 D/A）作为数据采集处理和过程控制的基本手段，已在工业生产和科学实验中得到广泛应用。现代工业生产和科学研究对数据采集的要求日益提高，在瞬态信号测量、图像处理等一些高速、高精度的测量中，都需要进行数据采集。许多高校在相关专业中设置了数据采集相关的课程，以培养高层次的数据采集专门技术人才。为促进数据采集相关课程的专业教学和培训的系统化，编者结合多年教学过程中的探索，最终形成本书。本书亦为西南石油大学国家级一流本科专业建设点测控技术与仪器专业的建设成果之一。

本书主要基于现代信息化技术的需要，讲述数据采集系统中的基本概念、基本理论、工作原理、组成、性能、使用/设计方法和处理方法等，目的是帮助读者在设计和实际应用过程中正确、合理地搭建数据采集系统。《现代数据采集技术》针对学生培养需要，强调基本理论、基本概念，突出软件与硬件的结合，着重设计方法，偏重实际应用。书中附有工程现场应用实例和程序，其中大部分系作者近年来科研工作中的经验总结，突出理论与实践的结合，具有内容新颖、实用和工程性强的特点。《现代数据采集技术》共分为 10 章，主要内容包括：数据采集及其基本原理、数据采集系统常用传感器、数据采集信号调理、多路模拟开关、模/数转换器、数/模转换器、数据传输技术、采集数据处理与分析、数据采集板卡、数据采集系统设计（含 3 种类型数据采集系统设计案例电子教案）。通过对教材的学习，有利于学生掌握现代数据采集基本技术，了解数据采集系统硬件和软件的设计方法，为将来从事数据采集与处理工作打下基础。

本教材具有如下 4 个方面的特色：

（1）本教材在内容的编排上以数据采集信号流动方向为主要框架和分章依据，易于理解和掌握，且内容难度适中；

（2）与前期的基础课程内容冲突较少，减少重复，有利于发挥课堂学时的最佳作用；

（3）具有行业和专业特色，内容新，教材内容结合各个要素及设计环节进行系统全面的分析和展示，并且包括实际工程应用的案例；

（4）通过提升课程的配套资源质量，资源涵盖配套练习题、课件、慕课，实现紧跟国家教育步伐、满足创新人才培养的需求、适应网络时代多样化的教学需要。

本教材得到了西南石油大学 2021 年校级规划教材立项及国家自然基金面上项目（52374234）资助。

由于编者水平有限，书中难免存在不妥之处，殷切希望相关领域专家和广大读者批评指正。

编者

于明志楼

2023 年 8 月

目录

第 9 章　数据采集板卡 ……………………………………… 206

第1章

数据采集及其基本原理

1.1 数据采集的发展与历史

1.1.1 数据采集技术的起源

数据采集技术的起源可追溯到工业革命时期。公元 1788 年前后，最古老的数据采集系统——离心调速器由英国工程师詹姆斯·瓦特发明。离心调速器是瓦特于 1788 年为他的商业搭档马修·博尔顿的蒸汽机改进速度控制而设计的，该设计大大促进了工业大生产的进程，距今已有二百多年的历史，到目前仍在广泛使用。

蒸汽机离心调速器如图 1-1 所示，离心调速器输出轴上的锥齿轮、链条可看作数据采集器。蒸汽机启动后，通过锥齿轮将转动传到离心调速器的转轴上，带动连杆机构上的两个飞摆绕转轴转动，飞摆的惯性令其做离心运动，而弹簧则对两个飞摆提供向心力。飞摆的离心运动带动套筒向上运动，杠杆将套筒的运动传递到蒸汽阀门，便能调节阀门的开度，而阀门的开度又调节了蒸汽进给量，从而调节蒸汽机转速。在蒸汽机运转过程中，当转速超过设定转速时，弹簧的弹力小于飞摆所需向心力，飞摆做离心运动，带动蒸汽阀门，减小开度，进气量降低，蒸汽机转速降低。当蒸汽机转速小于设定转速时，弹簧弹力大于飞摆所需向心力，飞摆向转轴靠拢，带动蒸汽阀门增大开度，进气量增大，蒸汽机转速增加。最终，离心调速器通过弹簧和飞摆所需的向心力达到调节蒸汽机转速的目的，令蒸汽机转速始终保持在一个稳定的设定值。这种采用机械式调节原理实现速度自动控制的动力机，推动了第一次工业革命的进程。图 1-1 中输出轴链轮→链条→飞摆→调节器套筒→蒸汽阀门的蒸汽机调速路线构成了现代闭环反馈控制的雏形。蒸汽机转速稳定性问题吸引了众多著名的工程师、物理学家和数学家从事该领域的研究，进而逐渐形成了经典的控制论。

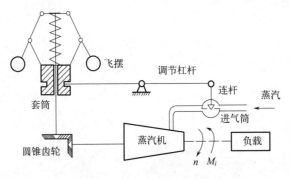

图 1-1   蒸汽机离心调速器

1.1.2   数据采集技术的发展历程

20 世纪 50 年代，美国率先将数据采集技术用于军事测试系统，测试中由非熟练人员进行操作，并且测试任务是由测试设备高速自动控制完成的。由于该种数据采集测试系统具有高速性和一定的灵活性，可以满足众多传统方法不能完成的数据采集和测试任务，因而得到了初步的认可。

20 世纪 60 年代后期，国外已有成套的数据采集设备产品进入市场，此阶段的数据采集设备和系统多属于专用的系统。这些系统大多数由几台显示器和记录仪组成，这些记录仪可以是模拟式的，也可以是数字式的，由一台程序控制器和小型计算机控制，用于某一特定的检测目标。其特点是程序固定、功能简单、具有一定的分析能力。然后是接口卡积木式系统，它是把设计成与程控仪器相适应的接口卡箱装在专用的计算机内。在某系统中，如果使用仪器相同，就不必更改接口卡，不同的系统配备不同的仪器，则只需将要使用的仪器卡插进去，不需要的抽出来，更改几条接线即可，这种系统比测试台灵活得多。长期以来，人们希望有一种国际通用的标准接口系统。如果在世界各地都按统一标准来设计可程控的仪器、仪表和器件，就可以把任何厂家生产的任何型号的可程控的器件与计算机用一条无源的标准总线电缆互相连接起来，为此 1966 年欧洲研究了 CAMAC 系统和 IEEE-488 总线系统。

20 世纪 70 年代，数据采集系统逐渐发展为两类：一类是实验室数据采集系统；另一类是工业现场数据采集系统。就使用的总线而言，实验室数据采集系统多采用并行总线，工业现场数据采集系统多采用串行数据总线。20 世纪 70 年代中后期，随着微型机的发展，诞生了采集器、仪表同计算机融为一体的数据采集系统，出现了高性能、高可靠性的单片机数据采集系统（DAS）。这个时期的数据采集系统采用先进的模块式结构，根据不同的应用要求，通过简单地增加和更改模块，就可扩展或修改系统，迅速地组成一个新的系统，如图 1-2 所示。例如，美国 Keithley 公司的 DAS500 系列数据采集系统，就是用 10 个模块，根据功能不同选择组合，迅速组成小型的数据采集系统。又如英国 Solartron 公司 3530 模块是一个体积小、功能强的数据采集系统，通过组合最多可拥有 3600 个输入输出通道进行测量和控制，用 FORTRAN 语言编制测试和控制程序，实现对 3530 模块的控制，完成预定的数据采集和控制任务。由于这种数据采集系统的性能优良，超过了传统的自动检测仪表和专用数据采集系统，因此获得了惊人的发展，出现了数据自动检测、过程自动控制、数据自动处理的数据采集和自动控制系统。

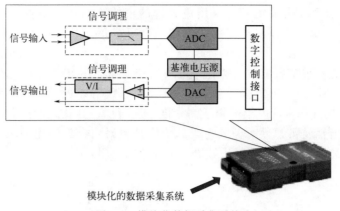

图 1-2　模块化数据采集系统

20 世纪 80 年代，随着微型计算机的普及应用，数据采集系统得到了极大的发展，开始出现了通用的数据采集与自动测试系统。该阶段的数据采集系统主要有两类。一类由仪器仪表、采集器、通用接口总线和计算机等构成，国际标准 IEC 625（GPIB）接口总线系统就是一个典型的代表。这类系统主要用于实验室，在工业生产现场也有一定的应用。第二类由数据采集卡、标准总线和计算机构成，STD 总线系统是这一类的典型代表，如图 1-3 所示。这种接口系统采用积木式结构，把相应的接口卡装在专用的机箱内，然后由一台计算机控制，这类系统在工业现场应用较多。实际应用中，如果采集测试任务改变，只需将新的仪用电缆接入系统，或将新卡再添加到专用的机箱即可完成硬件平台重建。显然，这种系统比专用系统灵活得多。1982 年，美国设计生产了在军事/航空方面应用的完整的 12 位（bit）单片机数据采集系统，体积非常小，耐温（−55～125℃），这是与计算机完全兼容的数据采集系统。有的系统产品的量化器位数达到 24 位，采集速率每秒达到几十万次以上，通道可达几千个。

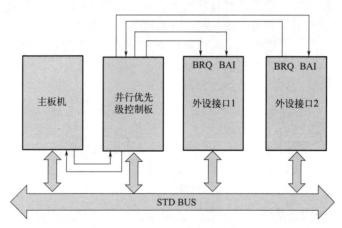

图 1-3　STD 总线系统机构

20 世纪 80 年代后期，数据采集系统发生了极大的变化，工业计算机、单片机和大规模集成电路的组合，使用软件管理，让系统使用成本降低、体积减小、功能成倍增加，数据处理能力大大加强，进入了现代数据采集技术阶段。

1.1.3　现代数据采集技术及发展

20 世纪 90 年代至今，数据采集技术快速发展，在军事、航空航天、机械制造等领域被广泛应用。该阶段数据采集系统采用更先进的模块式结构，根据不同的应用要求，通过简单地增加和更改模块，并结合系统编程，就可扩展或修改系统，迅速地组成一个新的系统。

　　该时期总线数据采集系统向高速化、模块化和即插即用方向发展，典型系统有 VXI 总线系统（如图 1-4 所示）、PCI 总线系统、PXI 总线系统等。数据位已达到 32 位总线宽度，比特率可以达到 100Mbps，由于采用了高密度、屏蔽型、针孔式的连接器和卡式模块，可以充分保证其稳定性及可靠性，但其昂贵的价格是阻碍它在自动化领域普及的一个重要因素。但是，并行总线系统在军事等领域取得了成功的应用。

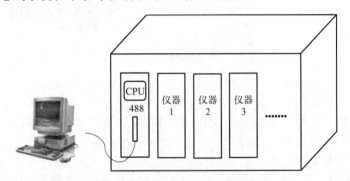

图 1-4　典型 VXI 总线系统框图

　　串行总线数据采集系统向分布式系统结构和智能化方向发展，可靠性不断提高。数据采集系统物理层通信，因为采用 RS-485、双绞线、电力载波、无线传输和光纤，所以其技术得到了不断发展和完善。串行总线数据采集系统在工业现场数据采集和控制等众多领域中得到了广泛的应用，如图 1-5 为典型工业现场数据采集系统框图。由于目前局域网技术的发展，一个工厂管理层局域网、车间层的局域网和底层的设备网已经可以有效地连接在一起，可以有效地把多台数据采集设备连在一起，以实现生产环节的在线实时数据采集与监控。从它的系统性和配置来看，已进入分布式智能系统。由于数据采集器是全部互连的，因此它可支持终端对终端通信、应用转换和在大多数点对点环境中不常使用的功能。利用网络作为信息交换的介质，例如提供对用户文件和数据库的访问、支持电子邮件应用等。

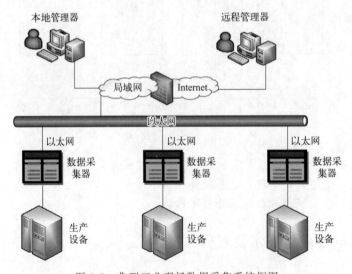

图 1-5　典型工业现场数据采集系统框图

局域网可作为不同类型或不同厂商设备之间的公共接口，这样用户可免于对单个厂家的依赖。它可以把老的技术设备同新的技术设备结合起来，延长现有系统的使用寿命。设备可安装到设施最便利的地方或用户方便的邻近地方，不必集中在一个区域。过去不能连接的计算机终端可通过局域网结合在一起，使分散的信息处理功能结合成为一个整体，可以集中收集数据系统网络和其他网络管理的资料。控制中心可进行网络范围的故障隔离诊断、错误处理和报告。联网分布式处理可以淘汰中央控制计算机，避免网络失效，扩大网络发展极限和改善服务，它比一般点对点网络传送信息速率高、误差率低、传输距离长。信息通过量每个通道为 200kbps～50Mbps，误差率为 10^{-3}～10^{-13}。同时扩展简单、灵活，如果要在网络上增加一个用户设备，如同把它插入专用接口那样简单，不必重新组合网络。用户设备可从一个地方转移到另一个地方。总之，局部网络的发展使得无论是单机还是通过联网的多机数据采集系统，今后必将在数据采集控制领域得到迅速的发展。

传统的数据采集系统主要采用数据采集卡，近年来，数据采集系统的速度以及数字信号处理技术得到了飞速发展，同时，USB 技术、以太网技术及无线通信技术在数据采集系统中的应用使其接口方式得到了拓展，便携式数据采集系统越来越受到用户的青睐。单片机、ARM、DSP、FPGA 等多种微处理器的应用使数据采集卡市场百花齐放。目前，国内的数据采集卡市场主要由国外公司主导，高速和高精度方面尤为突出。日本东京测器研究所生产的 TDS-150 便携式数据记录仪是一种静态数据采集仪，测量通道达 50 个，具有休眠间隔定时和数据存储功能，可进行长期自动测量，配有 USB 和 RS-232 端口，可读取各种测量设置和测量数据并传输到电脑里。美国 NI 公司的 compactDAQ 与以太网技术相结合，将高速数据采集的范畴扩展到实验室乃至全球的远程传感器和电子测量，与 LabVIEW 软件紧密集成，能以较少的开发投入换取最高的性能。国内公司的产品较之国外的产品在通用性、稳定性方面还有很大的差距，随着国内公司研发资金和技术的投入，开发数据采集系统已达到比较高的水平。

综上所述，现代数据采集系统具有以下发展趋势：

① 大规模集成电路及计算机技术的飞速发展使其硬件成本大大降低。

② 数据采集系统一般由计算机控制，使其采集质量和效率大大提高。

③ 数据采集与处理工作的紧密结合，以及结合了人工智能，使系统工作实现了一体化。

④ 数据采集系统的实时性，同时能够满足更多实际应用环境的采集和信息传输、数据处理和分析要求。

⑤ 数据采集系统一般都配有 A/D 转换器，有的还配有 D/A 转换器，这样计算机就可以处理模拟量和数字量。另外还配有采样保持电路、放大调节电路和逻辑控制电路等。

⑥ 随着微电子技术的发展，电路集成度的提高使数据采集系统的体积越来越小，可靠性越来越高，数据采集在常规应用领域技术越来越成熟。

⑦ 总线在数据采集系统中有着广泛的应用，总线技术对数据采集系统结构的发展起着重要作用。

1.2　现代数据采集技术的应用

现代数据采集技术作为一种新兴技术在测试和控制领域中备受关注。特别是随着计算机技术的飞速发展，数据采集技术已在实验测试、日常生活、交通运输、工农业生产及军事等领域广泛应用。在生产过程中，数据采集技术可对生产现场的工艺参数进行采集、监控和记录，从而提高产品质量、降低成本。同时，现代工业生产和科学研究对数据采集的要求日益提高，在瞬态信号测量、图像处理等一些高速、高精度的测量中，都需要进行高速数据采集。

（1）数据采集在实验室测试中的应用

数据采集是实验室进行各种试验必不可少的技术手段，由于实验性质、实验方法以及实验要求等各方面的不同，实验过程中的数据采集非常复杂。同一实验往往需要配备多种传感器及相应数据采集系统（二次仪表），实验准备工作量大，实验数据的分析、整理费工费时，一致性不容易保证。因此将各种复杂的实验参数测量由一套数据采集系统完成，将在很大程度上提高实验室工作的效率，减少实验过程中数据采集的误差。

如图1-6所示的数字化实验室数据采集系统，它是一种用于实时采集数据的智能化系统，由传感器、数据采集器、计算机及配套软件构成。探究性实验室实验是以真实的实验为基础，应用传感器代替传统的实验仪器，通过数据采集器将采集到的实验数据送往计算机进行数据处理、图线分析，借助计算机平台更直观地显示物理现象，更深刻地揭示物理规律。

（2）数据采集在日常生活中的应用

条码（二维码）扫描器是一种便携式数据采集器，是为扫描物体的条码（二维码）符号而设计的，适合于脱机使用的场合，在超市、手机收付款等场合有着广泛的应用。识读时，与在线式数据采集器相反，它是将扫描器带到条码（二维码）符号前扫描，因此，又被称为手持终端机、盘点机。它由电池供电，与计算机之间的通信并不与扫描同时进行，它有自己的内部储存器，可以存储一定量的数据，并可在适当的时候将这些数据传输给计算机。图1-7为条码扫描器在物品信息数据采集方面的应用。多数条码（二维码）便携式数据采集器都有一定的编程能力，再配上应用程序便可成为功能很强的专用设备，从而满足不同场合的应用需要。国内的物流企业将条码（二维码）便携式数据采集器用于仓库管理、运输管理以及物品跟踪方面。数据采集系统在物流企业的应用不仅可节省时间、减少工作量、降低管理费用、有效改善库存结构，而且有利于物流企业管理的网络化和自动化。

图1-6　数字化实验室数据采集系统　　　图1-7　条码扫描器在物品信息数据采集方面的应用

（3）数据采集在石油钻井中的应用

石油对国民经济有着直接的影响，是工业的血液，其意义并不亚于粮食对于人类的意义。

随着目前石油开采难度的加大，深井、超深井、定向井、水平井等高技术含量的油井开发成为历史必然，这就要求使用更加精密的仪器及更新的方法去测量控制钻井姿态和井下工况。为实现测量控制钻井姿态和井下工况，需要对钻井姿态和井下工况信息进行数据采集，主要参数包括井斜角、方位角、工具面角、钻压、转矩、弯曲和环空压力等。

旋转导向钻井系统是一项尖端自动化钻井新技术，代表了当今世界钻井技术发展的最高水平，其工作场景图如图 1-8 所示。旋转导向钻井指哪打哪的定向功能更加强大，具有边滑动边旋转的特点，对井眼轨迹的控制能力更加精确，形成的井眼较常规井下马达导向钻具组合钻出的井眼更加光滑，能够有效减少摩阻转矩和井下复杂情况的发生，提高钻进能力。

（4）数据采集在数控加工中的应用

数控加工（Numerical Control Machining）是指在数控机床上进行工件加工的工艺工程。数控机床是一种用计算机控制的机床，用来控制机床的计算机称为数控系统。数控机床的运动和辅助动作均受控于数控系统发出的指令。数控车床外观如图 1-9 所示。

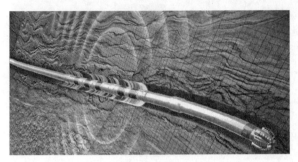 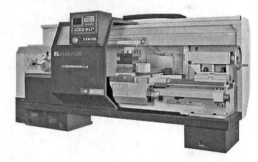

图 1-8　旋转导向钻井系统工作场景图　　　　图 1-9　数控车床外观

在切削工件的过程中，数控系统根据切削环境的变化，适时进行补偿及监控调整切削参数，使切削处于最佳状态，以满足数控机床的高精度和高效率的要求。

例如，在切削过程中，主轴电动机和进给电动机的旋转会产生热量，移动部件的移动会摩擦生热，刀具切削工件会产生切削热，这些热量在数控机床全身进行传导，从而造成温度分布不均匀，由于温差的存在，数控机床产生热变形，最终影响工件的加工精度。为了补偿热变形，可在数控机床的关键部位埋置温度传感器，检测的温度数据经数据采集设备传入数控系统，数控系统进行运算、判别后，最终输出补偿控制信号。图 1-10 为数控车床加工工件的温度补偿原理，红外传感器感知工件温度并转换为电信号，经运放、数据采集、数据处理后显示在屏幕上，提供操作人员控制车床刀具的走刀速度。

（5）数据采集在自动驾驶汽车领域的应用

自动驾驶汽车（Autonomous Vehicle）是指安装汽车自动驾驶技术的汽车，如图 1-11 所示。图 1-12 为自动驾驶汽车数据采集与控制系统。自动驾驶汽车使用视频摄像头、雷达传感器，以及激光雷达来了解周围的交通状况，并通过一个详尽的地图（通过有人驾驶汽车采集的地图）对前方的道路进行导航。汽车的车速、转向角、油门开度等物理量经相应传感器转换成电信号，摄像头拍摄汽车前方图像并转换成视频电信号，扫描式激光雷达检测汽车下部前方障碍物并转换成电信号，由数据采集器件采集并传至控制器（车载计算机），可以准确地判断车与障碍物之间的距离，遇紧急情况，车载计算机能及时发出警报或自动刹车避让，并根据路况自己调节行车速度，实现对汽车速度的自动控制。

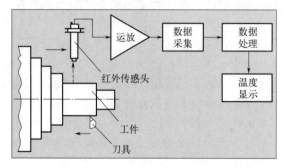

图 1-10　数控车床加工工件的温度补偿原理

图 1-11　自动驾驶汽车

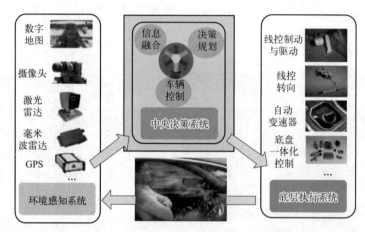

图 1-12　自动驾驶汽车数据采集与控制系统

（6）数据采集在机器人方面的应用

机器人（Robot）是靠自身动力和控制能力来自动执行工作的一种机器。它既可以接受人类指挥，又可以运行预先编排的程序，也可以根据以人工智能技术制定的原则纲领行动。它的任务是协助或取代人类的工作，例如生产业、建筑业，或是各行业中危险的工作。因此，机器人一般具备类似于人类的三个条件：

①具有脑、手、脚等三要素；

②具有非接触传感器（用眼、耳接收远方信息）和接触传感器；

③具有平衡觉和固有觉的传感器。

传感器在机器人上的布置如图 1-13 所示。

机器人上的数据采集设备采集非接触传感器检测到的作业对象及外界环境数据、接触传感器检测到的各关节的位置和速度及加速度等数据、平衡觉和固有觉传感器检测到的数据，传送至控制机处理和判断，然后输出信号控制驱动装置驱使执行机构实现其运动和姿态控制。

图 1-14 为一款石化生产及储运场所巡检机器人，它使用数据采集与控制系统，实现巡检机器人的运动控制和安全巡检功能。

图 1-15 为波士顿 Allas 人形机器人，该机器人通过控制系统协调手臂、身体和腿的运动，使之行走起来更像人的姿态，能够在有限的空间内完成较为复杂的工作。硬件采用 3D 打印技术最大化地减小重量和体积，提高了负载自重比。基于立体相机和其他传感器机器人

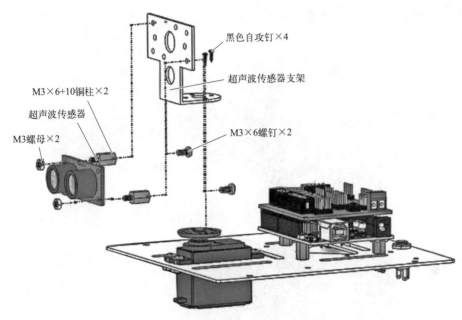

图 1-13　传感器在机器人上的布置

可自主行走于崎岖地形，即使摔倒也能自己爬起来。该人形机器人具备人的工作特点，可以在有限空间内完成复杂的任务，根据不同任务搭载对应的传感器即可。比如搭载武器系统，就成了一名士兵；搭载烹饪系统，可能就成了一名优秀的厨师等。如果本体系统足够稳定，未来生活中的很多场景我们都有机会看到他们的身影。

图 1-14　石化生产及储运场所巡检机器人

图 1-15　波士顿 Allas 人形机器人

（7）数据采集在农业生产中的应用

① 数据采集在温室环境控制中的应用。现代温室的一个主要特征就是可以根据室外气象条件和作物生长发育阶段，利用环境数据采集与控制设备对温室内大气温湿度、土壤温湿度、光照强度、二氧化碳浓度等环境因子进行数据采集，依据控制算法对温室内的环境因子进行有效的控制。温室可以不受地点和气候的影响。它能够有效地改善农业生态、生产条件，促进农业资源的科学开发和合理利用，提高土地的产出率、劳动生产率和社会经济效益。

图 1-16 为温室环境数据采集与控制系统。温室中的温度、相对湿度、二氧化碳、光照

等传感器将相应环境物理量转换为电信号，计算机采集电信号并比较判断，然后输出控制信号调节控制温室的环境。

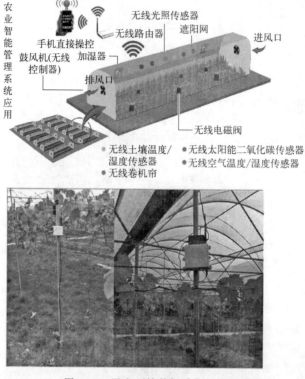

图1-16　温室环境数据采集与控制系统

②数据采集在植物生理生态监测系统中的应用。植物生理生态监测系统既可监测植物的实时生长状况，又可分析植物的长期生理特性，从而预测植物的生长趋势，并以报警形式反映植物是否受到干旱、高温等环境胁迫和生理胁迫。该技术使其成为进行不同材料、不同条件、不同样品处理、不同农学措施等科研和生产管理的有效监控工具。植物生理生态监测系统和传感器如图1-17所示。

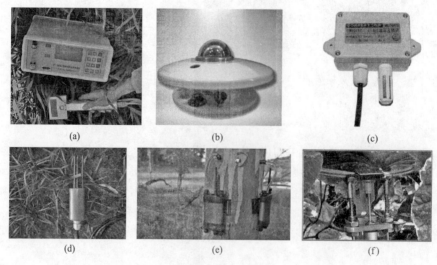

图1-17　植物生理生态监测系统及传感器

植物生理生态监测系统包含多种传感器，各种传感器将环境因子、土壤特性、叶温、茎流量、茎秆直径变化量及果实生长量转换成电信号，数据采集器采集传感器输出的电信号并传入植物生理生态监测系统，系统计算机运算、判别，并以图、表格形式向栽培者展示诸如日全辐射、土壤水分蒸发蒸腾损失总量、叶表面持续湿润以及胁迫条件（干旱、热、冷、土壤水胁迫等）的持续时间及程度等作物常规的和长期累积的特性。在短期内揭露作物对任意环境变化所产生的生理响应，可以帮助栽培者检验为提高作物产量所做的尝试或消除有问题的种植因素，还可以协助栽培者改变环境、灌溉或施肥方案，可实现对植物生理进行农业设施环境的控制。

（8）数据采集在交通控制中的应用

交通信号控制是针对在空间上无法实现分离的地方采用在时间上给交通流分配通行权的一种交通管理措施。随着信息采集技术、计算机技术、通信技术与网络技术的飞速发展，交通数据采集途径和方法不断革新，交通控制系统发生了一系列变化。交通控制已逐步由传统的定时方案控制转向依据检测设备得到的交通流运行特性实时进行优化的智能控制，智能交通监控系统如图 1-18 所示。

交通数据采集是交通控制系统的初始环节，为控制策略和控制算法提供基础数据。常见的数据采集手段有线圈、微波、超声波、视频、车载 GPS、电子标签等，采集数据主要包括交通流量、饱和流率、时间占有率、速度、行程时间等。检测数据按照检测器是否固定和数据是否有车辆标识可归纳为 3 种：固定式无标识数据、移动式检测数据和固定式有标识数据。未来城市交通控制系统的数据采集和交通参数研究仍然存在发展空间和现实需求，典型的智能交通监控系统如图 1-18 所示。该系统基于三维 GIS 技术，集成了闯红灯自动记录系统、公路车辆智能监测记录系统、道路视频监控系统、交通信号控制系统、交通信息采集系统、交通诱导系统、车辆卫星定位系统、大屏显示系统等子系统，改变了传统静态管理和单点管理的模式，实现了实时、动态联动管理新模式，提高了城市交通信息化管理水平。

（9）数据采集在卫星测控中的应用

卫星的地面测量和控制是一件非常重要、精细和复杂的工作。卫星的地面测控由测控中心和分布在各地的测控台、站（测量船和飞机）进行。在卫星与运载火箭分离的一刹那，测控中心要根据各台、站实时测得的数据算出卫星的位置、速度和姿态参数，判断卫星是否入轨。入轨后，测控中心要立即算出其初轨根（参）数，并根据各测控台、站发来的遥测数据判断卫星上各种仪器工作是否正常，以便采取对策，这些工作必须在几分钟内完成。卫星测控系统如图 1-19 所示。

卫星进入第二圈飞行时，负责跟踪的测控台、站要立即捕获目标并进行精确测量。测控中心利用这些数据计算出精确的轨道根数来。卫星在整个工作过程中，测控中心和各测控台、站还有许多繁重的工作要做。其一是不断地对其速度姿态参数数据进行跟踪采集，不断地精化其轨道根数；其二是对卫星上仪器的工作状态数据进行采集、分析和处理；其三是接收卫星发回的科学探测数据；其四是由于受大气阻力、地球形状和日月等天体的影响，卫星轨道会发生振动而离开设计的轨道，因此要不断地对卫星实施轨道修正和管理。

对于返回式卫星，在返回的前一圈，测控中心必须计算出是否符合返回条件。如果符合，还必须精确地计算出落地的时间及落点的经纬度。这些计算难度很大，精度要求很高，因为失之毫厘，将差之千里。返回决定作出后，测控中心应立即作出返回控制方案，包括向

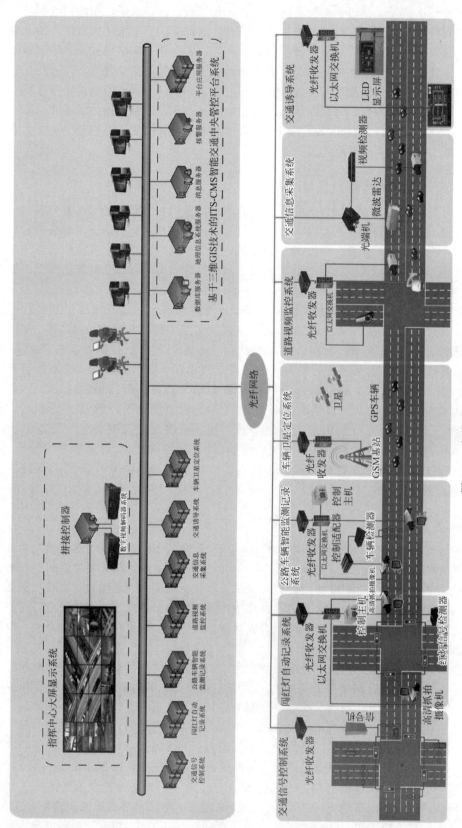

图 1-18　智能交通监控系统

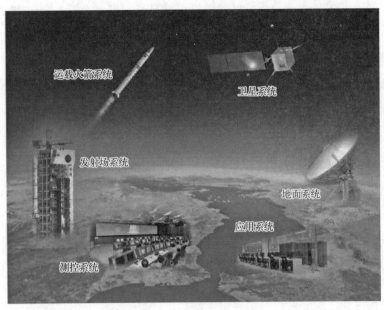

图 1-19 卫星测控系统

卫星发送各种控制指令的时间、条件等。卫星进入返回圈后，测控中心命令有关测控台、站发送调整姿态、反推火箭点火、抛掉仪器舱等一系列遥控指令。在返回的过程中，各测控台、站仍需对其进行跟踪测量，并将数据送至测控中心。

由此可见，为使卫星正常地工作，必须有一个庞大的地面数据采集和控制系统夜以继日地紧张工作，卫星测控中心是这个系统的核心。计算大厅是测控中心的主要建筑之一，那里聚集着众多的大型计算机。除了看得见的硬件外，还有许多看不见的软件——对卫星进行管理的程序系统，包括管理程序、信息收发程序、数据处理程序、轨道计算程序、遥测遥控程序和模拟程序等。这些硬件和软件既有计算功能，又有控制功能，它们是测控系统的大脑。

1.3 数据采集技术

1.3.1 数据采集的基本概念

数据采集，就是通过某些设备把处于系统外部的数据信息送到系统内部，完成这个任务的系统被称为数据采集系统。数据采集技术是信息科学的一个重要分支，它研究信息数据的采集、存储、处理及控制等工作，它与传感器技术、信号处理技术、计算机技术一起构成了现代检测技术的基础。利用数据转换技术（A/D 和 D/A）作为数据采集处理和过程控制的基本手段，已在工业生产和科学实验中得到广泛应用。

在科研、生产和日常生活中，经常要对模拟量进行测量和控制。为了对温度、压力、流量、速度、位移等物理量进行测量和控制，首先要通过传感器把上述物理量转换成能模拟物理量的电信号（即模拟电信号），再将模拟电信号经过处理转换成计算机能识别的数字量，然后送进计算机，这个过程就是模拟信号数据采集。但是，日常生活中，需要采集的量有时也可能是数字量或开关量，这类信号已经可以被计算机识别，不需要再转换，相对更简单。

1.3.2　数据采集系统的任务

数据采集系统的核心任务主要有数据采集、信号处理分析和输出、反馈控制三大方面的任务。

（1）数据采集

计算机按照预先选定的采样周期对输入系统的模拟信号进行采样，有时还要对数字信号、开关信号进行采样。数字信号和开关信号不受采样周期的限制，当这类信号到来时，由相应的程序负责处理。

（2）信号处理分析和输出

采集得到的信号需要进行处理分析，不同的输入信号类型往往对应不同的信号处理分析方法。对于模拟信号而言，非常便于传送，但它对干扰信号很敏感，容易使传送中的信号的幅值或相位发生畸变，需要对模拟信号做零漂修正、数字滤波等信号处理。对于数字信号而言，数字信号输入计算机后常常需要进行码制转换的处理，如 BCD 码转换成 ASCII 码，以便显示数字信号。对于开关信号而言，其主要来自各种开关器件，如按钮开关、行程开关和继电器触点等，开关信号的处理主要是监测开关器件的状态变化。

通常把直接由传感器采集到的数据称为一次数据，把通过对一次数据进行某种数学运算而获得的数据称为二次数据。二次数据计算主要包含平均值、累计值、变化率、差值、最大值、最小值和快速傅里叶变换（FFT）等。

最终得到的数据结果往往会进行输出，输出的方式有很多种，有数据存储、屏幕显示、打印输出或者通信接口输出。

（3）反馈控制

为满足系统监控的需要，常常还会将采集处理得到的数据通过 D/A 转换器输出模拟量，或者直接通过 I/O 口，或者通过网络接口输出数字量对被控对象起到控制作用，实现安全生产、提高质量等目的。

1.3.3　数据采集系统评价指标

数据采集系统的性能要求与具体应用目的和应用环境有密切关系，对应不同的应用情况有不同的要求，下面介绍数据采集系统的主要评价指标。

（1）系统分辨率

系统分辨率是指数据采集系统可以分辨的输入信号的最小变化量。通常可以使用如下几种方法表示系统分辨率：

① 使用系统所采用的 A/D 转换器的位数来表示系统分辨率。

② 使用最低有效位值（LSB）占系统满度值的百分比来表示系统分辨率。

③ 使用系统可分辨的实际电压数值来表示系统分辨率。

④ 使用满度值的百分数来表示系统分辨率。

表 1-1 给出了满度值为 10V 时数据采集系统的分辨率。

表 1-1　满度值为 10V 时数据采集系统的分辨率

A/D 位数	级数	1LSB （满度值的百分数）	1LSB （10V 满度的电压）
8	256	0.391%	39.1mV
10	1024	0.0977%	9.77mV
12	4096	0.0244%	2.44mV
16	65536	0.0015%	0.15mV
20	1048576	0.0000953%	9.53μV

（2）系统精度

系统精度是指当系统工作在额定采集速率下，整个数据采集系统所能达到的转换精度。A/D 转换器的精度是系统精度的极限值。实际上，系统精度往往达不到 A/D 转换器的精度。因为系统精度取决于系统的各个环节（子系统）的精度，如前置放大器、滤波器、模拟多路开关等，只有当这些子系统的精度都明显优于 A/D 转换器精度时，系统精度才能达到 A/D 转换器的精度。这里还应注意系统精度与系统分辨率的区别。系统精度是系统的实际输出值与理论输出值之差，它是系统各种误差的总和，通常表示为满度值的百分数。

（3）采集速率

采集速率是指在满足系统精度指标的前提下，系统对输入的模拟信号在单位时间内所能完成的采集次数，或者说是系统每个通道、每秒可采集的有效数据的数量。这里所说的"采集"包括对被测物理量进行采样、量化、编码、传输和存储的全部过程。在时间域上与采集速率对应的指标是采样周期。采样周期是采集速率的倒数，它表征了系统每采集一个有效数据所需的时间。

（4）动态范围

动态范围是指某个确定的物理量的变化范围。信号的动态范围是指信号的最大幅值和最小幅值之比的分贝数。数据采集系统的动态范围通常定义为所允许输入的最大幅值与最小幅值之比的分贝数，即

$$I_i = 20\lg \frac{V_{\max}}{V_{\min}} \tag{1-1}$$

式中，最大允许输入幅值 $V_{\max}$ 是指使数据采集系统的放大器发生饱和或者使 A/D 转换器发生溢出的最小输入幅值，最小允许输入幅值 $V_{\min}$ 一般用等效输入噪声电平来代替。

（5）非线性失真

非线性失真也称为谐波失真。当给系统输入一个频率为 f 的正弦波时，其输出中出现很多频率为 kf（k 为正整数）的新的频率分量，这种现象称为非线性失真。谐波失真系数用来衡量系统产生非线性失真的程度，它通常表示为：

$$H = \frac{\sqrt{A_2^2 + A_3^2 + \cdots}}{\sqrt{A_1^2 + A_2^2 + A_3^2 + \cdots}} \times 100\% \tag{1-2}$$

式中，A_1 为基波振幅；A_k 为第 k 次谐波的振幅。

数据采集的最关键指标是采集速率和精度，其决定数据采集系统性能的好坏。采集速率主要与采样频率、A/D 转换速度等因素有关，而采集的精度主要与 A/D 转换器的位数有关。对任何物理量而言，为了使采集有意义，都要求有一定的精确度。在保证精度的前提下，应采取更可能高的采集速率，以满足实时采集、实时处理和实时控制对速度的要求。提高数据的采集速率不仅仅是提高了工作效率，更主要的是扩大了数据采集系统的适用范围，便于实现动态测试。

1.4　数据采集系统结构形式

数据采集系统按照结构形式主要分为三种：集中式数据采集系统、分布式数据采集系统以及分布式网络数据采集系统。

1.4.1　集中式数据采集系统

集中式数据采集系统由传感器、信号调理电路、模拟多路开关、A/D 转换器（采样/保持器）、D/A 转换器、微处理器及通信接口等部分组成，如图 1-20 所示。

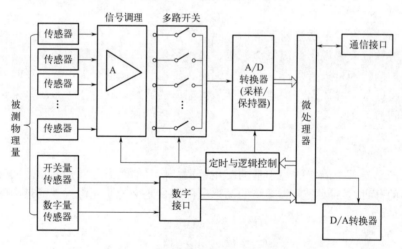

图 1-20　集中式数据采集系统框图

（1）传感器

在数据采集系统中，需要一个器件或者装置将被测量转换成与之相对应的其他形式的输出。根据输出信号形式可以将传感器分为三种，即模拟量输出的传感器、数字量输出的传感器及开关量输出的传感器。

（2）信号调理电路

通常，模拟量输出的传感器输出的电信号在用作数据采集显示以前必须做必要的处理，这些处理电路统称为信号调理电路。模拟量输出的传感器输出的信号通常是很微弱的电信号或者是非电压信号，如电阻、电容、电感或电荷、电流等电量，这些微弱的电信号或非电压信号难以直接被显示或通过 A/D 转换器送入微处理器进行数据采集，而且这些信号当中还携带有一些不期望的噪声干扰。因此，模拟量输出的传感器输出的信号需要经过变换、放大、滤波等一系列的处理，实现信号变换、微弱电信号放大、非电压信号转换为电信号、抑制干扰噪声和提高信噪比等功能，以便后续环节处理。

（3）模拟多路开关

数据采集系统往往要对多路模拟量进行采集。在不要求高速采样的场合，一般采用公共的 A/D 转换器，分时对各路模拟量进行模数转换，目的是简化电路、降低成本。可以用模拟多路开关来轮流切换各路模拟量与 A/D 转换器间的通道。使得在一个特定的时间内，只允许一路模拟信号输入 A/D 转换器，从而实现分时转换的目的。

（4）A/D 转换器

因为计算机只能处理数字信号，所以须把模拟信号转换成数字信号，实现这一转换功能的器件是 A/D 转换器。它是采样通道的核心。因此，A/D 转换器是影响数据采集系统采样速率和精度的主要因素之一。A/D 转换器完成一次转换需要一定的时间，在这段时间内希望 A/D 转换器输入端的模拟信号电压保持不变，以保证有较高的转换精度。这可以通过加入采样/保持器来实现，采样/保持器可以提高数据采集系统的采样频率。

（5）数字接口

该接口用来将传感器输出的数字信号进行整形或电平调整，然后再传送到计算机总线。

（6）通信接口

负责数据采集系统得到的数据与外界的交互，包括送入其他系统、远程传输等功能，主要包括 RS-232、USB 等通信接口。

（7）定时与逻辑控制电路

数据采集系统各器件的定时关系是比较严格的，如果定时不合适，就会严重影响系统的精度。在实际应用中，需要考虑各模块的响应时间、切换时间等，如图 1-21 所示为常规的集中式数据采集系统工作时序图。

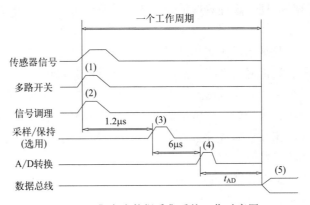

图 1-21　集中式数据采集系统工作时序图

（8）D/A 转换器

为满足系统监控的需要，常常还会将采集处理得到的数据通过 D/A 转换器输出模拟量，或者直接通过 I/O 口，或者通过网络接口输出数字量对被控对象起到控制作用，实现安全生产、提高质量等目的。

集中式数据采集系统工作时，各个器件必须按照以下过程顺序执行：

① 传感器信号输入。

② 模拟多路开关开始切换。

③ 程控放大器放大倍数开始切换。

④ 采样/保持器开始保持，低速采集可以不要采样/保持器。

⑤ A/D 转换器开始转换和 A/D 转换完成。

集中式数据采集系统具有结构简单、对环境的要求不高、价格低廉及便于使用和维修的特点，在区域化的小范围数据采集中很常见。

1.4.2　分布式数据采集系统

在工程监测领域，集中式数据采集系统在应用过程中遇到了不少难以克服的技术难题。比如，由于中央计算机执行所有的运算，当终端很多时，会导致响应速度变慢，连接距离远时接线困难；如果终端用户有不同的需要，要对每个用户的程序和资源做单独的配置，在集中式系统上做起来比较困难，而且效率不高。这些问题单从产品的制造质量方面入手不能完全解决。随着集成电路技术的发展，集成电路芯片的功能越来越强大，体积越来越小，价格越来越低，在研制新的数据采集自动化系统时，工程技术人员不再担心成本因素、体积因素，而是将设计重点放在系统的稳定性上，着重研究数据采集系统如何应对监测工程中传感器大数量、分布范围特点。

20 世纪 80 年代，西方国家开始研究多 CPU 的数据采集自动化系统，即在原来集中式数据采集系统的每个"集线箱"中部署了一个或多个 CPU，在监测数据采集的现场，就地将传感器的信号转换成为数字信号，并且具有相互独立的控制和数据管理能力，这时的"集线箱"变成了测量控制单元（MCU），而 MCU 通过通信网络将采集到的数据传送给上位计算机存储、分析计算和处理，这种数据采集系统就被称为分布式数据采集系统（Distributed Data Acquisition System）。

分布式数据采集系统是相对于集中式数据采集系统而言的，其框图如图 1-22 所示。它一般是由数据采集站、数传通信系统以及中央控制站三部分组成，其中，数据采集站按测线的方向布置，负责采集一个或几个测点的物理数据，数传通信系统负责数据的传输，中央控制站的主要任务是完成数据的记录和质量监控。分布式数据采集系统由若干个数据采集站和一台上位机及通信线路组成。数据采集站由集中式数据采集装置构成。上位机为微型计算机，配置有打印机和绘图机等。

分布式数据采集系统具有适应能力强、可靠性高、实时响应性好和对系统硬件的要求不高的特点。另外，这种数据采集系统用数字信号传输代替模拟信号传输，有利于克服差模干扰和共模干扰，这种类型特别适合在恶劣的环境下工作。

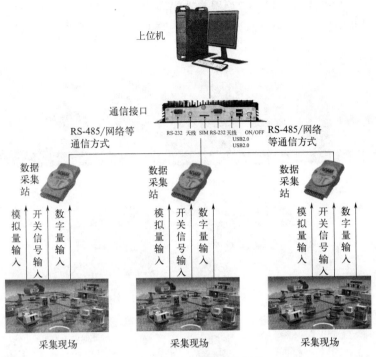

图 1-22 分布式数据采集系统

1.4.3 分布式网络数据采集系统

随着网络通信技术的快速发展，近年来出现了分布式网络数据采集系统（Distributed Network Data Acquisition System），该系统基于现代化的网络功能，结合已有的数据采集技术基础，功能上更加灵活便利，其结构框图如图 1-23 所示。分布式网络数据采集系统包含数据采集、数据分析和数据发布三个模块，并分别在测量节点、测量分析服务器和测量浏览器中实现。现在的很多基于服务器、云平台等的数据采集系统都属于分布式网络数据采集系统，如环境监测系统、天气查询系统及现在很多企业建立的数据采集云平台等。

测量节点是能在网络中单独使用的数据采集设备，形式有数据 I/O 模块、与网络相连的高速数据采集单元、连接到网络上的配置测量插卡的计算机。这些测量节点可以实现数据采集功能，并可进行一定的数据分析，将原始数据或分析后的数据信息发布到网络中。测量分析服务器是一台或多台网络中的计算机，它能够管理大容量数据通道，进行数据记录和数据监控，用户也可用它来存储数据并对测量结果进行分析处理。测量浏览器是一台具有浏览功能的计算机，用来查看测量节点或测量服务器所发布的测量结果或经过分析的数据。

传统的数据采集系统执行三个任务：数据采集、数据处理分析及反馈控制。而分布式网络数据采集系统将这些任务在网上分布处理，用户可以在多方面提升测量和自动化系统的性能。整个系统具有很好的扩展性、伸缩性，使得后期新增站库可以低成本无缝接入。整个系统的 Web 发布功能可满足用户在任何时间、任何地点都可通过用户认证方式访问此系统。在分布式网络数据采集系统的建设中，通常会构建冗余网络提高底层通信的稳定性，构建冗余的通信服务器、数据库服务器、应用服务器提高系统的可靠性，构建网络防火墙和病毒防火墙提高系统的抗风险能力，构建网络备份设备数据采集系统大大降低意外事故带来的数据丢失造成的损失。

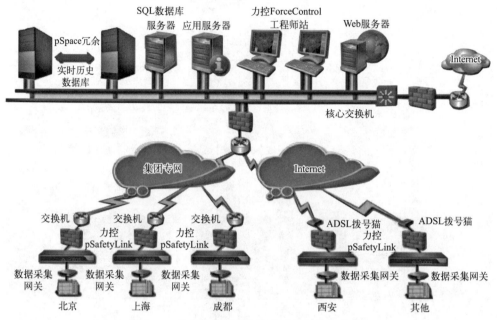

图 1-23   分布式网络数据采集系统整体拓扑图

1.5   模拟信号数据采集的原理过程

数据采集系统中采用微处理器，而微处理器内部参与运算的信号是二进制的离散数字信号。在数据采集系统中同时存在着离散数字信号和连续模拟信号，由于数字信号采集相对简单，因此，在研究开发数据采集系统时，首先遇到的问题是传感器所测量到的连续模拟信号怎样转换成离散的数字信号。

连续的模拟信号转换成离散的数字信号，经历了以下两个断续过程。

（1）时间断续

对连续的模拟信号 $x(t)$，按一定的时间间隔 T_s 抽取相应的瞬时值（也就是通常所说的离散化），这个过程称为采样。连续的模拟信号 $x(t)$ 经采样后转换为时间上离散的模拟信号 $x_s(nT_s)$（即幅值仍是连续的模拟信号），简称为采样信号。

（2）数值断续

把采样信号 $x_s(nT_s)$ 以某个最小计量单位的整倍数来度量，这个过程称为量化。采样信号 $x_s(nT_s)$ 经量化后变换为量化信号 $x_q(nT_s)$，再经过编码，转换为离散的数字信号 $x(n)$（即时间和幅值是离散的信号），简称为数字信号，以上转换过程可以用图 1-24 表示。

在对连续的模拟信号离散化时，是否可以随意对连续的模拟信号做离散化处理呢？实践证明，对连续的模拟信号做离散化处理时，如果随意进行将会产生如下两个方面的问题：

① 可能采样点过多，导致占用大量的计算机数据存储空间，严重时计算机将因存储器容量不够而无法工作；

② 也可能采样点过少，使采样点之间时间间隔太远，还原时不能原样复现出原来连续变化的模拟量 $x(t)$ 的样子，从而造成误差。

为了避免产生上述问题，在对模拟信号离散化时，必须依据采样定理规定的原则进行。

（1）采样

一个在时间和幅值上连续的模拟信号 $x(t)$，通过一个周期性开闭（周期为 T_s，开关闭合时间为 τ）的采样开关 K 之后，在开关输出端输出一串在时间上离散的脉冲信号 $x_s(nT_s)$，把这一过程称为采样过程。采样过程如图 1-25 所示。

采样后的脉冲信号 $x_s(nT_s)$ 称为采样信号。0、T_s、$2T_s$、$3T_s$、… 各点称为采样时刻，τ 称为采样时间，T_s 称为采样周期，其倒数 $f_s = \dfrac{1}{T_s}$ 称为采样频率。应该指出，在实际系统中，$\tau \ll T_s$，也就是说，在一个采样周期内，只有很短的一段时间采样开关是闭合的。

采样过程可以看作为脉冲调制过程，采样开关可看作调制器。这种脉冲调制过程是将输入的连续模拟信号 $x(t)$ 的波形，转换为宽度非常窄而幅度由输入信号确定的脉冲序列，如图 1-25 所示。

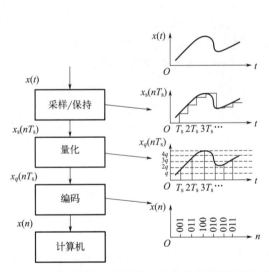

图 1-24　连续的模拟信号转换成离散的数字信号的过程

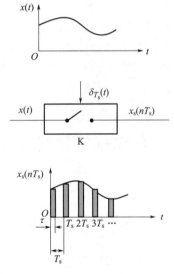

图 1-25　采样过程

输入信号与输出信号之间的关系可表达为：

$$x_s(nT_s) = x(t)\delta_{T_s}(t) \tag{1-3}$$

或

$$x_s(nT_s) = x(t)\sum_{-\infty}^{+\infty}\delta(t - nT_s) \tag{1-4}$$

式中，$x(t)$ 为采样开关的输入连续模拟信号；$\delta_{T_s}(t)$ 为采样开关控制信号，$\delta_{T_s}(t) = \sum_{-\infty}^{+\infty}\delta(t - nT_s)$；$T_s$ 为采样周期；τ 为采样时间。

因为 $\tau \ll T_s$，所以可假设采样脉冲为理想脉冲，$x(t)$ 在脉冲出现瞬间 nT_s 取值为

$x(nT_s)$，故上式可改写为：

$$x_s(nT_s) = \sum_{-\infty}^{+\infty} x(nT_s)\delta(t - nT_s) \tag{1-5}$$

考虑到时间为负值无物理意义，上式可改写为：

$$x_s(nT_s) = \sum_{-\infty}^{+\infty} x(nT_s)\delta(t - nT_s) \tag{1-6}$$

式（1-6）表明，采样开关输出的采样信号 $x_s(nT_s)$ 是由一系列脉冲组成的，其数学表达式是两个信号乘积的和式。

（2）量化

量化就是对经过采样得到的瞬时值进行幅度离散，即用一组规定的电平，把瞬时抽样值用最接近的电平值来表示，或指把输入信号幅度连续变化的范围分为有限个不重叠的子区间（量化级），每个子区间用该区间内一个确定数值表示，落入其内的输入信号将以该值输出，从而将连续输入信号变为具有有限个离散值电平的近似信号。相邻量化电平差值称为量化阶距，任何落在大于或小于某量化电平分别不超过上一或下一量化阶距一半范围内的模拟样值，均以该量化电平表示，样值与该量化电平之差称为量化误差或量化噪声。当模拟样值超过可量化的范围时，将出现过载，过载误差常会大大超过正常量化噪声。

（3）编码

模/数转换的最后阶段是编码，编码是将量化信号的电平用数字代码来表示。编码有多种形式，最常见的有二进制编码。几种常用的编码方案有：单极性码、极性码、双极性码、归零码、双相码、不归零码、曼彻斯特编码、差分曼彻斯特编码、多电平编码、4B/5B 编码等。

1.6   数据采集信号处理

1.6.1   数据处理的类型

由数据采集系统的任务可知，系统除了采集数据外，还要根据实际需要对采集到的数据进行各种处理。数据处理的类型有多种，一般根据以下两种方式分类。

（1）按处理的方式

数据处理可分为实时（在线）处理和事后（脱机）处理。一般来说，实时处理（即在采集数据的同时，对数据进行某些处理）由于处理时间受到限制，因而只能对有限的数据做一些简单的、基本的处理，以提供用于实时控制的数据；而事后处理由于是非实时处理，处理时间不受限制，因而可以做各种复杂的处理。

（2）按处理的性质

数据处理可分为预处理和二次处理两种。预处理通常是剔除数据奇异项、去除数据趋势项、数据的数字滤波、数据的转换等。二次处理有各种数学的运算，如微分、积分和傅里叶变换等。

1.6.2　数据处理的任务

数据处理的任务主要有以下几点。

（1）解释数据所对应的物理量信息

在数据采集系统中，被采集的物理量（温度、压力、流量等）经传感器转换成电信号或者数字量、开关量，在经过信号放大、采样、量化、编码或读取等环节之后，被系统中的计算机所采集，但是采集到的数据仅仅是以电压或者数字量的形式表现。它虽然含有被采集物理量变化规律的信息，但由于没有明确的物理意义，因而不便于处理和使用，必须通过标度变换把它还原成原来对应的物理量。

（2）消除数据中的干扰信号

在数据的采集、传送和转换过程中，由于系统内部和外部干扰、噪声的影响，或多或少会在采集的数据中混入干扰信号，因而必须采用各种方法（如剔除奇异项、数字滤波等）最大限度地消除混入数据中的干扰，以保证数据采集系统的精度。

（3）提取数据的内在特征

通过对采集到的数据进行变换加工（例如求均值、傅里叶变换、小波变换等），或在有关联的数据之间进行某些相互的运算（例如计算相关函数），从而得到能表达该数据内在特征的二次数据，这种也称为提取计算数据的内在特征。例如，采集到一个工作过程的发动机的轴承的振动波形（随时间变化的数据，即时域数据）无法反映发动机轴承的故障情况，由于频谱更能说明发动机轴承机械结构的故障对振动波形所产生的影响，因此可用傅里叶变换得出振动波形的频谱进而分析故障情况。

习　题

1. 什么是数据采集？
2. 数据采集系统的功能是什么？
3. 数据采集系统有哪些类型？分别具有什么特点？
4. 评价数据采集系统性能的好坏的两个主要参数是什么？
5. 模拟信号是如何通过数据采集系统变成数字信号的？
6. 数据采集信号处理的任务是什么？
7. 连续的模拟信号转换成离散数字信号经历哪两个断续过程？其中细分为哪三个过程？
8. 思考我们日常生活当中有哪些对象应用了数据采集技术？具体属于哪种类型的数据采集系统？

第 2 章

数据采集系统常用传感器

2.1 传感器基本概念

2.1.1 传感器及其选型

在数据采集系统中，需要一个器件或者装置将被测量转换成与之相对应的其他形式（如电、气压、液压等形式）的输出，这种装置被称为传感器或敏感元件。我国国家标准 GB/T 7665—2005《传感器通用术语》将传感器定义为能够感受规定的被测量并按照一定规律转换成可用输出信号的器件和装置，通常由敏感元件和转换元件组成。

现代数据采集系统中传感器的输出大多是电信号，因此，从狭义上来说，传感器可以定义为"把外界输入的非电量转换成相应的电量输出的器件或装置"。

传感器的典型组成如图 2-1 所示。敏感元件是传感器中直接感受或响应被测量的部分，转换元件是将敏感元件感受或响应的被测量转换成适合传输和测量的电信号。某些传感器可能只由敏感元件组成（兼转换器），如热电偶、热电阻。而一般只由敏感元件和转换元件组成的传感器的输出信号较微弱或不便于处理，此时则需要通过信号调理电路将其输出信号放大或转换为便于测量的电信号。信号调理电路以及某些传感器本身还需要辅助电源提供能量。

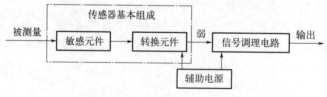

图 2-1 传感器的典型组成

由数据采集系统的组成可知，传感器处于数据采集系统的输入端，是数据采集系统的第一个环节，传感器性能的好坏将直接影响到整个数据采集系统的性能，甚至影响到整个测试任务完成的质量。传感器必须要在其工作频率范围内满足不失真测试的条件，此外在选择和使用传感器时还应该注意以下几点。

（1）适当的灵敏度

灵敏度是反映传感器对输入信号变化的反应能力的参数。灵敏度高则说明被测量即使只有较微小的变化，传感器也会有较大的输出。但传感器灵敏度越高，其测量范围越窄，也容易受到噪声的干扰。因此，同一种传感器常常做成一个序列，有灵敏度高但测量范围窄的，也有测量范围宽但灵敏度较低的。实际测试时则要根据被测量的变化范围并留有足够的余量来选择灵敏度适当的传感器。

（2）足够的精确度

精确度是反映传感器输出信号与被测量真值的一致程度的参数。传感器的精确度越高，价格也越高，对测量环境的要求也越高。因此，在选择传感器时，不能一味追求高精确度，而是选择精确度能满足测量需要的传感器。例如，如果测试是属于相对比较的定性试验研究，只需要得到相对比较值即可，则无须要求传感器具有很高的精确度；如果是定量分析，必须获得测试的精确量值，则要求传感器具有足够高的精确度。

（3）高度的可靠性

可靠性是表征传感器是否能长期完成其功能并保持其性能的参数。工作环境对传感器的可靠性影响较大，而在实际测试中，有时传感器是在较恶劣的工况下工作的，如灰尘、高温、潮湿、振动等，此时，特别要注意传感器的稳定性和可靠性。为了保证传感器在应用中具有较高的可靠性，必须选用设计、制造良好，使用条件适宜的传感器；使用过程中应严格规定使用条件，尽量减轻使用条件的不良影响，如电阻应变式传感器，湿度会影响其绝缘性，温度会影响其零漂，长期使用会产生蠕变现象等。

（4）对被测对象的影响小

对于接触式传感器，测试时将与被测物体接触或直接固定在被测物体之上，因此传感器的质量将附加在被测物体上，如果传感器的质量与被测物体相比不能忽略，则对被测物体的运行状态产生影响，此时，需要选择质量较小的传感器，以保证测试结果的真实性。在很多石油机械的测试中，由于被测对象的质量较大，传感器的质量对被测对象影响不大，因此对传感器的质量没有过多要求。而对于一些不方便接触测量的目标，如旋转机械或往复机械，多采用非接触式传感器。

2.1.2　传感器的分类

由于被测量范围广、种类多，传感器的工作原理也多样，因此传感器种类繁多。为了更好地对传感器进行研究，需要对传感器进行科学系统的分类。传感器的分类方法有很多，常用的有以下几种：

（1）按被测量来分类

被测量可以定义传感器类型。如：测位移为位移传感器，测速度为速度传感器，测加速度为加速度传感器，测力为力传感器，测温度为温度传感器，以此类推。

（2）按传感器与被测对象之间的能量转换关系分类

根据传感器与被测对象之间的能量转换关系可将传感器分为能量转换型传感器（无源传感器）和能量控制型传感器（有源传感器）。

能量转换型传感器直接由被测对象输入能量使传感器工作，如热电偶、弹性压力计等。由于传感器与被测对象之间存在能量交换，因此能量转换型传感器在测试时可能导致被测对象状态的变化，引起测量误差。

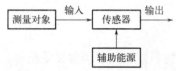

图 2-2　能量控制型传感器工作原理

能量控制型传感器是依靠外部提供辅助能源而使传感器工作的，并由被测量来控制外部辅助能源的变化，如图 2-2 所示。例如，电阻应变计中电阻应变片接在电桥上，电桥能源由外部供给，而由被测量变化所引起的电阻应变片电阻的变化来控制电桥输出。

（3）按传感器的物理原理分类

根据传感器工作的物理原理可将传感器分为应变式、压电式、压阻式、电感式、电容式、光电式、霍尔式等。按传感器的物理原理分类有利于从原理上和设计上对传感器做归纳性的分析和研究。本章就是按物理原理对传感器进行分类介绍的。

另外，根据输出信号类型，传感器可分为模拟传感器和数字传感器；根据信号转换过程是否可逆，传感器可分为双向传感器和单向传感器。

表 2-1 列举出了机械工程中常用传感器的基本类型及其名称、变换原理和被测量。

表 2-1　机械工程中常用传感器的基本类型及其名称、变换原理和被测量

类型	传感器名称	变换原理	被测量
机械类	测力杆	力-位移	力、力矩
	测力环	力-位移	力
	纹波管	压力-位移	压力
	波登管	压力-位移	压力
	纹波膜片	压力-位移	压力
	双金属片	温度-位移	温度
	微型开关	力-位移	物体尺寸、位置、有无
	液柱	压力-位移	压力
	热电偶	热-电位	温度
电阻类	电位计	位移-电阻	位移
	电阻应变片	变形-电阻	力、位移、应变、加速度
	热敏电阻	温度-电阻	温度
	气敏电阻	气体浓度-电阻	可燃气体浓度
	光敏电阻	光-电阻	开关量

续表

类型	传感器名称	变换原理	被测量
电感类	可变磁阻电感	位移-自感	力、位移
	电涡流	位移-自感	厚度、位移
	差动变压器	位移-互感	力、位移
电容类	变气隙、变面积型电容	位移-电容	位移、力、声
	变介电常数型电容	位移-电容	位移、力
压电类	压电元件	力-电荷,电压-位移	力、加速度
光电类	光电池	光-电压	光强等
	光敏晶体管	光-电流	转速、位移
	光敏电阻	光-电阻	开关量
磁电类	压磁元件	力-磁导率	力、转矩
	动圈	速度-电压	速度、角速度
	动磁铁	速度-电压	速度
霍尔效应类	霍尔元件	位移-电势	位移、转速
辐射类	红外	热-电	温度、物体有无
	X 射线	散射、干涉	厚度、应力
	γ 射线	射线穿透	厚度、探伤
	β 射线	射线穿透	厚度、成分
	激光	光波干涉	长度、位移、角度
	超声	超声波反射、穿透	厚度、探伤
流体类	气动	尺寸、间隙-压力	尺寸、距离、物体大小
	流量	流量-压力差、转子位置	流量

2.2　电阻式传感器

电阻式传感器是将被测量的变化转换成电阻值的变化，再经过相应的测量电路显示或记录被测量的变化。按照引起传感器电阻变化的参数不同，可以将电阻式传感器分为电阻应变式传感器和变阻式传感器两大类。

2.2.1　电阻应变式传感器

电阻应变式传感器是利用电阻应变片将应变转换为电阻变化的传感器。任何能转变为应变的非电量都可以利用电阻应变片进行测量。

电阻应变式传感器可以测量应变、力、位移、加速度、转矩等参数。电阻应变式传感器具有体积小、动态响应快、测量精度高、使用简便等优点，在航空、机械、船舶、建筑等行业中广泛应用。

电阻应变式传感器可分为金属电阻应变片式和半导体应变片式两类传感器。

2.2.1.1　金属电阻应变片

（1）工作原理

金属电阻应变片是一种能将被测试件的应变量转换成电阻变化量的敏感元件。它的结构形式多种多样，但基本构造大致相同，主要由敏感栅、基底、引线、黏结剂和表面覆盖层等五部分组成。

金属电阻应变片是利用金属导体电阻的应变效应将被测对象的应变转换为电阻值变化的。所谓电阻应变效应指的是金属导体在受到外力作用发生机械变形时，金属导体的电阻也将发生变化。

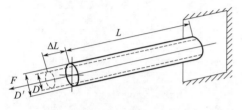

图 2-3　金属线材的应变效应

如图 2-3 所示，设有一圆截面的导线，其初始电阻为：

$$R = \rho \frac{L}{A} \tag{2-1}$$

式中　ρ——金属材料的电阻率，$\Omega \cdot mm$；

　　　L——导线长度，mm；

　　　A——导线截面积，mm^2。

若导线沿轴向受拉力 F 作用，则其长度的变化率即应变为 $\varepsilon = \dfrac{\Delta L}{L}$，其径向相对变形即横向应变为 $\dfrac{dD}{D}$。

设金属材料的泊松比为 μ，压阻系数为 λ，弹性模量为 E。将式（2-1）取对数并微分得：

$$\frac{dR}{R} = \frac{d\rho}{\rho} + \frac{dL}{L} - \frac{dA}{A} \tag{2-2}$$

式中　$\dfrac{d\rho}{\rho}$——金属材料电阻率的相对变化，与电阻丝轴向正应力 σ 有关。

$$\frac{d\rho}{\rho} = \lambda\sigma = \lambda E\varepsilon \tag{2-3}$$

　　$\dfrac{dL}{L}$——金属材料轴向相对变形即纵向应变。

$$\frac{dL}{L} = \varepsilon \tag{2-4}$$

　　$\dfrac{dA}{A}$——金属材料横截面积的相对变化。

由于 $A = \dfrac{\pi D^2}{4}$，所以　　$\dfrac{dA}{A} = \dfrac{2dD}{D} = -2\mu\dfrac{dL}{L} = -2\mu\varepsilon \tag{2-5}$

将式（2-3）～式（2-5）代入式（2-2），得到：

$$\frac{dR}{R} = \lambda E\varepsilon + \varepsilon + 2\mu\varepsilon = \lambda E\varepsilon + (1 + 2\mu)\varepsilon \tag{2-6}$$

式（2-6）中，$(1+2\mu)\varepsilon$ 是由金属材料几何尺寸改变引起的；$\lambda E\varepsilon$ 是由于金属材料的电阻率随应变的改变引起的，对于金属材料而言，该项很小，可以忽略不计。因此，对于金属材料，式（2-6）可简化为：

$$\frac{\mathrm{d}R}{R} \approx (1+2\mu)\varepsilon \qquad (2\text{-}7)$$

从式（2-7）中可以看出，金属材料电阻的相对变化率与应变成正比。

将式（2-7）两边同时除以应变 ε，得到：

$$K_0 = \frac{\mathrm{d}R}{R} / \varepsilon = 1+2\mu = 常数 \qquad (2\text{-}8)$$

式中，K_0 为金属材料的灵敏度系数，定义为单位应变的电阻变化率。用于制造电阻应变片的金属丝的灵敏度系数一般在 $1.7 \sim 3.6$ 之间。表 2-2 列举出了几种常见金属丝的物理性能。

表 2-2　常用金属丝应变片材料物理性能

材料名称	成分		灵敏度	电阻率	电阻温度系数	线胀系数
	元素	质量分数/%	K_0	$/(\Omega \cdot \mathrm{mm}^2/\mathrm{m})$	$/\times 10^{-6}\,℃^{-1}$	$/\times 10^{-6}\,℃^{-1}$
康铜	Cu	57	$1.7 \sim 2.1$	0.49	$-20 \sim 20$	14.9
	Ni	43				
镍铬合金	Ni	80	$2.1 \sim 2.5$	$0.9 \sim 1.1$	$110 \sim 150$	14.0
	Cr	20				
镍铬铝合金	Ni	73	2.4	1.33	$-10 \sim 10$	13.3
	Cr	20				
	Al	$3 \sim 4$				
	Fe	余量				

（2）金属电阻应变片的结构

由金属电阻应变片的工作原理可知，当电阻应变片与受力元件一起变形时，应变片电阻的变化量可以反映出应变片所在元件的应变大小。为了使应变片既具有一定的电阻值，又不太长，应变片都做成栅状，如图 2-4 所示。

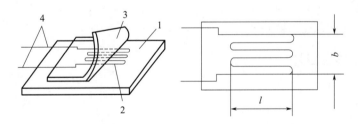

图 2-4　电阻应变片的基本结构

1—基底；2—电阻丝；3—覆盖层；4—引线

（3）金属电阻应变片的分类

根据电阻应变片原材料形状和制造工艺的不同，应变片的结构形式有丝式、箔式和膜式三种。常见的丝式和箔式应变片见图 2-5。

① 金属丝式应变片。金属丝式应变片有丝绕式和短接式两种。图 2-5（a）表示的是丝绕式应变片，其制作简单、性能稳定、成本低、易粘贴，但由于敏感栅的圆弧部分要参与变

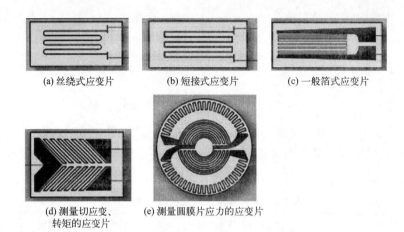

(a) 丝绕式应变片   (b) 短接式应变片   (c) 一般箔式应变片

(d) 测量切应变、   (e) 测量圆膜片应力的应变片
转矩的应变片

图 2-5　常见的丝式和箔式应变片

形，因此应变片的横向效应较大；图 2-5(b) 为短接式应变片，它的敏感栅平行排列，两端用直径比敏感栅直径大 5～10 倍的镀银丝短接而成，主要目的是克服横向效应。金属丝式应变片由于敏感栅上焊点较多，因此疲劳性能差，不适于长期的动应力测量。

② 金属箔式应变片。金属箔式应变片的敏感部分通常是用照相制版或光刻法在厚度约 0.003～0.01mm 的金属箔片上制造，一般做成栅状形式。金属箔的材料多采用康铜和镍铬合金。如今，绝大部分金属丝式应变片被金属箔式应变片取代，主要是因为箔式应变片具有以下优点：a. 由于采用光刻法，应变片的形状具有很大的灵活性，可以制成多种形状复杂、尺寸准确的敏感栅，其栅长目前最小可以做到 0.2mm；b. 横向效应小；c. 散热条件好，允许电流大，提高了输出灵敏度；d. 蠕变和机械滞后小，疲劳寿命长；e. 生产效率高，便于实现自动化、批量生产。

③ 金属膜式应变片。金属膜式应变片是采用真空蒸镀、沉积或溅射等方法，在薄的绝缘基片上形成厚度小于 0.1μm 的金属电阻材料薄膜的敏感栅，再加上保护层。金属膜式应变片的优点主要有：a. 当膜片很薄时，应变片的灵敏度系数很高；b. 由于膜式应变片不需要采用类似箔式应变片的腐蚀工序，因此可采用耐腐蚀的高温金属材料制成耐高温应变片。但由于目前在制造膜式应变片时还不能很好地控制膜层性能的一致性，所以作为商品出售的膜式应变片还较少，大多是将膜层直接做在弹性元件上。

2.2.1.2　半导体应变片

(1) 工作原理

半导体应变片的工作原理是基于半导体材料的压阻效应，即当单晶半导体材料沿某一轴向受到外力作用时，其电阻率随之发生变化的现象。

如式 (2-6) 所示，当金属材料受到外力作用时，其电阻的变化由两部分组成，一部分是由于变形引起的，另一部分是电阻率的变化引起的。金属材料的电阻率变化很小，因此可以忽略不计。但是对于半导体材料，由于电阻率的变化引起的电阻相对变化 $\lambda E\varepsilon$ 远远大于由于机械变形引起的电阻相对变化 $(1+2\mu)\varepsilon$，所以，由机械变形引起的电阻相对变化可以忽略不计。从而，对半导体材料，在受到外力作用时，其电阻的相对变化为：

$$\frac{\mathrm{d}R}{R} \approx \lambda E\varepsilon \tag{2-9}$$

则半导体材料的灵敏度系数 S_0 为：

$$S_0 = \frac{\frac{\mathrm{d}R}{R}}{\varepsilon} = \lambda E \tag{2-10}$$

半导体材料的灵敏度系数比金属丝应变片大 50～70 倍。

由以上分析可知：金属丝应变片是利用金属材料的形变引起电阻的变化，半导体应变片是利用半导体材料的电阻率变化引起电阻的变化。

典型的半导体应变片采用单晶硅或单晶锗条作为敏感栅，连同引线端子一起粘贴在有机胶膜或其他材料制成的基底上，栅条与引线端子用引线连接。

（2）半导体应变片的特点

半导体应变片的优点主要有：灵敏度高，分辨率高，机械滞后小，横向效应小，体积小。其缺点主要有：温度误差大，需要进行温度补偿或在恒温下使用；由于晶向、杂质等原因，其灵敏度离散性大；非线性误差大。

用半导体应变片制成的传感器也称为压阻传感器。

2.2.2　变阻式传感器

变阻式传感器也被称为电位器式传感器（简称电位器）。这种传感器由电阻元件及电刷（活动触点）组成，通过滑动触点的移动改变电阻丝的长度，从而改变电阻值的大小，进而再将电阻值的变化转变成电流或电压的变化。常见的变阻式传感器有直线位移型、角位移型和非线性型，如图 2-6 所示。

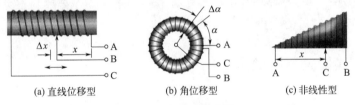

(a) 直线位移型　　　　(b) 角位移型　　　　(c) 非线性型

图 2-6　变阻式传感器

图 2-6(a) 为直线位移型变阻式传感器，滑动触点 B 沿变阻器移动，假设移动距离为 x，则 B 点与 A 点之间的电阻为：

$$R = k_l x \tag{2-11}$$

其灵敏度为

$$S = \frac{\mathrm{d}R}{\mathrm{d}x} = k_l \tag{2-12}$$

式中　k_l——单位长度的电阻值。

当导线分布均匀时，k_l 为常数。此时，传感器的输出（电阻）和输入（位移）成线性关系。

图 2-6(b) 为角位移型变阻式传感器，其电阻值随活动触点的转角而变化，假设活动触点的转角为 α(rad)，则其灵敏度为：

$$S = \frac{\mathrm{d}R}{\mathrm{d}\alpha} = k_\alpha \tag{2-13}$$

式中　k_α——单位弧度所对应的电阻值。

图 2-6(c) 为一种非线性型变阻式传感器，非线性变阻式传感器骨架的形状决定了传感器的输出。例如，当变阻器骨架形状为直角三角形时，如图 2-6(c)，传感器的输出为 kx^2；变阻器骨架形状为抛物线形时，其输出为 kx^3。x 为活动触点移动距离，k 为传感器灵敏度。

2.3　电容式传感器

2.3.1　工作原理

电容式传感器采用电容器作为传感元件，将不同物理量的变化转换为电容量的变化，从物理学可知，由两个平行极板组成的电容器的电容量为：

$$C = \frac{\varepsilon_0 \varepsilon A}{\delta} \tag{2-14}$$

式中　C——电容器的电容量，F；

ε——极板间介质的相对介电常数，介质为空气时 $\varepsilon=1$；

ε_0——真空中的介电常数，$\varepsilon_0=8.85\times10^{-12}\text{F/m}$；

δ——极板间的距离，m；

A——极板面积，m^2。

式（2-14）表明，输入信号使电容器的 A、δ 或 ε 的任一参数发生变化，都会使电容器的电容量 C 发生变化。只要保持其中两个参数不变，而仅改变另外一个参数，就可以把该参数的变化转换为电容量的变化。

2.3.2　电容式传感器的类型

根据电容器变化的参数，电容式传感器可分为极距变化型电容传感器、面积变化型电容传感器以及介质变化型电容传感器三类。

（1）极距变化型电容传感器

由式（2-14）可知，如果电容器的两极板相互覆盖面积 A 和极间介质 ε 保持不变，则当极距有一微小的变化量 $\mathrm{d}\delta$ 时，引起电容的变化量 $\mathrm{d}C$ 为：

$$\mathrm{d}C = -\varepsilon\varepsilon_0 A \frac{1}{\delta^2}\mathrm{d}\delta$$

由此可得传感器的灵敏度为：

$$S = \frac{\mathrm{d}C}{\mathrm{d}\delta} = -\varepsilon\varepsilon_0 A \frac{1}{\delta^2} \tag{2-15}$$

因此，极距变化型电容传感器灵敏度 S 与极距的平方成反比，极距越小，灵敏度越高。由于传感器的灵敏度随极距而变化，这将引起非线性误差。为了减小此误差，通常规定在较小的间隙变化范围内工作，以便获得近似线性关系。一般取极距变化范围约为 $\Delta\delta/\delta_0 \approx 0.1$。

实际应用中，为提高极距变化型电容传感器的灵敏度，常采用差动式结构，如图 2-7 所示。差动式电容传感器中间的极板为活动极板，该活动极板分别与两边的固定极板形成两个电容器 C_1 和 C_2，当中间极板向一个极板移动时，其中一个电容器 C_1 的电容因间距增大而减小，另一个电容器 C_2 因间距减小而增大，则电容器总的电容变化为：

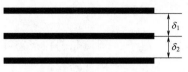

图 2-7　差动式电容传感器

$$dC = C_1 - C_2 = -\frac{2\varepsilon_0 \varepsilon A}{\delta^2} d\delta$$

则其灵敏度为

$$S = \frac{dC}{d\delta} = -\frac{2\varepsilon_0 \varepsilon A}{\delta^2} \tag{2-16}$$

这种差动式电容传感器不仅提高了传感器的灵敏度，也相应地改善了测量线性度。

极距变化型电容传感器的优点是可进行动态非接触测量，对被测系统的影响小，灵敏度高，适合测量较小的位移（$0.01\mu m$ 至数百微米），测量范围为 $0\sim1mm$，测量的频率范围为 $0\sim10^5\,Hz$。但是由于极距变化型电容式传感器具有非线性特性，非线性误差为满量程的 $1\%\sim3\%$，传感器的杂散电容也对灵敏度和测量精确度有影响，与传感器配合使用的电子线路也比较复杂，因此其使用范围受到一定限制。

（2）面积变化型电容传感器

面积变化型电容传感器的工作原理是被测量的变化使电容器极板的有效面积发生变化，进而电容发生变化。常见的面积变化型电容传感器有线位移型和角位移型。几种常见的面积变化型电容传感器见图 2-8。

图 2-8(a) 是通过线性位移改变电容器极板面积。当活动极板在 x 方向有位移 Δx 时，极板面积的改变量为：

$$\Delta A = b\Delta x \tag{2-17}$$

式中，b 为电容极板的宽度。

因此电容器电容的改变量为

$$\Delta C = \frac{\varepsilon_0 \varepsilon b}{\delta} \Delta x \tag{2-18}$$

则该传感器的灵敏度为

$$S = \frac{\Delta C}{\Delta x} = \frac{\varepsilon_0 \varepsilon b}{\delta} \tag{2-19}$$

由此可见，传感器的灵敏度为常数，即输入-输出关系为线性。

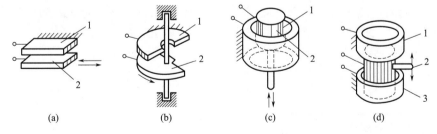

(a)　　　　　(b)　　　　　(c)　　　　　(d)

图 2-8　面积变化型电容传感器

1，3—固定极板；2—活动极板

由于平板型线位移型电容传感器的可动极板沿极距方向稍有移动就会影响测量精度，所以常做成圆柱形，如图 2-8(c)、(d) 所示。其中圆筒固定，圆柱在圆筒中移动。

圆柱形电容传感器的电容为：

$$C = \frac{2\pi\varepsilon_0\varepsilon h_x}{\ln\ (r_2/r_1)} \tag{2-20}$$

式中　h_x——圆筒与圆柱覆盖部分长度;

　　　r_1——圆柱外径;

　　　r_2——圆筒内径。

当 h_x 发生变化 Δx 时,电容量的变化为:

$$\Delta C = \frac{2\pi\varepsilon_0\varepsilon}{\ln\ (r_2/r_1)}\Delta x \tag{2-21}$$

则圆柱形电容传感器的灵敏度为:

$$S = \frac{\Delta C}{\Delta x} = \frac{2\pi\varepsilon_0\varepsilon}{\ln\ (r_2/r_1)} \tag{2-22}$$

该灵敏度为一常数。

图 2-8(b) 为角位移型电容传感器,当两极板之间的相对转角发生变化时,两极板之间的相对公共面积也发生变化。公共相对面积为:

$$A = \frac{\alpha r^2}{2} \tag{2-23}$$

式中,α 为公共相对面积对应的中心角;r 为半圆形极板半径。

当转角发生 $\Delta\alpha$ 的变化时,电容量的改变为:

$$\Delta C = \frac{\varepsilon_0\varepsilon r^2}{2\delta}\Delta\alpha \tag{2-24}$$

则该传感器的灵敏度为　　　　$S = \frac{\Delta C}{\Delta\alpha} = \frac{\varepsilon_0\varepsilon r^2}{2\delta} \tag{2-25}$

由此可见,传感器的灵敏度为一常数,即输出与输入之间成线性关系。

由上述可知,面积变化型电容传感器的灵敏度为常数,输出与输入成线性关系,主要用于测量位移、压力以及加速度等物理量。其缺点主要是电容器的横向灵敏度较大,且其机械结构要求十分精确,因此相对于极距变化型电容传感器测量精度较低,适合于较大的角位移或线位移的测量。

(3) 介质变化型电容传感器

介质变化型电容传感器可以用来测量电介质的厚度、温度、湿度等。其相应的结构原理见图 2-9。在两固定极板间有一个介质层,如纸张、塑料、纤维等通过,当介质层的厚度、温度、湿度等发生变化时,其介电常数发生变化,从而引起电容量的变化。

在图 2-9 中,传感器若忽略边缘效应,则传感器的总电容量为:

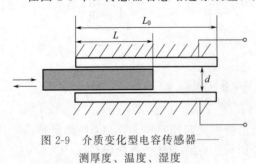

$$C = C_1 + C_2 = \varepsilon_0 b_0 \frac{\varepsilon_{r1}\ (L_0 - L)\ + \varepsilon_{r2}L}{d}$$

$$\tag{2-26}$$

式中　b_0,L_0——固定极板的宽和长;

　　　d——两固定极板间的距离;

　　　L——被测物体进入极板间的长度;

　　　ε_0——真空介电常数;

　　　ε_{r1}——间隙中介质的相对介电常数;

图 2-9　介质变化型电容传感器——
　　　　测厚度、温度、湿度

ε_{r2}——被测物体相对介电常数。

当间隙中的介质为空气，则 $\varepsilon_{r1}=1$，当 $L=0$ 时，传感器的初始电容为：

$$C_0 = \frac{\varepsilon_0 \varepsilon_{r1} L_0 b_0}{d} = \frac{\varepsilon_0 L_0 b_0}{d} \tag{2-27}$$

当被测物体进入极间距离 L 后，电容的相对变化为：

$$\frac{\Delta C}{C_0} = \frac{C - C_0}{C_0} = \frac{(\varepsilon_{r2} - 1) L}{L_0} \tag{2-28}$$

由此可见，电容器电容的变化与被测物体的移动距离 L 成线性关系。

2.4　电感式传感器

电感式传感器是利用电磁感应原理，将被测的非电量，如力、位移等，转换成电磁线圈自感或互感量变化的一种装置。按照不同的转换方式，电感式传感器可以分为自感式和互感式两类。

2.4.1　自感式传感器

自感式传感器包括可变磁阻式传感器和涡流式传感器。

（1）可变磁阻式传感器

可变磁阻式传感器的结构原理图如图 2-10 所示，传感器由铁芯、线圈和衔铁组成，铁芯与衔铁之间存在空气隙 δ。根据电磁感应原理，当线圈中通以电流 i 时，将产生磁通 Φ_m，其大小与电流成正比，即

$$N\Phi_m = Li \tag{2-29}$$

式中　N——线圈匝数；

　　　L——比例系数（自感），H。

又根据磁路欧姆定律知：

$$\Phi_m = \frac{Ni}{R_m} = \frac{F}{R_m} \tag{2-30}$$

式中　F——磁动势，A；

　　　R_m——磁阻，H^{-1}。

由式（2-29）和式（2-30）可知，自感 L 为：

$$L = \frac{N^2}{R_m} \tag{2-31}$$

对于图 2-10 所示的传感器来说，当不考虑磁路的铁损，且气隙 δ 较小时，该磁路的总磁阻为：

$$R_m = \frac{l}{\mu A} + \frac{2\delta}{\mu_0 A_0} \tag{2-32}$$

式中　l——铁芯的导磁长度，m；

　　　μ——铁芯磁导率，H/m；

A——铁芯导磁截面积，m^2；

μ_0——空气磁导率，$\mu_0 = 4\pi \times 10^{-7}\,\mathrm{H/m}$；

A_0——空气隙导磁横截面积，m^2。

式（2-32）右边第一项为铁芯磁阻，第二项为气隙磁阻，铁芯磁阻比气隙磁阻小很多，可以忽略不计，则总磁阻可近似为：

$$R_{\mathrm{m}} \approx \frac{2\delta}{\mu_0 A_0} \tag{2-33}$$

将式（2-33）代入式（2-31）可得：

$$L = \frac{N^2 \mu_0 A_0}{2\delta} \tag{2-34}$$

由式（2-34）可知，自感 L 与气隙导磁横截面积 A_0 成正比，与气隙 δ 成反比。当 A_0 固定不变、气隙 δ 变化时，L 与 δ 成非线性变化关系，如图 2-11 所示。传感器的灵敏度为：

$$S = \frac{\mathrm{d}L}{\mathrm{d}\delta} = -\frac{N^2 \mu_0 A_0}{2\delta^2} \tag{2-35}$$

即可变磁阻式传感器的灵敏度与气隙的平方成反比，气隙越小灵敏度越高。由于气隙不是常数，会产生非线性误差，因此这种传感器常规定在较小气隙变化范围内工作，常取 $\Delta\delta/\delta_0 \leq 0.1$。可变磁阻式传感器适合测量较小的位移，一般为 $0.001 \sim 1\mathrm{mm}$。

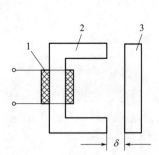

图 2-10　可变磁阻式传感器
1—线圈；2—铁芯；3—衔铁

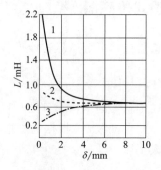

图 2-11　不同衔铁材料的自感与气隙关系
1—铁氧体；2—软铁；3—黄铜

实际使用中，为了提高自感式传感器的灵敏度，增大其线性工作范围，常将两个结构相同的自感线圈组合在一起形成差动式自感传感器，如图 2-12 所示。

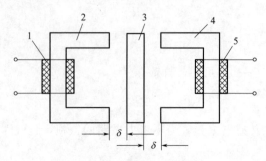

图 2-12　差动式自感传感器
1—线圈一；2—铁芯一；3—衔铁；4—铁芯二；5—线圈二

由式（2-34）可知，改变导磁横截面积 A_0 和线圈匝数 N 也可以改变自感 L 的大小。图 2-13 为几种常用的可变磁阻式传感器的结构形式。

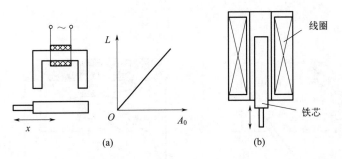

图 2-13　常用可变磁阻式传感器的结构形式

图 2-13（a）是通过改变导磁横截面积来改变磁阻的，其自感与导磁横截面积成线性关系；图 2-13（b）是螺线管线圈型结构，铁芯在线圈中运动时，有效线圈匝数发生了变化，总磁阻发生变化，从而使自感发生变化。这种单螺线管线圈型传感器结构简单、制造容易，但灵敏度较低，适合测量较大的位移（几毫米）。螺线管线圈型结构也可以做成由两个单螺线管线圈组成的差动型形式，如图 2-14 所示。与单螺线管线圈形式相比，差动型形式灵敏度更高、线性工作范围更宽，常被用于电感测微仪中，测量范围为 $0\sim300\mu m$，最小分辨力为 $0.5\mu m$。

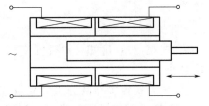

图 2-14　双螺线管线圈差动型传感器

（2）涡流式传感器

① 工作原理　涡流式传感器的工作原理是利用金属导体在交流磁场中的涡流效应。当金属导体置于变化着的磁场中或者在磁场中运动时，金属导体内部会产生感应电流，由于这种电流在金属导体内是自身闭合的，因此称为涡电流或涡流。

如图 2-15 所示，当线圈靠近金属导体，两者相距 x，线圈中通以交变电流 i_1 时，会产生磁场 H_1，同时产生交变磁通量 Φ_1。由于该交变磁通的作用，在金属导体表面和内部会产生感应电流 i_2，该电流即为涡流。由楞次定律知，该涡流将产生一个反向磁场 H_2，同时产生反向的交变磁通 Φ_2。由于 Φ_2 与 Φ_1 方向相反，因此 Φ_2 将抵抗 Φ_1 的变化。由于该涡流磁场的作用，线圈的等效阻抗将发生变化。线圈阻抗的变化主要与线圈与金属导体之间的距离、金属导体的电阻率、磁导率、线圈的励磁电流频率有关。因此改变上述任意一个参数，都可以改变线圈的等效阻抗从而做成不同的传感器。

在金属导体中产生的涡流具有趋肤效应，也叫集肤效应，即当交变电流通过导体时，分布在导体横截面上的电流密度是不均匀的，即表层密度最大，越靠近截面的中心电流密度越小的现象，如图 2-16 所示。涡流的衰减按指数的规律进行，即

$$J_x = J_0 e^{-x\sqrt{\pi f\mu\sigma}} \tag{2-36}$$

式中　J_x——距金属导体表面 x 深处的涡流强度；

　　　J_0——金属导体表面的涡流强度；

　　　x——金属导体内部到表面的距离，m；

　　　f——线圈励磁电流频率，Hz；

　　　μ——金属导体的磁导率，H/m；

　　　σ——金属导体的电导率，S/m。

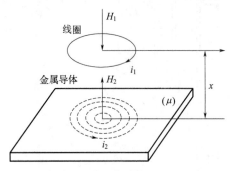

图 2-15   涡流式传感器工作原理图

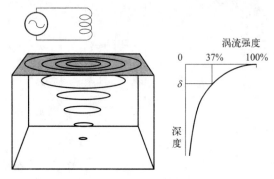

图 2-16   涡流的趋肤效应

将涡流强度衰减为其表面密度的 $1/e$，即 36.8% 时对应的深度定义为渗透深度，则渗透深度为：

$$h = 1/\sqrt{\pi f \mu \sigma} \qquad (2\text{-}37)$$

由式（2-37）可知，渗透深度与线圈励磁电流频率成反比，即励磁电流频率越高，渗透深度越小。

② 涡流式传感器的分类   涡流式传感器一般可分为高频反射式和低频透射式两种。

a. 高频反射式涡流传感器。当线圈励磁电流的频率较高（大于 1MHz）时，产生的高频磁场作用于金属导体的表面，由于趋肤效应，在金属导体的表面形成涡流，该涡流产生的交变磁场反作用于线圈，使线圈阻抗发生变化，其变化与线圈到金属导体之间的距离、金属导体的电阻率、磁导率、线圈的励磁电流频率有关。若保持其他参数不变而改变金属导体到线圈的距离，则可以将金属导体到线圈之间的距离（即位移）的变化转换为线圈阻抗的变化，通过测量电路可以将其转换为电压输出。高频反射式涡流传感器多用于位移测量，如图 2-17 所示。

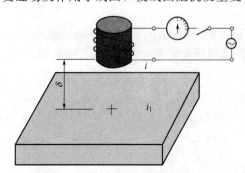

图 2-17   高频反射式涡流传感器原理

b. 低频透射式涡流传感器。低频透射式涡流传感器的工作原理如图 2-18 所示。发射线圈 W_1 和接收线圈 W_2 分别位于被测金属导体材料两侧。在发射线圈中通以低频（音频范围）励磁电流，

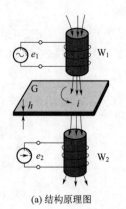

(a) 结构原理图

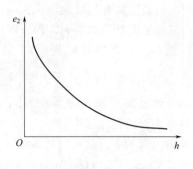

(b) 感应电动势与材料厚度的关系曲线

图 2-18   低频透射式涡流传感器

由于励磁电流频率较低，渗透深度大，当电压 e_1 加到线圈 W_1 的两端后，所产生的磁力线有一部分透过金属导体 G，使接收线圈 W_2 产生感应电动势 e_2。由于涡流消耗部分磁场能量，感应电动势 e_2 减少，当金属导体材料 G 越厚时，损耗的能量越大，输出的电动势 e_2 越小。因此，感应电动势 e_2 的大小与金属导体的厚度及材料性质有关，当金属材料性质一定时，根据 e_2 的变化即可测量出金属导体的厚度。

2.4.2　互感式传感器

（1）工作原理

互感式传感器也被称为差动变压器式电感传感器，其基本原理是利用电磁感应中的互感现象。如图 2-19 所示，当线圈 W_1 输入交流电流 i 时，在线圈 W_2 中会产生感应电动势 e_{12}，其大小正比于电流 i 的变化率，即

$$e_{12} = -M \frac{\mathrm{d}i}{\mathrm{d}t} \qquad (2\text{-}38)$$

式中　M——比例系数（互感），H。互感是两线圈之间耦合程度的度量，其大小与两线圈的相对位置及周围介质的磁导率等因素有关。

互感式传感器就是利用互感现象将被测的位移或转角转换为线圈互感的变化，这种传感器实质上是一个变压器。传感器的初级线圈 W_1 接入稳定的交流励磁电源，次级线圈 W_2 被感应而产生对应的输出电压，当被测参数使互感 M 发生变化时，输出电压也随之变化。由于次级线圈常采用两个线圈组成差动型，所以这种传感器也被称为差动变压器式传感器。

（2）结构形式

差动变压器式传感器的结构形式较多，以螺管线圈形差动变压器居多，其工作原理如图 2-20 所示。传感器由线圈、铁芯和衔铁组成。线圈包括一个一次绕组和两个反接的二次绕组。当一次绕组输入交流励磁电时，一般交流电电压为 $3 \sim 15\mathrm{V}$，频率为 $60 \sim 20000\mathrm{Hz}$，二次绕组中将产生感应电动势 e_1 和 e_2。由于两个二次绕组是极性反接，因此传感器的输出电压为两者电压之差，即 $e_0 = e_1 - e_2$。铁芯的移动能改变线圈之间的耦合程度，输出电压 e_0 也随之改变。

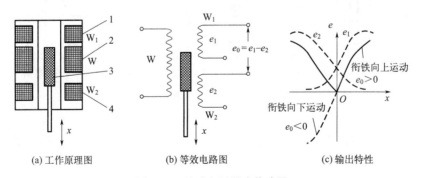

图 2-20　差动变压器式传感器

1—次级线圈 1；2—初级线圈；3—铁芯；4—次级线圈 2

由图 2-20（b）可知：当铁芯处在中间位置时，由于两线圈互感相同，即 $M_1 = M_2$，$e_1 = e_2$，则 $e_0 = 0$；当铁芯向上移动时，则 $e_1 > e_2$，此时 $e_0 > 0$；当铁芯向下移动时，$e_1 < e_2$，则 $e_0 < 0$。当铁芯的位置往复变化时，其输出电压也随之变化，其输出特性如图 2-20（c）所示，由图可知，铁芯偏离中心位置越大，输出电压 e_0 越大。

2.5　磁电式传感器

磁电式传感器是将被测量转换为感应电动势的一种传感器，又被称为磁感应式传感器或电动力式传感器。

由电磁感应定律知，当穿过匝数为 N 的线圈的磁通 Φ 发生变化时，线圈中产生的感应电动势为：

$$e = -\frac{\mathrm{d}\Phi}{\mathrm{d}t} \tag{2-39}$$

即线圈中感应电动势的大小取决于线圈的匝数以及穿过线圈的磁通变化率，而磁通变化率又与施加的磁场强度、磁路磁阻以及线圈相对于磁场的运动速度有关。因此，改变上述因素中的任意一个，都会导致线圈中产生的感应电动势发生变化，从而得到相应的不同结构形式的磁电式传感器。

磁电式传感器一般分为动圈式、动铁式和磁阻式三类。

2.5.1　动圈式和动铁式传感器

（1）工作原理

动圈式传感器如图 2-21（a）所示，动铁式传感器如图 2-21（b）所示，图 2-21（a）、（b）为线位移式的，图 2-21（c）为角速度式的。

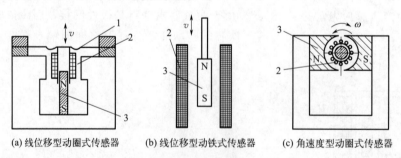

(a) 线位移型动圈式传感器　　(b) 线位移型动铁式传感器　　(c) 角速度型动圈式传感器

图 2-21　动圈式传感器和动铁式传感器
1—弹性膜片；2—线圈；3—磁铁

由图 2-21（a）可知，当弹性膜片感受到某一速度时，线圈就在磁场中做直线运动，切割磁力线，产生的感应电动势为：

$$e = NBlv\sin\theta \tag{2-40}$$

式中　N——有效线圈匝数（在均匀磁场内参与切割磁力线的线圈匝数）；

　　　　B——磁场的磁感应强度，T；

　　l——单匝线圈的有效长度，m；

　　v——线圈在敏感方向相对于磁场的速度，m/s；

　　θ——线圈运动方向与磁场方向的夹角。

当线圈运动方向与磁场方向垂直时，$\theta=90°$，感应电动势为：

$$e=NBlv \tag{2-41}$$

　　因此，当传感器的结构参数一定，即 B、l、N 为定值时，感应电动势的大小正比于线圈的运动速度 v。由于传感器直接测量到线圈的运动速度，所以这种传感器也被称为速度传感器。根据位移、加速度与速度的关系，此速度传感器也可以用来测量运动物体的位移和加速度。

　　图 2-21(c) 为角速度型动圈式传感器，当线圈在磁场中转动时，所产生的感应电动势为：

$$e=kNBA\omega \tag{2-42}$$

式中　k——系数，取决于传感器结构，$k<1$；

　　　A——单匝线圈的截面积，$\mathrm{m^2}$；

　　　ω——线圈转动的角速度。

　　由式（2-42）可知，当线圈结构确定，感应电动势的大小与线圈相对于磁场的转动角速度成正比，因此，用这种传感器可以测量物体的转速。

　　（2）等效电路

　　将传感器中线圈产生的感应电动势通过电缆与电压放大器连接时，其等效电路如图 2-22 所示。图中，e 为发电线圈的感应电动势，Z_0 为线圈阻抗，R_L 为负载电阻（放大器输入电阻），C_c 为电缆导线的分布电容，R_c 为电缆导线的电阻。R_c 很小，可以忽略，则等效电路中的输出电压为：

$$U_L=\frac{e}{1+\dfrac{Z_0}{R_1}+\mathrm{j}\omega C_c Z_0} \tag{2-43}$$

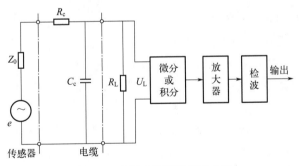

图 2-22　动圈式传感器等效电路

　　如果不适用特别加长的电缆时，C_c 可以忽略不计。同时，如果 R_L 远远大于 Z_0，则式（2-43）可以简化为 $U_L\approx e$。

　　感应电动势经过放大、检波后即可推动指示仪；若经过微分或积分电路，则可得到运动物体的加速度或位移。

2.5.2　磁阻式传感器

　　磁阻式传感器的线圈与磁铁彼此不做相对运动，由运动着的物体（导磁材料）改变磁路的磁阻，从而引起磁力线增强或减弱，使线圈产生感应电动势。磁阻式传感器是由永久磁铁及缠绕其上的线圈组成的。其工作原理及应用实例如图 2-23 所示。

图 2-23(a) 可以测量旋转体频率，当齿轮旋转时，齿的凹凸引起磁阻变化，导致磁通量发生变化，在线圈中感应出交流电动势。齿轮的频率就等于齿轮的齿数乘以转速。

磁阻式传感器使用方便、结构简单，图 2-23(b)、(c)、(d) 可以用来测量转速、偏心量，以及振动的位移、速度、加速度等。

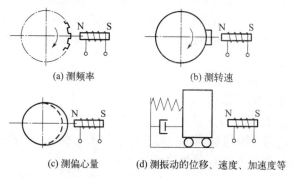

(a) 测频率　　　　　　　　　(b) 测转速

(c) 测偏心量　　　　(d) 测振动的位移、速度、加速度等

图 2-23　磁阻式传感器工作原理及应用实例

2.6　压电式传感器

2.6.1　工作原理

压电式传感器是利用某些材料的压电效应进行工作的。压电效应指的是某些物质，如石英、钛酸钡等晶体，在受到外力作用产生形变时，在一定表面上会产生电荷，当去掉外力后又重新回到不带电的状态的现象，也被称作正压电效应。反之，如果在这些物质的极化方向上施加电场，这些物质就会在一定的方向上产生机械变形或机械应力，当外加电场去掉时，变形和应力也消失，这种现象被称为逆压电效应，也称为电致伸缩现象。

压电效应和逆压电效应都是线性的，即在外力作用下，晶体表面出现的电荷多少和形变的大小成正比，当形变改变符号时，电荷也改变符号；在外电场作用下，晶体形变大小与电场强度成正比，当电场方向改变时，形变将改变符号。以石英晶体为例，当晶片在电轴 x 方向受到压应力 σ_{xx} 作用时，切片在厚度方向产生形变并极化，极化强度 P_{xx} 与应力 σ_{xx} 成正比，即

$$P_{xx}=d_{11}\sigma_{xx}=d_{11}\frac{F_x}{lb} \tag{2-44}$$

式中　d_{11}——石英晶体在 x 方向力作用下的压电常数，石英晶体的 $d_{11}=2.3\times10^{-12}\,\mathrm{C/N}$；

　　　F_x——沿晶轴 Ox 方向施加的压力；

　　　l——切片的长；

　　　b——切片的宽。

2.6.2　压电材料

常用的压电材料大体可分为三类：单晶陶瓷、压电陶瓷和有机压电薄膜。

（1）单晶陶瓷

压电单晶为单晶体，常用的有 α-石英（SiO_2）、铌酸锂（$LiNbO_3$）、钽酸锂（$LiTaO_3$）等。石英是应用最广的压电单晶。石英晶体分为天然石英和人造石英。石英价格便宜、机械强度较好、时间稳定性和温度稳定性都较好，但压电常数较小。其他的压电单晶的压电常数较大，为石英的 2.5～3.5 倍，但价格较贵。水溶性压电晶体，如酒石酸钾钠（$NaKO_4H_4O_5 \cdot 4H_2O$）虽然压电常数较高，但易受潮，机械强度低，电阻率低，性能不稳定。

石英晶体产生压电效应的机理如图 2-24 所示。石英晶体是一种二氧化硅（SiO_2）结晶体，在每个晶体单元中，它具有 3 个硅原子和 6 个氧原子，而氧原子是成对靠在一起的。每个硅原子带 4 个单位正电荷，每个氧原子带两个单位负电荷。在晶体单元中，硅、氧原子排列成六边形的形状，所产生的极化效应互相抵消，因此整个晶体单元呈中性。如图 2-24（a）所示，沿 x 轴方向施加力 F_x 时，单元中，硅、氧原子排列的平衡性被破坏，晶体单元被极化，在垂直于 F_x 的两个表面上分别产生正、负电荷，这即是纵向效应；如图 2-24（b）所示，沿 y 轴方向施加 F_y 时，也会引起晶体单元变形而产生极化现象，在与图 2-24（a）情况相同的两个面，即垂直于 x 轴的两个晶面上产生电荷，但是电荷的极性与图 2-24（a）的情况相反，这便是横向效应。由图 2-24 可知，当施加反向的力（拉力）时，产生的电荷极性相反。另外，由于原子排列沿 z 轴的对称性，因此在 z 轴施加作用力不会使晶体单元极化。

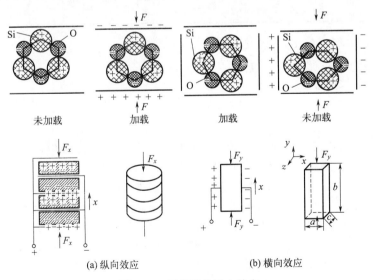

图 2-24　石英晶体压电效应

在产生电荷的两个面上镀上金属形成电极，便可将产生的电荷引出用于测量等用途。图 2-24 分别列出了纵向和横向效应下典型的引线连接方式和形成的传感器形式。

（2）压电陶瓷

压电陶瓷是现代声学技术和传感技术中应用最普遍的压电材料。压电陶瓷由许多铁电体的微晶组成，微晶再细分为电畴，因此，压电陶瓷是由许多电畴形成的多畴晶体。当压电陶瓷受到机械应力时，它的每一个电畴的自发极化都会发生变化，但由于电畴的无规则排列，因而在总体上不体现电性，没有压电效应。为了获得材料形变与电场呈线性关系的压电效应，在一定温度下对其进行极化处理，即利用强电场（$1\sim4kV/mm$）使其电畴规则排列，呈现压电性。极化电场去除后，电畴取向保持不变，在常温下可呈压电性。

常用的压电陶瓷有钛酸钡（$BaTiO_3$）、锆钛酸铅（PTZ）、铌酸镁铅（PMN）等。压电陶瓷的压电常数比比压电单晶高很多，一般是石英的数百倍，并且压电陶瓷制作方便、成本低，因此，目前大多数的压电元件采用的都是压电陶瓷。

（3）有机压电薄膜

有机压电薄膜是一种高分子薄膜，它的压电特性不太好，但易于大批量生产，并且面积大、柔软不易破碎，常用于微压测量和机器人的触觉。最常见的有机压电薄膜是聚偏二氟乙烯（PVDF）。

表 2-3 列出了常用压电材料的主要性能指标。

表 2-3　常用压电材料的主要性能指标

压电材料	石英	钛酸钡	锆钛酸铅	聚偏二氟乙烯
压电系数/(pC/N)	$(d_{11})2.31$	$(d_{31})-78$ $(d_{33})190$	$(d_{31})-100\sim-185$ $(d_{33})200\sim600$	$(d_{33})6.7$
相对介电常数	4.5	1200	$1000\sim2100$	5
居里点温度/℃	575	115	$180\sim350$	120
密度/(kg/m³)	2650	5500	7500	5600

2.7　光电式传感器

光电式传感器是以光电器件作为转换元件的传感器。光电式传感器在进行非电量测量时，先将被测量转换为光量，再通过光电器件将该光量转换为电量。

光电式传感器一般由辐射源、光学通路和光电器件三部分组成，如图 2-25 所示。被测量通过对辐射源或光学通路的影响，将被测信息调制到光波上，通过改变光波的强度、相位、空间分布和频谱分布等，光电器件将

图 2-25　光电式传感器原理

光信号转换为电信号，电信号经过后续电路的解调分离出被测信息，从而实现对被测量的测量。

2.7.1　光电效应

光电式传感器的工作基础是光电效应，根据作用原理，光电效应又分为外光电效应、内光电效应和光生伏特效应。

（1）外光电效应

外光电效应指的是在光照作用下，物体内的电子从物体表面逸出的现象，也称为光电子发射效应。外光电效应的实质是能量形式的转变，即光辐射能转换为电磁能。

金属中一般都存在大量的自由电子，它们在金属内部做无规则的自由运动，不能离开金属表面。当自由电子获取外界能量且该能量大于或等于电子逸出功时，自由电子便能离开金属表面。为了使电子在逸出时具有一定的速度，就必须给电子大于逸出功的能量。当光辐射通量照到金属表面时，其中一部分被吸收，被吸收的能量一部分使金属温度增高，另一部分被电子吸收，使其受激发而逸出金属表面。

典型的外光电效应器件有光电管和光电倍增管。

（2）内光电效应

内光电效应是指在光照作用下，物体的导电性能如电阻率发生改变的现象，也称为光导效应。内光电效应的物理过程如下：光照射在半导体材料上时，价带（价电子所占能带）中的电子受到能量大于或等于禁带（不存在电子所占能带）宽带的光子轰击，使其由价带越过禁带而跃入导带（自由电子所占能带），使材料中导带内的电子和价带内的空穴浓度增大，从而使电导率增大。

内光电效应与外光电效应不同，外光电效应产生于物体表面层，在光辐射作用下，物体内部的自由电子逸出到物体外部，而内光电效应则不发生电子逸出。

内光电效应器件主要有光敏电阻以及由光敏电阻制成的光导管。

（3）光生伏特效应

光生伏特效应是指在光线照射下物体产生一定方向的电动势的现象。光生伏特效应又分为势垒效应（结光电效应）和侧向光电效应。势垒效应的机理是在金属和半导体的接触区（或在 PN 结）中，电子受光子的激发脱离势垒（或禁带）的束缚而产生电子-空穴对，在阻挡层内电场的作用下电子移向 N 区外侧，空穴移向 P 区外侧，形成光生电动势。侧向光电效应是当光电器件敏感面受照射不均匀时，受光激发而产生的电子-空穴对的浓度也不均匀，电子向未被照射部分扩散，引起光照部分带正电、未被光照部分带负电的现象。

基于势垒效应的光电器件有光电二极管、光电晶体管和光电池等；基于侧向光电效应的光电器件有半导体位置敏感器件（反转光电二极管）传感器等。

2.7.2 光电器件

（1）光电管

光电管是外光电效应器件，有真空光电管和充气光电管两类，两者结构类似。真空光电管的结构如图 2-26 所示，在一个抽成真空的玻璃泡内装有两个电极，一个是光电阴极，另一个是光电阳极。光电阴极通常采用逸出功小的光敏材料，如铯，涂覆在玻璃泡内壁上做成，其感光面对准光的照射孔。当光线照射到光敏材料上时便有电子逸出，这些电子被具有正电位的阳极所吸引，在光电管内形成空间电子流，在外电路中就产生电流。在外电路中串入一定阻值的电阻，则在该电阻上的电压降或电路中的电流大小都与光强成函数关系，从而实现光电转换。

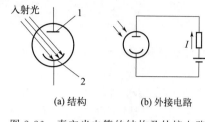

图 2-26 真空光电管的结构及外接电路
1—光电阳极；2—光电阴极

光电管的特性主要取决于光电阴极材料，不同的阴极材料对不同波长的光辐射有不同的灵敏度。表征光电阴极材料主要特性的主要参数有频谱灵敏度、红限和逸出功。如银氧铯（Ag-Cs$_2$O）阴极在整个可见光区域都有一定的灵敏度，其频谱灵敏度曲线在近紫外光区（350nm）、近红外光区（750～800nm）分别有两个峰值，因此常用来作为红外光传感器。它的红限约为 700nm，逸出功约为 0.74eV，是所有光电阴极材料中最低的。

真空光电管的主要特性有：

① 光电特性　真空光电管的光电特性指的是在工作电压和入射光的频率成分恒定的条件下，光电管接收的入射光通量值与其输出光电流之间的比例关系。银氧铯光电阴极的光电管在很宽的入射光通量范围内都有良好的线性度，在光测量中获得了广泛应用。

② 伏安特性　真空光电管的伏安特性指的是在恒定的入射光的频率成分和强度条件下光电管的光电流与阳极电压之间的关系。光通量一定时，当阳极电压增加时，光电流趋于一定值（饱和），光电管的工作点一般选在该区域中。

光电管的其他参数还有频谱特性、频率响应、噪声、热稳定性、暗电流等。

（2）光电倍增管

光电倍增管在光电阴极和阳极之间装有若干个"倍增极"，也叫"次阴极"，如图 2-27（a）所示。倍增极上涂有在电子轰击下能发射更多电子的材料，倍增极的形状和位置设计成正好使前一级倍增极反射的电子继续轰击后一级倍增极，在每个倍增极间均依次增大加速电压。常用光电倍增管的基本电路如图 2-27（b）所示，各倍增极电压由电阻分压获得，流经负载电阻 R_A 的放大电流造成的压降，便是输出电压。一般阳极与阴极之间的电压为 1000～2000V，两个相邻倍增电极的电位差为 50～100V。电压越稳定，由于倍增系数的波动引起的测量误差就越小。

光电倍增管主要用于光线微弱，光电管产生的光电流很小的情况，采用光电倍增管可以提高光电管的灵敏度。但是，由于光电倍增管的灵敏度高，因此不能接受强光刺激，否则易损坏。

（3）光敏电阻

光敏电阻是内光电效应器件。光敏电阻又称为光导管，它的工作原理基于光电导效应。某些半导体受到光照时，如果光照能量 $h\nu$ 大于本征半导体材料的禁带宽度，价带中的电子吸收一个光子后便可跃迁到导带，从而激发出电子-空穴对，这就降低了材料的电阻率，增强了材料的导电性能。电阻值的大小随光照的增强而降低，并且当光照停止后，自由电子与空穴重新复合，电阻恢复原来的值。

利用光敏电阻制成的光导管结构如图 2-28 所示。这种光导管是在半导体光敏材料薄膜或晶体两端接上电极引线组成的。接上电源后，当光敏材料受到光照时，阻值发生改变，与之相连的电阻端便有电信号输出。

光敏电阻具有灵敏度高、光谱响应范围宽（可从紫外光一直到红外光）、体积小、性能稳定的特点，可以广泛用于测试技术。

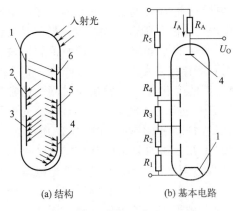

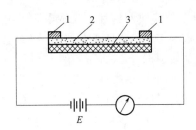

图 2-27　光电倍增管的结构及基本电路
1—阴极；2—第二倍增极；3—第四倍增极；
4—阳极；5—第三倍增极；6—第一倍增极

图 2-28　光导管结构
1—电极；2—半导体薄膜；3—绝缘底座

光敏电阻的材料种类很多，适用的波长范围也不一样，如硫化镉（CdS）、硒化镉（CdSe）适用于可见光（$0.4 \sim 0.75 \mu m$）的范围，氧化锌（ZnO）、硫化锌（ZnS）适用于紫外光线范围，硫化铅（PbS）、硒化铅（PbSe）适用于红外光线范围。

光敏电阻的主要特性参数有：

① 光电流、暗电阻、亮电阻　光敏电阻在未受到光照条件下呈现的电阻值称为"暗电阻"，此时流过的电流称为"暗电流"；光敏电阻在受到某一光照条件下呈现的电阻值称为"亮电阻"，此时流过的电流称为"亮电流"。亮电流与暗电流之差称为"光电流"。光电流的大小表征了光敏电阻的灵敏度大小。一般希望光敏电阻的暗电阻大、亮电阻小，这样暗电流小、亮电流大，相应的光电流也大。光敏电阻的暗电阻一般很高，为兆欧量级，而亮电阻则在千欧以下。

② 光照特性　光敏电阻的光电流与光通量之间的关系曲线称为光敏电阻的光照特性。图 2-29 显示了硫化镉（CdS）光敏电阻的光照特性。一般来说，光敏电阻的光照特性曲线是非线性的，不同材料的光照特性也不相同。

③ 伏安特性　伏安特性指的是在一定的光照下，光敏电阻两端所施加的电压与光电流之间的关系。图 2-30 给出了某光敏电阻分别在照度为零和照度为某值下的伏安特性，由图可知，当给定偏压时，光照度越大，光电流也越大。而在一定的照度下，所加电压越大，光电流也越大，且无饱和现象。但电压实际上会受到光敏电阻额定功率和额定电流的限制，因此不可能无限制地增加。

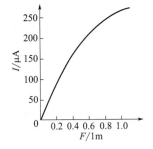

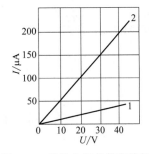

图 2-29　硫化镉光敏电阻的光照特性曲线

图 2-30　光敏电阻的伏安特性
1—照度为零时的伏安特性；2—照度为某值的伏安特性

④ 光谱特性   对于不同波长的入射光，光敏电阻的相对灵敏度是不同的。光敏电阻的光谱特性主要与材料性质、制造工艺有关，如硫化镉光敏电阻随着掺铜浓度的增加其光谱峰值从 500nm 移至 640nm，硫化铅光敏电阻随着材料薄层的厚度减小其光谱峰值朝短波方向移动。因此，在选用光敏电阻时，应当把元件与光源结合起来考虑。

⑤ 响应时间特性   光敏电阻的光电流对光照强度的变化有一定的响应时间，通常用时间常数来描述这种响应特性。光敏电阻的时间常数定义为当光敏电阻的光照停止后光电流下降至初始值的 63% 所需要的时间。不同的光敏电阻的时间常数不同，如图 2-31 所示。

⑥ 光谱温度特性   光敏电阻的光学与化学性质受温度影响，温度升高，暗电流和灵敏度下降。温度的变化也会影响到光敏电阻的光谱特性。图 2-32 给出了硫化铅光敏电阻在不同温度下其相对灵敏度 K_r 随入射光波长的变化情况。由图可看出，当温度从 $-20℃$ 变化到 $20℃$ 时，硫化铅光敏电阻的 K_r 曲线的峰值，即相对灵敏度朝短波方向移动。因此，有时为了提高光敏电阻对较长波长光照（如远红外光）的灵敏度，要采用降温措施。

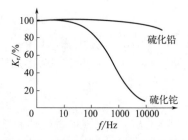

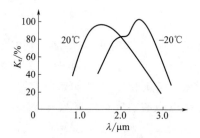

图 2-31   光敏电阻的时间响应特性　　　图 2-32   硫化铅光敏电阻的光谱温度特性

（4）光电池

光电池是基于光生伏特效应工作的，也叫硅太阳电池，它能直接将光能转换为电能。制造光电池的材料主要有硅、硒、锗、砷化镓、硫化镉、硫化铊等，其中硅光电池的光电转化率高、性能稳定、光谱范围宽、价格便宜，因此应用最广。

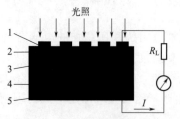

图 2-33   光电池结构示意图
1—正面电极（－）；2—减反射膜；3—N 型扩散层；4—P 型扩散层；5—背面电极（＋）

光电池的结构如图 2-33 所示，光电池的核心部分是一个 PN 结。在厚度为 0.3～0.5mm 的单晶硅片（如 P 型硅片）表面做一层薄的反型层（如用扩散法形成 N 型层）即做成 PN 结，再用引线将 P 型和 N 型硅片引出形成正、负极并在上表面敷上减反射膜，如此便形成了一个光电池。当光电池受到光辐射时，在两极间接上负载便会有电流流过。

光电池轻便、简单，不会产生气体或热污染，易于适应环境。在不能铺设电缆的地方都可采用光电池，特别适合为宇宙飞行器的各种仪表提供电源。

（5）光敏管

光敏管分为光敏二极管和光敏晶体管，光敏二极管的结构及连接电路如图 2-34 所示。光敏二极管的 PN 结安装在管子顶部，可直接接受光照，在电路中一般处于反向工作状态。无光照时，暗电流很小；有光照时，光子打在 PN 结附近，从而在 PN 结附近产生电子-空穴对，它们在内电场作用下定向运动，形成光电流。光电流随光照度的增加而增加。因此，无光照时，光敏二极管处于截止状态，有光照时，光敏二极管导通。

光敏晶体管的结构与一般晶体三极管相似，有 NPN 型和 PNP 型两种，如图 2-35 所示。与普通晶体管相比，光敏晶体管的基区做得很大，以便扩大光照面积。光敏晶体管的基极一般不接引线，当集电极加上相对于发射极为正的电压时，集电极处于反向偏置状态。当光线照射到集电极附近的基区时，会产生电子-空穴对，它们在内电场作用下形成光电流，这相当于晶体管的基极电流，因此，集电极的电流为光电流的 β 倍，所以光敏晶体管的灵敏度要高于光敏二极管。

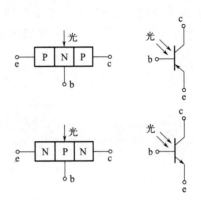

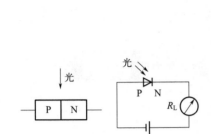

图 2-34　光敏二极管的结构及连接电路　　　　图 2-35　光敏晶体管的结构及表示符号

2.8　霍尔传感器

霍尔传感器是一种半导体磁敏传感器，它是基于霍尔效应将被测量转换成电动势输出的一种传感器。

2.8.1　霍尔效应

金属或半导体薄片置于磁场中，当有电流通过时，在垂直于电流和磁场的方向上将产生电动势，这个现象称为霍尔效应。

如图 2-36(a) 所示，将厚度为 d（厚度 d 远远小于薄片的宽度和长度）的 N 型半导体薄片置于磁感应强度为 B 的磁场中，在薄片左右两端通以控制电流 I，那么半导体中的载流子（电子）将沿着与电流 I 相反的方向运动。由于外磁场 B 的作用，电子受到磁场力 F_L 发生偏转，结果在半导体的后端面上电子积累带负电，而前端面缺少电子带正电，在前后端面间形成电场。该电场产生的电场力 F_E 阻止电子继续偏转。当 F_E 和 F_L 相等时，电子积累达到动态平衡，这时在半导体前后两端面之间，即垂直于电流和磁场的方向上的电场称为霍尔电场 EH，相应的电动势称为霍尔电动势 U_H。

$$U_H = R_H \frac{IB}{d} \cos\alpha = K_H IB \cos\alpha \tag{2-45}$$

式中，R_H 为霍尔系数，反映霍尔效应的强弱程度，由载流材料的性质决定；K_H 为灵敏度系数，反映在单位磁感应强度和单位控制电流时霍尔电动势的大小，与载流材料的物理性质和几何尺寸有关；d 为半导体薄片厚度；B 为磁场磁感应强度；I 为控制电流；α 为磁场与薄片法线的夹角。

霍尔传感器的表示符号如图 2-36（b）所示。霍尔传感器与磁感应传感器的不同之处在于：

① 测量的物理量不同　磁感应传感器的工作原理是导体切割磁力线或磁通量变化产生感应电动势，因此，磁感应传感器适合动态测量；霍尔传感器可以在静止状态下感受磁场，因此既可测量动态信号也可测量静态信号，还可以测量磁场强度。

② 传感器的类型不同　磁感应传感器是能量转换型传感器，即传感器本身不需要外部供电电源；霍尔传感器是能量控制型传感器，需要通以控制电流才能产生霍尔电动势，因此功耗比磁感应传感器大。

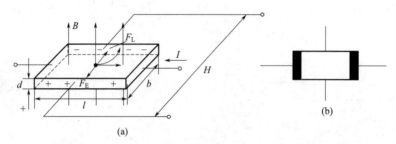

图 2-36　霍尔效应原理图与霍尔传感器的表示符号

基于霍尔效应工作的半导体器件称为霍尔元件，目前常用的霍尔元件材料有锗（Ge）、硅（Si）、锑化铟（InSb）、砷化铟（InAs）、砷化镓（GaAs）等高电阻率半导体材料。

2.8.2　霍尔效应的应用

霍尔传感器可以将各种磁场及其变化的量转变成电信号输出，可以用于测量磁场以及能够产生或影响磁场的各种物理量。在实际应用中，霍尔传感器可以用于位移、厚度、重量、速度、电流强度、磁感应强度、开关量等参数的测量。

（1）测位移、力

测量位移时，将两块永久磁铁同极性相对放置，线性型霍尔传感器置于中间，如图 2-37 所示，此时其磁感应强度为零，这个点可作为位移的零点。当霍尔传感器在 Z 轴上作 ΔZ 位移时，传感器有一个电压输出，电压大小与位移大小成正比。如果把拉力、压力等参数变成位移，便可测出拉力及压力的大小，如图 2-38 所示，即是按这一原理制成的力传感器。

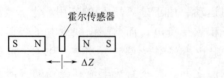

图 2-37　霍尔传感器测位移

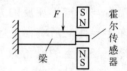

图 2-38　霍尔传感器测力

（2）测转速

霍尔传感器可以测量转速，如图 2-39 所示，霍尔传感器采用永磁铁提供磁场，只要黑色金属旋转体的表面存在缺口或凸起，当旋转体转动时就会改变磁场，使霍尔电动势发生变化，产生转速信号。每当缺口或凸起通过霍尔传感器时便产生一个相应的脉冲，如图 2-39 (c) 所示，检测出单位时间的脉冲数，便可知道旋转体的转速。

（3）测位置

图 2-40 是采用霍尔元件测量物体位置的原理。图中霍尔传感器 1 位于一个由永磁铁 2 产生的磁场中。在上部的气隙中有一软磁铁片 3 可上下移动，由此来控制流经霍尔板的磁通量，该磁通则用来度量软铁磁片的位置。该霍尔电压通过一电子线路进行检测，该电子线路仅产生两个离散的电平，即 0V 和 12V。因此，可以用该装置作为终端位置开关，用来无接触地监测机器部件的位置。

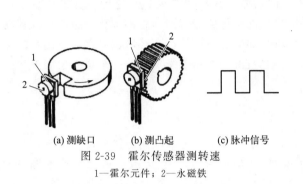

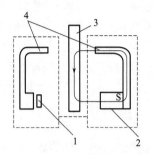

(a) 测缺口　(b) 测凸起　(c) 脉冲信号

图 2-39　霍尔传感器测转速

1—霍尔元件；2—永磁铁

图 2-40　霍尔传感器测量物体位置

1—带集成电路的霍尔传感器；2—永磁铁；

3—软磁铁片；4—导磁铁片

（4）探伤

利用霍尔效应可以进行探伤，如图 2-41 所示的钢丝绳探伤。如果钢丝绳中有断丝，则当钢丝绳通过霍尔元件时，钢丝绳中的断丝会改变永久磁铁产生的磁场，从而在霍尔板中产生一个脉动电压信号。对该脉动信号进行放大和后续处理便可确定断丝根数及断丝位置。

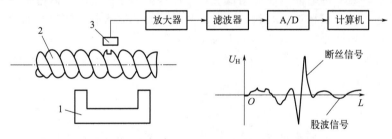

图 2-41　利用霍尔效应进行钢丝绳断丝检测

1—永磁铁；2—钢丝绳；3—霍尔元件

以上列举了霍尔效应的一些应用实例。霍尔传感器具有结构简单、体积小、重量轻、频带宽、动态特性好、元件寿命长等优点，在实际测量中应用广泛。

2.9　传感器的发展趋势

传感器是数据采集系统中不可缺少的重要环节，是生产自动化、科学测试、监测诊断等系统中的一个基础环节。由于传感器的重要性，21 世纪以来，国际上出现了"传感器热"。随着信息技术和新材料技术的发展，许多新型传感器应运而生，如光纤传感器、CCD 传感器、MEMS 传感器、生物传感器、半导体传感器、微波传感器、超导传感器、液晶传感器等等。未来，在经济环境好转的大背景下，传感器市场的需求量会不断增多，传感器将越来越多地被应用到社会建设和生活的各个领域。据高工产业研究院预测，未来几年全球传感器市场将保持 20％以上的增长速度。

目前全球传感器有 2.6 万余种，随着技术创新，新品种和类型不断出现，而我国目前约有 1.4 万种，约占全球的 1/2。自 2014 年以来，我国就先后出台了一系列具有战略性、指导性的文件，有效推动了我国传感器及物联网产业向着创新化、融合化、集群化以及智能化的方向快速发展。智能传感器具备一定的通信功能，并且拥有采集、处理、交换信息的能力，可通过软件技术来实现高精度的信息采集。如今传感器逐渐向着小型化、智能化、多功能化和网络化方面发展。面对日益恶劣的环境，如何提高稳定性、环境适应性，采用智能化技术，克服材料芯体的自身短板，提高传感器测量准确度是未来发展的一个重要研究方向。

2.9.1　微型化

传统传感器由于体积较大、性能单一，其使用受到了一定的限制。微型传感器则是基于半导体集成电路技术发展的微电子机械系统（MEMS）技术，利用微机械加工技术将微米级的敏感组件、信号处理器、数据处理装置封装在一块芯片上。微型传感器具有体积小、重量轻、反应快、灵敏度高、成本低等优点，广泛应用于航空、医疗、工业自动化等领域。传感器的微型化主要依赖于以下技术：

（1）计算机辅助设计（CAD）和微电子机械系统（MEMS）技术

计算机辅助设计使传感器的设计逐渐由传统的结构化生产设计向模拟式工程化设计转变，设计者能够在较短的时间内设计出低成本、高性能的新型系统。微电子机械系统的核心技术是研究微电子与微机械加工及封装技术的巧妙结合，以研制出体积小而功能强大的新型系统。在目前的技术水平下，微切削加工技术可以生产出具有不同层次的 3D 微型结构，从而生产出体积非常微小的微型传感器敏感元件，如微差压传感器、离子传感器、光电探测器等。

（2）敏感光纤技术

光纤传感器的工作原理是将光作为信号载体，并通过光纤来传送信号。由于光纤本身具有良好的传光性能，对光的损耗极低，加之光纤传输光信号的频带非常宽，且光纤本身就是一种敏感元件，所以光纤传感器具有许多其他传统传感器不具有的优良特征，如重量轻、体积小、敏感性高、动态测量范围大、传输频带宽、易于转向作业，以及波形特征能与客观情况相适应等。

2.9.2　智能化

随着智能时代的到来，各种智能化传感器的研究和应用越来越受到人们的重视。智能化传感器在传统传感器的基础上还具有丰富的信息处理能力，能够提供更综合的功能。智能化传感器是指具有信息检测、信息处理、信息记忆、逻辑思维和判断功能的传感器。相对于仅提供表征待测物理量的模拟电压信号的传统传感器，智能化传感器充分利用集成技术和微处理器技术，集感知、信息处理、通信于一体，能提供以数字量方式传播的具有一定知识级别的信息。智能化传感器是由一个或多个敏感元件、微处理器、外围控制及通信电路、智能软件系统相结合的产物，它兼有监测、判断、信息处理等功能。智能化传感器相当于微型机与传感器的综合体。

智能化传感器的优点主要有以下几点：

① 智能化传感器不仅能够对信息进行处理、分析和调节，能对所测的数据及其误差进行补偿，而且还能够进行逻辑思考和结论判断，能够借助于一览表对非线性信号进行线性化处理，借助于软件滤波器对数字信号滤波，还能利用软件实现非线性补偿或其他更复杂的环境补偿，以改进测量精度。

② 智能化传感器具有自诊断和自校准功能，可以用来检测工作环境。当面对高低温、高压、强振动、强干扰等特殊环境时，传感器易受到影响并产生故障，利用智能化传感器及时发出报警信号提醒操作人员，根据其分析器的输入信号给出相关的诊断信息。当智能化传感器由于某些内部故障而不能正常工作时，传感器能借助其内部检测链路找出异常现象或出故障的部件。

③ 智能化传感器能够完成多传感器、多参数混合测量，并能对多种信号进行实时处理，也能将检测数据储存，以备事后查询。

④ 智能化传感器备有一个数字式通信接口，通过此接口可以直接与其所属计算机进行通信联络和信息交换。

2.9.3　集成化、多功能

通常一个传感器只能测量一种物理量，但当面对特殊环境和特殊情形时，往往需要对多个物理量同时进行测量，此时若采用传统方法，则需要多个传感器。为了减少传感器的使用，在满足特殊环境的同时实现被测参数的信息获取，更准确全面地反映客观事物并提高传感器的使用效率，需要制成集成化多功能传感器，以实现多个物理量的同时测量。随着传感器技术和微机技术的发展，目前传感器已逐渐集成化、多功能化。集成化包括两类：一类是同类型多个传感器的集成，即同一功能的多个传感元件用集成工艺在同一平面上排列，组成线性传感器（如 CCD 图像传感器）；另一类是多功能一体化，如几种不同的敏感元器件制作在同一硅片上，制成集成化多功能传感器，集成度高、体积小，容易实现补偿和校正，是当前传感器集成化发展的主要方向。

多功能传感器中，目前最热门的研究领域是各种类型的仿生传感器。仿生传感器是通过对人的种种行为如视觉、听觉、感觉、嗅觉和思维等进行模拟，研制出的自动捕获信息、处理信息、模仿人类的行为装置，是近年来生物医学和电子学、工程学相互渗透发展起来的一种新型的信息技术。

2.9.4　无线网络化

无线传感器网络的主要组成部分是一个个的传感器节点，这些节点可以感受温度、湿度、压力、噪声等变化。每一个节点都是一个可以进行快速运算的微型计算机，可以将传感器收集到的信息转换成数字信号进行编码，然后通过节点与节点之间自行建立的无线网络发送给具有更大处理能力的服务器。

传感器网络综合了传感器技术、嵌入式计算机技术、现代网络、无线通信技术、分布式信息处理技术等，能够通过各类集成化的微型传感器协作地实时监测、感知和采集各种环境或监测对象的信息，通过嵌入式系统对信息进行处理，并通过随机自组织无线通信网络以多跳中继方式将所感知的信息传送到用户终端，从而真正实现"无处不在的计算"理念。

习　题

1. 什么是传感器？它由哪几部分组成？它们的作用与相互关系怎样？
2. 传感器的作用是什么？
3. 根据工作原理，传感器可以如何分类？
4. 传感器选型的时候需要考虑哪些问题？
5. 何为金属的电阻应变效应？
6. 简单描述电容式传感器的工作原理和分类。
7. 简单描述电感式传感器的分类。
8. 简单描述电磁感应定律和磁电式传感器的分类。
9. 什么是压电效应？有哪些物质可以作为压电材料？
10. 什么是外光电效应和内光电效应？有哪些光电器件？
11. 什么是霍尔效应？
12. 在日常生活当中，我们经常会见到哪些传感器？它们是什么原理？试举例 3 种。

第 3 章

数据采集信号调理

信号调理是数据采集系统不可缺少的重要环节，也是连接传感器及微处理器之间的桥梁。传感器输出的电信号在用作显示和控制信号以前，需要做必要的处理，这些处理统称为信号调理。模拟量经传感器后的输出信号是很微弱的电信号或者非电压信号，如电阻、电容、电感或电荷、电流等电量，这些微弱的电信号或非电压信号难以直接显示或通过 A/D 转换器送入微处理器进行数据采集，而且这些信号本身还携带一些不期望的噪声干扰。因此，传感器的输出信号需要经过调理、放大、滤波等一系列的处理，实现信号变换、微弱电信号放大、非电压信号转换为电压信号、抑制干扰噪声和提高信噪比等功能，以便后续环节处理。

3.1 概述

3.1.1 信号调理电路的功能和目的

数据采集系统前端如图 3-1 所示，通常由传感器、信号调理电路组成。对于被测非电量变换为电路参数的无源型传感器（如电阻式、电感式、电容式等），需要先进行激励，通过不同的转换电路把电路参数转换成电流或电压信号，再将电流或电压信号放大输出。对于直接把非电量变换为电学量（电流或电动势）的有源型传感器（如磁电式、热电式等），需要进行放大处理。因此，一个非电量数据采集装置（或系统）中，必须具有对电信号进行转换和处理的电路，这些电路就是信号调理电路，用于信号放大、滤波、零点校正、线性化处理、温度补偿、误差修正、量程切换等。

信号调理电路的目的有：①分离信号和噪声，提高信噪比，便于采集和传输等；②放大信号，并从信号中提取有用的特征信号；③修正测试系统误差，如传感器的线性误差、温度影响等。

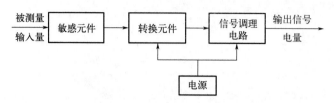

图 3-1　数据采集系统前端

3.1.2　信号调理电路的要求

信号调理电路的要求可概括为精、快、灵、稳，其次为体积、功耗和经济性等要求。

（1）精度高

精度是信号调理电路的关键，要求测量装置准确地反映被测对象的状态与参数。为了实现高精度，信号调理电路应具备低噪声与高抗干扰能力、低漂移、高稳定性、线性度与保真度好等性能。

（2）合适的输入与输出阻抗

若测量电路的输入阻抗太低，传感器的输出信号无法进入测量电路。从不影响前级的工作状态出发，要求信号调理电路具有高输入阻抗。但输入阻抗越高，输入端的噪声也就越大，因此合理的要求是使电路的输入阻抗与前级输出阻抗相匹配。同样，若电路的输出阻抗太大，在接入输入阻抗较低的负载后，会使电路输出下降，要求电路的输出阻抗与后级的输入阻抗相匹配。

（3）动态性能好

测量电路没有良好的频率特性、较快的响应速度，就不能准确地反映被测对象的状况，无法对被测系统进行准确的控制。

（4）高分辨力

一个实际的信号不仅包括信号与噪声，而且包含具有不同特征的信号，例如不同频率的信号。这些不同特征的信号可能由不同的信号源产生，有不同的物理含义。对于这些信号的分析、辨别任务主要由信号调理电路完成，其次通过数据采集系统对信号进行转换，与计算机一起共同完成进一步的分辨与识别。

（5）可靠性高

可靠性直接决定着调理电路甚至整个系统的安全和使用寿命。一种电路，无论在原理上如何先进，在功能上如何全面，在精度上如何高，若可靠性差，故障频繁，不能稳定工作，则该电路就无使用价值。因此调理电路的可靠性十分重要，要求电路在一定时间、一定条件下不出故障地发挥其功能，完成数据采集任务。

3.1.3　主要信号调理电路

信号调理电路具有放大、电平变换、电隔离、阻抗变换、线性化、滤波等功能，电路种类繁多，本章主要介绍 3 类常用的信号调理电路。

（1）放大电路

大多数输入信号幅值比较小，需要通过放大器进行放大来提高测量精度。应用放大电路实现放大的装置称为放大器。它的核心是电子有源器件，如三极管、集成运放等。为了实现放大，必须给放大器提供能量。常用的能源是直流电源，但有的放大器也利用高频电源作为能量源。放大作用的实质是把电源的能量转移给输出信号。输入信号的作用是控制这种转移，使放大器输出信号的变化重复或反映输入信号的变化。在现代电子系统中，电信号的产生、发送、接收、变换和处理，几乎都以放大电路为基础。

（2）滤波电路

在数据采集系统中，输入信号通常包括一些不需要的信号成分，必须设法将它衰减到足够小的程度，或者把有用的信号挑选出来，此时就要采用滤波器。滤波器是一种使有用频率信号通过而同时抑制无用频率信号的电子装置。滤波器根据频率特性可分为低通滤波器、高通滤波器、带通滤波器、带阻滤波器，根据物理原理可分为机械式滤波器、电路式滤波器，根据处理信号可分为交流滤波器、直流滤波器等等。

（3）信号转换电路

信号转换电路的作用是将信号从一种形式转换成另一种形式，通过将各种类型的信号进行相互转换，使具有不同输入、输出的器件可以联用。信号转换是依靠转换元件和转换电路来实现的。

3.2　运算放大电路

3.2.1　运算放大器的基本特性

运算放大器（简称"运放"）是具有很高放大倍数的电路单元，是一种带有特殊耦合电路及反馈的放大器。最基本的运算放大器如图 3-2 所示，一个运算放大器包括正输入端 V_+、负输入端 V_- 和输出端 V_{out}。

（1）开环运放

开环运算放大器如图 3-3 所示。当一个理想的运算放大器采用开环方式工作时，其输出与输入电压的关系为：

$$V_o = (V_+ - V_-)A_{og} \tag{3-1}$$

式中，A_{og} 代表运算放大器的开环回路差动增益。由于运算放大器的开环回路增益非常高，因此就算输入端的差动信号很小，仍然会让输出信号饱和，导致非线性的失真出现，因此运算放大器很少以开环回路出现在电路系统中。

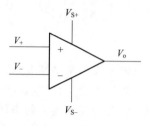

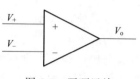

图 3-2　运算放大器　　　　　　　　　　　图 3-3　开环运放

（2）理想运放和理想运放条件

在分析和综合应用运放电路时，大多数情况下，可以将集成运放看成一个理想运算放大器。理想运放顾名思义是将集成运放的各项技术指标理想化。由于实际运放的技术指标比较接近理想运放，因此理想化带来的误差非常小，在一般的工程计算中可以忽略。

理想运放各项技术指标具体如下：

① 开环差模电压放大倍数 $A_{og} = \infty$　　② 输入电阻 $R_{id} = \infty$

③ 输出电阻 $R_{od} = 0$　　　　　　　　④ 输入偏置电流 $I_{B1} = I_{B2} = 0$

⑤ 失调电压 $U_{IO} = 0$　　　　　　　　⑥ 失调电流 $I_{IO} = 0$

⑦ 失调电压温漂 $\dfrac{dU_{IO}}{dT} = 0$　　　⑧ 失调电流温漂 $\dfrac{dI_{IO}}{dT} = 0$

⑨ 共模抑制比 $CMRR = \infty$　　　　⑩ $-3dB$ 带宽 $f_H = \infty$

⑪ 无内部干扰和噪声

实际运放的参数达到如下水平即可按理想运放对待：电压放大倍数达到 $10^4 \sim 10^5$ 倍；输入电阻达到 $10^5 \Omega$；输出电阻小于几百欧；外电路中的电流远大于偏置电流；失调电压、失调电流及其温漂很小，造成电路的漂移在允许范围之内，电路的稳定性符合要求即可；输入最小信号时，有一定信噪比，共模抑制比大于等于 60dB；带宽符合电路带宽要求即可。

（3）运算放大器中的虚短和虚断含义

理想运放工作在线性区时可以得出两条重要的结论：

① 虚短：因为理想运放的电压放大倍数很大，而运放工作在线性区，是一个线性放大电路，输出电压不超出线性范围（即有限值），运算放大器同相输入端与反相输入端的电位接近相等。在运放供电电压为 ±15V 时，输出的最大值一般为 10～13V，运放两输入端的电压差在 1mV 以下，近似两输入端短路，这一特性称为虚短。显然这不是真正的短路，只是分析电路时在允许误差范围之内的合理近似。

② 虚断：由于运放的输入电阻一般都在几百千欧以上，流入运放同相输入端和反相输入端中的电流十分微小，比外电路中的电流小几个数量级，流入运放的电流往往可以忽略，这相当于运放的输入端开路，这一特性称为虚断。显然，运放的输入端不能真正开路。

运用"虚短""虚断"这两个概念，在分析运放线性应用电路时，可以简化应用电路的分析过程。运算放大器构成的运算电路均要求输入与输出之间满足一定的函数关系，因此均可应用这两条结论。如果运放不在线性区工作，也就没有"虚短""虚断"的特性。如果测量运放两输入端的电位，达到几毫伏以上，往往该运放不在线性区工作，或者已经损坏。

3.2.2　基本应用电路

（1）比例电路

所谓的比例电路就是将输入信号按比例放大的电路，比例电路又分为反相比例电路、同相比例电路、差动比例电路。

① 反相比例电路　反相比例电路如图 3-4 所示，输入信号加入反相输入端。

对于理想运放，其输出电压与输入电压之间的关系为：

$$U_o = -\frac{R_f}{R_1} U_i \tag{3-2}$$

为了减小输入级偏置电流引起的运算误差，在同相输入端应接入平衡电阻 $R' = R_1 // R_f$。

输出电压 U_o 与输入电压 U_i 成比例关系，方向相反，改变比例系数，即改变两个电阻的阻值就可以改变输出电压的值。反相比例电路对于输入信号的负载能力有一定的要求。

② 同相比例电路　同相比例电路如图 3-5 所示，跟反相比例电路本质上差不多，不同点在于输入信号加入同相输入端，其中 $R' = R_1 // R_f$。其输出电压与输入电压之间的关系为：

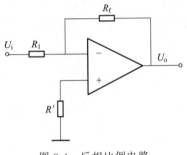

图 3-4　反相比例电路

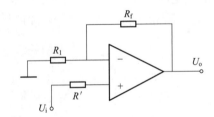

图 3-5　同相比例电路

$$U_o = \left(1 + \frac{R_f}{R_1}\right) U_i \tag{3-3}$$

只要改变比例系数就能改变输出电压，且 U_i 与 U_o 的方向相同，同相比例电路对集成运放的共模抑制比要求高。

③ 差动比例电路　差动比例电路如图 3-6 所示，输入信号分别加在反相输入端和同相输入端。

其输入电压和输出电压的关系为：

$$U_o = \frac{R_f}{R_1}(U_{i2} - U_{i1}) \tag{3-4}$$

可以看出，该电路实际完成的是：对输入两个信号的差运算。

（2）和/差电路

① 反相求和电路　反相求和电路如图 3-7 所示（输入端的个数可根据需要进行调整）。

其中电阻 R' 满足　　　　　　　　$R' = R_1 // R_2 // R_3 // R_f$

其输出电压与输入电压的关系为：

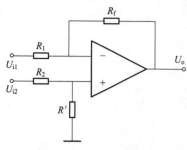

图 3-6　差动比例电路

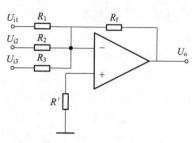

图 3-7　反相求和电路

$$U_o = -\left(\frac{R_f}{R_1}U_{i1} + \frac{R_f}{R_2}U_{i2} + \frac{R_f}{R_3}U_{i3}\right) \qquad (3-5)$$

该电路的特点与反相比例电路相同，可以十分方便地通过改变某一电路的输入电阻来改变电路的比例关系，而不影响其他支路的比例关系。

② 同相求和电路　同相求和电路如图 3-8 所示（输入端的个数可根据需要进行调整）。其输出电压与输入电压的关系为：

$$U_o = R_f\left(\frac{U_{i1}}{R_a} + \frac{U_{i2}}{R_b} + \frac{U_{i3}}{R_c}\right) \qquad (3-6)$$

该电路的调节能力不如反相求和电路，且共模输入信号大，因此没有得到广泛应用。

③ 和差电路　和差电路如图 3-9 所示，此电路的功能是对 U_{i1}、U_{i2} 进行反相求和，对 U_{i3}、U_{i4} 进行同相求和，然后进行叠加即得和差结果。

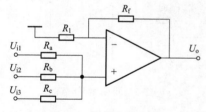

图 3-8　同相求和电路

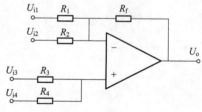

图 3-9　和差电路

其输入、输出电压的关系为：

$$U_o = R_f\left(\frac{U_{i3}}{R_3} + \frac{U_{i4}}{R_4} - \frac{U_{i1}}{R_1} - \frac{U_{i2}}{R_2}\right) \qquad (3-7)$$

由于使用一只集成运放，电阻计算和电路调整均不方便，因此常用二级集成运放组成和差电路，如图 3-10 所示。

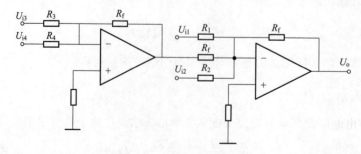

图 3-10　二级集成和差电路

其输入、输出电压的关系为：

$$U_\text{o}=R_\text{f}\left(\frac{U_\text{i3}}{R_3}+\frac{U_\text{i4}}{R_4}-\frac{U_\text{i1}}{R_1}-\frac{U_\text{i2}}{R_2}\right)\tag{3-8}$$

该电路后级对前级没有影响（采用理想的集成运放），计算十分方便。

（3）积分电路和微分电路

① 积分电路　积分电路如图 3-11 所示，该电路利用电容的充放电来实现积分运算及产生三角波形等。

其输入、输出电压的关系为：

$$u_\text{o}=\frac{-1}{RC}\int_{t_0}^{t_1}u_\text{i}\mathrm{d}t+u_C\big|_{t=0}\tag{3-9}$$

式中，$u_C\big|_{t=0}$ 表示电容两端的初始电压值。如果电路输入的电压波形是方形，则产生三角波形输出。

② 微分电路　微分是积分的逆运算，输出电压与输入电压呈微分关系。电路如图 3-12 所示。

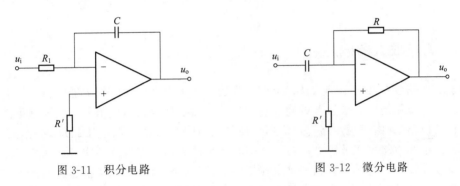

图 3-11　积分电路　　　　　图 3-12　微分电路

其输入、输出电压的关系为：

$$u_\text{o}=-Ri_\text{f}=-Ri_C=-RC\frac{\mathrm{d}u_\text{i}}{\mathrm{d}t}\tag{3-10}$$

（4）对数和指数运算电路

① 对数运算电路　对数运算电路的输出电压与输入电压成对数函数。将反相比例电路中的 R_f 用二极管或三极管代替就组成了对数运算电路。电路如图 3-13 所示。

其输入、输出电压的关系（也可以用三极管代替二极管）为：

$$u_\text{o}\approx-U_\text{r}\ln\frac{u_\text{i}}{RI_\text{S}}\tag{3-11}$$

式中，U_r 和 I_S 是与温度有关的两个变量，温度变化将要严重影响运算精度，所以必须采取温度补偿措施。

② 指数运算电路　指数运算电路是对数运算的逆运算，将指数运算电路的二极管（三极管）与电阻 R_1 对换即可。电路如图 3-14 所示。

其输入、输出电压的关系为：

$$u_\text{o}=-I_\text{S}R_1\mathrm{e}^{\frac{u_\text{i}}{u_\text{r}}}\tag{3-12}$$

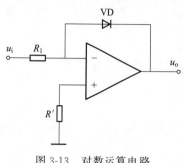

图 3-13   对数运算电路

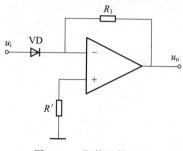

图 3-14   指数运算电路

利用对数和指数运算以及比例、和/差运算电路，可组成乘法或除法运算电路和其他非线性运算电路。

3.3   测量放大器电路

3.3.1   测量放大器概述

对于输出信号在几十个毫伏及以上的较强信号，可以使用运算放大器进行信号放大。然而，在数据采集系统中，被检测的物理量经过传感器变换成模拟电信号，往往是更微弱的信号（毫伏及以下），由于通用运算放大器一般都具有毫伏级的失调电压和每摄氏度数微伏的温漂，因此不能直接用于放大微弱信号，但是测量放大器则能较好地实现此功能。

测量放大器是一种带有精密差动电压增益的器件，具有高输入阻抗、低输出阻抗、强抗共模干扰能力、低温漂、低失调电压和高稳定增益等特点，在检测微弱信号的系统中被广泛应用为前置放大器。

3.3.2   测量放大器原理

测量放大器的电路原理如图 3-15 所示，测量放大器由三个运放构成，分为二级：第一级是两个同相放大器 A_1、A_2，因此输入阻抗高；第二级是普通的差动放大器，把双端输入变为对地的单端输出。以图 3-15 所示的测量放大器电路原理为例，讨论两个问题：测量放大器的增益和抗共模干扰能力。

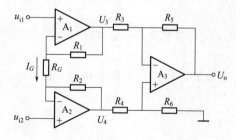

图 3-15   测量放大器电路原理

（1）测量放大器的增益

根据虚短原理，可得 R_G 上两端压降为：

$$u_G = u_{i1} - u_{i2} \tag{3-13}$$

对运放 A_1、A_2 应用虚短可得：

$$\frac{u_3 - u_4}{R_1 + R_G + R_2} = \frac{u_{i1} - u_{i2}}{R_G} \tag{3-14}$$

则 $u_3 - u_4 = \left(1 + \dfrac{R_1 + R_2}{R_G}\right)(u_{i1} - u_{i2}) \tag{3-15}$

对运放 A_3 反相端应用虚断可得：

$$\frac{u_o - u_{3-}}{R_5} = \frac{u_{3-} - u_3}{R_3} \tag{3-16}$$

整理可得

$$u_{3-} = \frac{R_3}{R_3 + R_5}\left(\frac{R_5}{R_3}u_3 + u_o\right) \tag{3-17}$$

对运放 A_3 同相端应用虚断可得：

$$\frac{0 - u_{3+}}{R_6} = \frac{u_{3+} - u_4}{R_4} \tag{3-18}$$

整理可得

$$u_{3+} = \frac{R_6}{R_4 + R_6}u_4 \tag{3-19}$$

根据 A_3 虚短可得 $u_{3+} = u_{3-}$，则：

$$u_o = \frac{R_6(R_3 + R_5)}{R_3(R_4 + R_6)}u_4 - \frac{R_5}{R_3}u_3 \tag{3-20}$$

为提高共模抑制比和降低温漂影响，测量放大器采用对称结构，即取 $R_1 = R_2$，$R_3 = R_4$，$R_5 = R_6$，联立解式（3-15）和式（3-20），可得测量放大器的增益为：

$$A_u = \frac{u_o}{u_{i1} - u_{i2}} = -\frac{R_5}{R_3}\left(1 + \frac{R_1 + R_2}{R_G}\right) \tag{3-21}$$

所以，通过调节外接电阻 R_G 的大小可改变测量放大器的增益。

（2）抗共模干扰能力

由图 3-16 可知，对于直流共模信号，由于 $I_G = 0$，当 $R_3 = R_4 = R_5 = R_6$ 时，$U_o = 0$，所以测量放大器对直流共模信号的抑制比为无穷大。对于交流共模信号，因为输入信号的传输线存在线阻 R_{i1}、R_{i2} 和分布电容 C_1、C_2，如图 3-16 所示，显然，$R_{i1}C_1$ 和 $R_{i2}C_2$ 可分别对地构成回路，当 $R_{i1}C_1 \neq R_{i2}C_2$ 时，交流共模信号在两运放输入端产生分压，其电压分别为 U_{i1} 和 U_{i2}，且 $U_{i1} \neq U_{i2}$，所以 $I_G \neq 0$，对输入信号产生干扰。

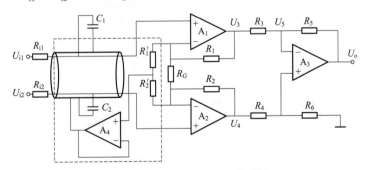

图 3-16　交流共模干扰影响及抑制方法

要抑制交流共模信号的干扰，可在其输入端加接一个输入保护电路把信号线屏蔽起来，这就是所谓的"输入保护"。当 $R_1' = R_2'$ 时，由于屏蔽层和信号线间对交流共模信号是等电位的，因此 C_1 和 C_2 的分压作用就不存在，从而大大降低了共模交流信号的影响（因为正常使用的情况下，$C_1 \neq C_2$）。

虽然目前市场也有高精度、低漂移的运算放大器（如 OP07、AD517 等），但在弱信号、强干扰的环境中应用，仍代替不了测量放大器，这是因为：

① 为了提高抗共模干扰能力和抑制漂移影响，通常要求运放的两个输入电阻对称，这

样：一则运放的输入阻抗受反馈电阻影响不可能做得很高，因此不适于作为多点检测的前置放大器；二则调节增益不方便，因为要保证两输入端电阻对称，必须在改变反馈量（调节增益）的同时，相应调节另一输入端的等效输入电阻。

② 抗共模干扰的能力低于测量放大器，尤其是对交流共模信号，原因是它无法接入输入保护电路。

3.3.3　测量放大器的主要技术指标

测量放大器的主要技术指标有以下几个：

（1）非线性度

它是指放大器实际输出输入关系曲线与理想直线的偏差。当增益为 1 时，如果一个 12 位 A/D 转换器有 $\pm0.025\%$ 的非线性偏差，当增益为 500 时，非线性偏差可达到 $\pm0.1\%$，相当于把 12 位 A/D 转换器变成 10 位以下转换器，故在选择测量放大器时，一定要选择非线性度偏差小于 0.024% 的测量放大器。

（2）温漂

温漂是指测量放大器输出电压随温度变化而变化的程度。通常测量放大器的输出电压会随温度的变化而发生 $1\sim50\mu V/℃$ 的变化，这也与测量放大器的增益有关。例如，一个温漂为 $20\mu V/℃$ 的测量放大器，当其增益为 1000 时，测量放大器的输出电压产生约 20mV 的变化。这个数字相当于 12 位 A/D 转换器在满量程为 10V 的 8 个 LSB 值。所以在选择测量放大器时，要根据所选 A/D 转换器的绝对精度尽量选择温漂小的测量放大器。

（3）建立时间

建立时间是指从阶跃信号驱动瞬间至测量放大器输出电压达到并保持在给定误差范围内所需的时间。测量放大器的建立时间随其增益的增加而上升。当增益＞200 时，为达到误差范围 $\pm0.01\%$，往往要求建立时间为 $50\sim100\mu s$，有时甚至要求高达 $350\mu s$ 的建立时间。可在更宽增益区间采用程序编程的放大器，以满足精度的要求。

（4）恢复时间

恢复时间是指放大器撤除驱动信号瞬间至放大器由饱和状态恢复到最终值所需的时间。显然，放大器的建立时间和恢复时间直接影响数据采集系统的采样速率。

（5）电源引起的失调

电源引起的失调是指电源电压每变化 1% 引起放大器的漂移电压值。测量放大器一般用作数据采集系统的前置放大器，对于共电源系统，该指标则是设计系统稳压电源的主要依据之一。

（6）共模抑制比

当放大器两个输入端具有等量电压变化值 U_{in} 时，在放大器输出端测量出电压变化值 U_{cm}，则共模抑制比 $CMRR$ 可用式 $CMRR = 20\lg\left(\dfrac{U_{cm}}{U_{in}}\right)$ dB 计算。

$CMRR$ 也是放大器增益的函数，它随增益的增加而增大，这是因为测量放大器具有一个不放大共模的前端结构，这个前端结构对差动信号有增益，对共模信号没有增益，但 $CMRR$ 的计算却是折合到放大器输出端，这样就使 $CMRR$ 随增益的增加而增大。$CMRR$ 值越大，抑制干扰能力越强。

3.3.4　测量放大器集成芯片

与三运算放大器构成的测量放大器相比，单片集成测量放大器可以达到更高的性能、更小的体积、更低的价格，而且使用维护更加方便。常见的测量放大器芯片有 AD522、AD620、AD621、AD522、INA2128 等。

AD620 是 AD 公司推出的高精度数据采集放大器，可以在环境恶劣的条件下进行高精度的数据采集。它线性好，并具有高共模抑制比、低电压漂移和低噪声等优点。增益范围为 $1\sim1000$，只需一个电阻即可设定放大倍数，使用简单。AD620通常应用于过程控制、仪器仪表、信息处理等各类便携式仪器中。其引脚排列如图 3-17 所示。

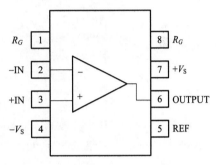

要使放大器正常工作，1、8 引脚要跨接一个电阻来调整放大倍数，4、7 引脚需提供正负相等的工作电压，由 2、3 引脚输入的电压即可从 6 引脚输出放大后的电压值。5 引脚是参考基准，如果接地则 6 引脚的输出为与地之间的相对电压。

图 3-17　AD620 仪表放大器的引脚排列

AD620 的放大增益关系式如式（3-22）、式（3-23）所示，通过这两个公式可推算出各种增益所要使用的电阻值 R_G。放大器增益 G 和电阻阻值 R_G 的关系如表 3-1 所示。

$$G=\frac{49.4\text{k}\Omega}{R_G}+1 \tag{3-22}$$

$$R_G=\frac{49.4\text{k}\Omega}{G-1} \tag{3-23}$$

表 3-1　增益 G 和电阻阻值 R_G 的关系

所需增益 G	1%精度的 R_G 标准值	所需增益 G	1%精度的 R_G 标准值
1.990	49.9kΩ	50.4	1.0kΩ
4.984	12.4kΩ	100.0	499Ω
9.998	5.49kΩ	199.4	249Ω
19.93	2.61kΩ	495.0	100Ω

3.3.5　测量放大器的使用

（1）AD620 实现毫伏信号放大

图 3-18(a) 所示为应用 AD620 实现毫伏信号放大，4、7 引脚分别接 -9V、$+9\text{V}$ 电源为 AD620 提供双电源供电，所以 V_{OUT} 电压处于 $\pm9\text{V}$ 之间，但因为 AD620 不是轨到轨运

放，所以 V_{OUT} 不能达到 $\pm 9V$。3、2 引脚分别是差模输入信号的正负输入端，其与地之间接一个 $10k\Omega$ 的电阻是为了给 AD620 提供偏置电流。5 引脚是参考端，有 $V_{OUT} = (V_{IN+} - V_{IN-})G + REF$，这里将参考端接地。1、8 之间串联的电阻是为了改变电路增益，这里将两个 390Ω 的电阻并联，并联后的阻值为 195Ω，所以此放大电路的电压增益为 $G = (49.4k\Omega / 195\Omega) + 1$，$G = 254.3$。6 引脚是放大电路的输出端，放大以后的电压从这里输出。

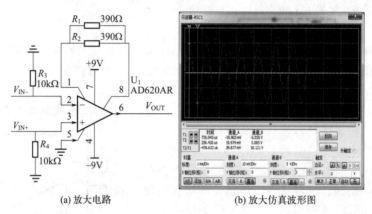

(a) 放大电路　　　　　　　(b) 放大仿真波形图

图 3-18　用 AD620 实现毫伏信号放大

从图 3-18(b) 中可以看出，输入电压的幅度为 20mV，经过放大电路放大后的电压幅度为 5.08V 左右，放大倍数为 $5.08 \div 0.02 = 254$，这和设计的放大倍数 $G = 254.3$ 相差很小。

（2）AD620 实现 K 型热电偶信号放大

热电偶是温度测量中使用最广泛的传感器，其测量温区宽，一般在 $-180 \sim 2800\,℃$ 的范围内均可使用，测量的准确度和灵敏度都较高。热电偶有多种型号，称作分度号，有 K、J、S、R、T 等分度号。不同分度号的热电偶在特定温度下输出的毫伏电压值不同。分度号为 K 的热电偶测温范围为 $-50 \sim +1370\,℃$，其中 $0 \sim 1233\,℃$ 所对应的毫伏值为 $0 \sim 50.24\text{mV}$。

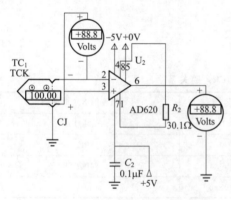

图 3-19　用 AD620 实现 K 型热电偶
信号放大电路

图 3-19 所示为 AD620 实现 K 型热电偶信号放大电路图，由表 3-1 可知，要实现增益 $G = 100$，只需在 AD620 的 8 引脚和 1 引脚之间接 499Ω 的电阻。图 3-19 中，TCK 为 K 型热电偶，其负端 CJ 接地，且和 AD620 的 2 引脚相连；热电偶的正端和 AD620 的 3 引脚相连。AD620 的参考基准（5 引脚）接地。从 V_{OUT} 处输出信号，输出信号 V_{OUT} 用虚拟电压表测量。在 K 型热电偶的两端接一虚拟电压毫伏表，用来测量 K 型热电偶随温度变化时输出的毫伏级电压。

调节 K 型热电偶的温度值使其等于 $1233\,℃$，虚拟电压毫伏表即显示与 $1233\,℃$ 对应的毫伏值 $+50.0\text{mV}$，用 Proteus 交互仿真功能，可以测出电路的输出端的电压值，如图 3-19 所示。由图 3-19 可见，虚拟电压表现实的电压值为 $+5.00V$。调节 K 型热电偶的温度值使其等于 $0\,℃$，再执行一次，虚拟毫伏表将显示 0mV，测量输出端电压值为 0mV。由此可知，图 3-19 所示电路将 K 型热电偶输出的 $0 \sim 50\text{mV}$ 的信号放大了 100 倍，变为 $0 \sim 5V$。放大后的 $0 \sim 5V$ 的电压信号可直接与接收 $0 \sim 5V$ 电压信号的 A/D 转换器相连，从而实现温度值的采样。

3.4　有源滤波电路

在数据采集系统中，从传感器获取的信号往往包含噪声和无用信号，在信号的传输、放大、变换及其他信号调理过程中也会混入各种噪声和干扰，影响测量结果。通常这些噪声和干扰的随机性较强，用时域法很难分离，但这些噪声一般会按一定的规律分布于频率域中某一特定的频带内。滤波电路能够滤除信号中的噪声或干扰信号，提取所需的测量信号。

最早的模拟滤波电路主要采用无源 R、L 和 C 构成，20 世纪 60 年代以来，集成运放得到了迅速的发展，有源滤波电路逐渐在信号处理系统中得到了工程师的青睐，它具有不用电感、体积小、重量轻等优点；此外，由于集成运放的开环电压增益和输入阻抗很高，输出阻抗很低，构成有源滤波电路后还具有一定的电压放大和缓冲作用，利用这些简单的一阶与二阶电路级联，很容易实现复杂的高阶传递函数，在信号处理领域得到了广泛应用。但是，集成运放带宽有限，有源滤波电路的最高工作频率受运放限制，这是它的不足之处。

3.4.1　滤波电路基础知识

（1）滤波器分类

① 按处理的信号分类　滤波器可分为模拟滤波器和数字滤波器。模拟滤波器可根据其元件组成分为无源滤波器和有源滤波器。其中有源滤波器按运算放大电路构成可分为无限增益单反馈环型滤波器、无限增益多反馈环型滤波器、压控电压源型滤波器等。数字滤波器是通过软件或数字信号处理器件对离散化的数字信号做滤波处理。模拟滤波器和数字滤波器都起改变频谱分布的作用，只是信号的形式和实现滤波的方法不同。

② 按工作频带分类　滤波器按照可通过信号的频带可以分为四种：低通滤波器（Low Pass Filter，LPF），即让低频信号顺利通过；高通滤波器（High Pass Filter，HPF），即让高频信号顺利通过；带通滤波器（Band Pass Filter，BPF），即让一定带宽的信号顺利通过；带阻滤波器（Band Elimination Filter，BEF），即一定带宽的信号不易通过。图 3-20 为四种滤波器的幅频特性。各种滤波器的实际频响特性与理想情况有差别，设计者的任务是力求使滤波器的频响特性向理想特性逼近。

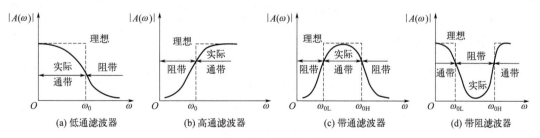

图 3-20　四种滤波器的幅频特性

（2）滤波器的基本概念

如图 3-21 所示，设滤波器为一个线性时不变网络，其输入电压为 $u_i(t)$，输出电压为 $u_o(t)$，则在复频域内有：

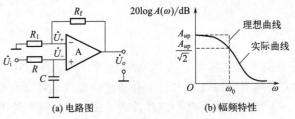

图 3-21   滤波器结构图

$$H(s) = \frac{U_o(s)}{U_i(s)} \tag{3-24}$$

式中，$H(s)$ 是滤波器的电压传递函数，一般为复数。对于实际频率而言 $s = j\omega$，则有：

$$H(j\omega) = |H(j\omega)|e^{j\varphi(\omega)} \tag{3-25}$$

式中，$|H(j\omega)|$ 为传递函数的模，可以体现滤波器的幅频特性。此外，评价滤波器失真的参数为延迟（群延迟 τ），它定义为：

$$\tau = -\frac{d\varphi(\omega)}{d\omega} \tag{3-26}$$

当延迟 τ 做线性变化，即延迟特性恒定时，滤波器传输波形的失真最小。

3.4.2　有源低通滤波电路

（1）一阶有源低通滤波电路

低通滤波器就是使低频信号通过而抑制高频信号的滤波电路。一阶有源低通滤波电路就是在一阶 RC 低通滤波电路的输出端加一个同相比例放大电路，如图 3-22 所示。

(a) 电路图　　　(b) 幅频特性

图 3-22　一阶有源低通滤波器

由同相比例放大电路的特点可得：

$$\dot{U}_o = \left(1 + \frac{R_f}{R_1}\right)\dot{U}_+ = \left(1 + \frac{R_f}{R_1}\right)\frac{\frac{1}{j\omega C}}{R + \frac{1}{j\omega C}}\dot{U}_i \tag{3-27}$$

则滤波器的频率响应特性为：

$$H(j\omega) = \frac{\dot{U}_o}{\dot{U}_i} = \left(1 + \frac{R_f}{R_1}\right)\frac{1}{1 + j\omega RC} \tag{3-28}$$

由此可得其幅频特性为：

$$A(\omega) = \left(1 + \frac{R_f}{R_1}\right)\frac{1}{\sqrt{1 + (\omega RC)^2}} = \frac{A_{up}}{\sqrt{1 + \left(\frac{\omega}{\omega_0}\right)^2}} \tag{3-29}$$

其中

$$A_{up} = 1 + \frac{R_f}{R_1}$$

$$\omega_0 = \frac{1}{RC}$$

A_{up} 为通带电压放大倍数，当 $\omega = \omega_0$ 时，$A(\omega) = \frac{1}{\sqrt{2}}A_{up} = 0.707A_{up}$，即 ω_0 为 -3dB

的截止角频率。由式（3-29）可画出一阶有源低通滤波器的幅频特性，如图 3-22（b）所示，可以得出，一阶滤波器幅频特性曲线以 $-20\mathrm{dB/dec}$ 的速度下降，滤波效果不好。若要求滤波器幅频特性曲线以更快的速度下降，则需要采用二阶、三阶甚至更高阶的滤波器。

（2）二阶有源低通滤波电路

为了改善滤波效果，在一阶低通滤波器的输入端再串一级 RC 低通滤波环节，可构成二阶有源低通滤波器，如图 3-23 所示。

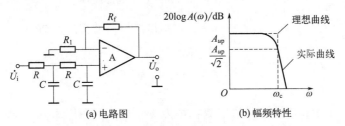

(a) 电路图　　　　　(b) 幅频特性

图 3-23　二阶有源低通滤波器

由图 3-23 可得二阶低通滤波器的频率响应特性：

$$H(\mathrm{j}\omega)=\frac{\dot{U}_{\mathrm{o}}}{\dot{U}_{\mathrm{i}}}=\left(1+\frac{R_{\mathrm{f}}}{R_{1}}\right)\frac{1}{1+3\mathrm{j}\omega RC+(\mathrm{j}\omega RC)^{2}} \tag{3-30}$$

由此可得其幅频特性为：

$$A(\omega)=\frac{A_{up}}{\sqrt{\left[1-\left(\dfrac{\omega}{\omega_{0}}\right)^{2}\right]^{2}+\left(3\,\dfrac{\omega}{\omega_{0}}\right)^{2}}} \tag{3-31}$$

其中

$$A_{up}=1+\frac{R_{\mathrm{f}}}{R_{1}}$$

$$\omega_{0}=\frac{1}{RC}$$

式中，A_{up} 为通带电压放大倍数；ω_{0} 为特征角频率。令 $A(\omega)=0.707A_{up}$，得到截止角频率 $\omega_{\mathrm{c}}=0.37\omega_{0}$。由式（3-31）可画出二阶有源低通滤波器的幅频特性，如图 3-23（b）所示，可以得出，二阶滤波器幅频特性曲线以 $-40\mathrm{dB/dec}$ 的速度下降，比一阶有源滤波器的下降速度快，但是从 $\omega_{\mathrm{c}}\to\omega_{0}$ 下降得比较缓慢。

（3）二阶压控电压源低通滤波电路

为了使滤波器从通带截止频率 $\omega_{\mathrm{c}}\to\omega_{0}$ 的幅频特性快速下降，在二阶有源低通滤波器的基础上把第一级 RC 电路的电容从接地改接到输出端，就构成二阶压控电压源低通滤波器，如图 3-24 所示。

由图 3-24 可得二阶压控电压源低通滤波器的频率响应特性为：

$$H(\mathrm{j}\omega)=\frac{\dot{U}_{\mathrm{o}}}{\dot{U}_{\mathrm{i}}}=\frac{A_{up}}{1+(3-A_{up})\mathrm{j}\omega RC+(\mathrm{j}\omega RC)^{2}} \tag{3-32}$$

其中

$$A_{up}=1+\frac{R_{\mathrm{f}}}{R_{1}}$$

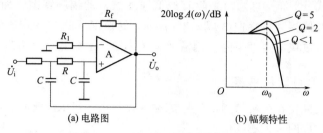

(a) 电路图　　　　(b) 幅频特性

图 3-24　二阶压控电压源低通滤波器

令 $\omega_0 = 1/RC$，$Q = 1/(3-A_{up})$，$s = j\omega$，则该滤波器的传递函数为：

$$H(s) = \frac{A_{up}\omega_0^2}{s^2 + (3-A_{up})\omega_0 s + \omega_0^2} = \frac{A_{up}\omega_0^2}{s^2 + \dfrac{\omega_0}{Q}s + \omega_0^2} \tag{3-33}$$

Q 的含义类似于谐振电路的品质因数，称为等效品质因数。由式（3-33）可知，$A_{up} <$ 3 时，电路才能处于稳定工作状态；$A_{up} > 3$ 时，电路将自激振荡。由式（3-33）可得该电路的幅频特性为：

$$A(\omega) = \frac{A_{up}}{\sqrt{\left[1 - \left(\dfrac{\omega}{\omega_0}\right)^2\right]^2 + \left(\dfrac{\omega}{\omega_0 Q}\right)^2}} \tag{3-34}$$

由式（3-34）可画出不同 Q 值下的幅频特性，如图 3-24（b）所示，由此可得当 $Q > 1$ 时，幅频响应将出现峰值，使得高频段幅频特性迅速衰减，滤波效果比二阶有源低通滤波电路效果好。

3.4.3　有源高通滤波电路

根据高通滤波电路和低通滤波电路的对偶性，将低通滤波电路中的电阻换成电容，电容换成电阻，就可得到各种高通滤波器。图 3-25 所示为二阶压控电压源高通滤波器。应用与低通滤波器相似的分析方法，结合高阶滤波器与低通滤波器的对偶关系，可得二阶压控电压源高通滤波器的频率响应特性为：

$$H(j\omega) = \frac{\dot{U}_o}{\dot{U}_i} = \frac{(j\omega RC)^2 A_{up}}{1 + (3-A_{up})j\omega RC + (j\omega RC)^2} = \frac{A_{up}}{1 - \left(\dfrac{f_0}{f}\right)^2 + j\dfrac{1}{Q} \times \dfrac{f_0}{f}} \tag{3-35}$$

式中　$A_{up} = 1 + \dfrac{R_f}{R_1}$——通带电压放大倍数；

$f_0 = \dfrac{1}{2\pi RC}$——特征频率；

$Q = \dfrac{1}{3-A_{up}}$——等效品质因数。

由式（3-35）得到的幅频特性曲线如图 3-25（b）所示，其分析结果与二阶压控电压源低通滤波器类似。$A_{up} > 3$ 时，电路将自激振荡。当 $Q = 1$、$f = f_0$ 时，幅频响应接近理想折线，即可保持通频带增益，也使得低频段幅频特性迅速衰减。

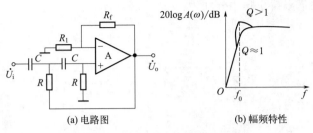

图 3-25　二阶压控电压源高通滤波器

3.4.4　带通、带阻滤波电路

（1）带通滤波电路

当需要选择某一段频带范围内的信号，消除低频段和高频段干扰和噪声时，需要使用带通滤波器。带通滤波器可以由二阶低通滤波器改造而成，将后级 RC 低通滤波器的电容和电阻互换，可构成二阶带通滤波器。图 3-26 为二阶压控电压源带通滤波器。

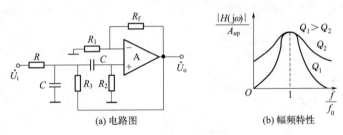

图 3-26　二阶压控电压源带通滤波器

令 $R_2=2R$、$R_3=R$ 时，可得带通滤波器的频率响应特性为：

$$H(\mathrm{j}\omega)=\frac{\dot{U}_\mathrm{o}}{\dot{U}_\mathrm{i}}=\frac{A_{u\mathrm{o}}}{(3-A_{u\mathrm{o}})+\mathrm{j}\left(\dfrac{f}{f_0}-\dfrac{f_0}{f}\right)}=\frac{A_{u\mathrm{p}}}{1+\mathrm{j}Q\left(\dfrac{f}{f_0}-\dfrac{f_0}{f}\right)}=\frac{A_{u\mathrm{p}}}{1-\left(\dfrac{f_0}{f}\right)^2+\mathrm{j}\,\dfrac{1}{Q}\times\dfrac{f_0}{f}}$$

$$(3-36)$$

式中　$A_{u\mathrm{o}}=1+\dfrac{R_\mathrm{f}}{R_1}$；

$\qquad f_0=\dfrac{1}{2\pi RC}$——中心频率；

$\qquad A_{u\mathrm{p}}=\dfrac{A_{u\mathrm{o}}}{3-A_{u\mathrm{o}}}=QA_{u\mathrm{o}}$——通带电压放大倍数；

$\qquad Q=\dfrac{1}{3-A_{u\mathrm{o}}}$——等效品质因数。

由式（3-36）可绘出不同 Q 值对应的幅频特性曲线，如图 3-26(b) 所示，Q 值越大，通频带越窄，对信号的选择性越好。一般将通带电压下降至 $A_{u\mathrm{p}}/\sqrt{2}$ 定义为通带宽度。将通带截止频率为 f_2 的低通滤波器和一个通带截止频率为 f_1 的高通滤波器组成带通滤波器，必须满足 $f_2>f_1$，f_1 为下限截止频率，f_2 为上限截止频率。由式（3-36）可得带通滤波器的上限截止频率和下限截止频率分别为：

$$f_1 = \frac{f_0}{2}\left[\sqrt{(3-A_{uo})^2+4}-(3-A_{uo})\right]$$

$$f_2 = \frac{f_0}{2}\left[\sqrt{(3-A_{uo})^2+4}+(3-A_{uo})\right]$$

从而得到通带宽度为：

$$B = f_2 - f_1 = (3-A_{uo})f_0 = \frac{f_0}{Q} = \left(2-\frac{R_f}{R_1}\right)f_0 \tag{3-37}$$

由式（3-37）可得 Q 值可以控制通带宽度，Q 值越大，通带宽度越小。R_f 和 R_1 可调节通带宽度但不影响中心频率 f_1。设计带通滤波器时，必须满足 $R_f < 2R_1$，否则会引起自激振荡。

（2）带阻滤波电路

与带通滤波器相反，当需要阻断某一频段内信号，而使该频段外的信号顺利通过时，需要应用带阻滤波器，带阻滤波器又称为陷波器。实用电路中常常利用高通滤波器和低通滤波器并联构成带阻滤波器。低通滤波器的截止频率为 f_1，高通滤波器的截止频率为 f_2，当 $f_1 < f_2$ 时，就可构成带阻滤波器。图 3-27 所示为二阶压控电压源带阻滤波器。

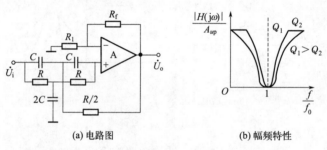

(a) 电路图   (b) 幅频特性

图 3-27　二阶压控电压源带阻滤波器

由图 3-27 可得带阻滤波器的频率响应特性为：

$$H(j\omega) = \frac{\dot{U}_o}{\dot{U}_i} = \frac{1-\left(\dfrac{f}{f_0}\right)^2}{1-\left(\dfrac{f}{f_0}\right)^2+j2(2-A_{up})\dfrac{f}{f_0}}A_{up} = \frac{A_{up}}{1+j\dfrac{1}{Q}\times\dfrac{ff_0}{f_0^2-f^2}} \tag{3-38}$$

其中

$$A_{up} = 1+\frac{R_f}{R_1}$$

$$f_0 = \frac{1}{2\pi RC}$$

$$Q = \frac{1}{2(2-A_{up})}$$

通带宽度为

$$B = f_2 - f_1 = 2(2-A_{up})f_0 = \frac{f_0}{Q} \tag{3-39}$$

其中

$$f_1 = f_0\left[\sqrt{(2-A_{up})^2+1}-(2-A_{up})\right]$$

$$f_2 = f_0\left[\sqrt{(2-A_{up})^2+1}+(2-A_{up})\right]$$

3.4.5　双二阶环电路

根据给定的传递函数或微分方程,可以通过状态变量法利用加法器与积分器直接构成任意的滤波电路,双二阶环电路正是这样设计的。一般来说,这样构成的电路都比较复杂。前面介绍的两种二阶电路只使用一个运算放大器,而双二阶环电路则要用两个、三个甚至四个运算放大器。双二阶环电路的特点是灵敏度低、调整方便、特性非常稳定,因而使用也很普遍,各种集成滤波器多以双二阶环电路为原型。由于所选择的状态变量不同,电路结构也不一样,种类十分丰富。图 3-28 所示为一种可实现低通、高通、带通、带阻与全通滤波的双二阶环电路,其传递函数的形式为:

$$H(s) = \frac{-\dfrac{R_4}{R_{02}}s^2 + \dfrac{R_4}{C_1}\left(\dfrac{1}{R_{01}R_3} - \dfrac{1}{R_{02}R_2}\right)s - \dfrac{R_4}{R_{03}R_1R_3C_1C_2}}{s^2 + \dfrac{1}{R_2C_1}s + \dfrac{R_4}{R_1R_3R_5C_1C_2}} \tag{3-40}$$

其中:

① R_{03} 开路、$R_{01} = R_{02}R_2/R_3$,高通滤波电路。

② $R_{01} = R_{02}R_2/R_3$,$R_{03} = R_{02}R_5/R_4$,带阻滤波电路。

③ $2R_{01} = R_{02}R_2/R_3$,$R_{03} = R_{02}R_5/R_4$,全通滤波电路。

④ R_{01}、R_{02} 开路,低通滤波电路。

⑤ R_{03} 开路、$R_{01} = R_{02}R_2/R_3$,$u_1(t)$ 处输出,带通滤波电路集成后使用方便。

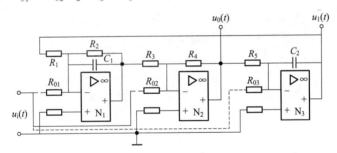

图 3-28　可实现低通、高通、带通、带阻与全通滤波的双二阶环电路

3.5　信号转换电路

3.5.1　电压/频率、频率/电压转换电路

（1）U/f 转换器

U/f（电压/频率）转换器能把输入信号电压转换成相应的频率信号,即它的输出信号频率与输入信号电压值成比例,故又称为电压控制（压控）振荡器（VCO）。由于频率信号抗干扰性好,便于隔离、远距离传输,也可以调制,因此,U/f 转换器广泛地应用于调频、

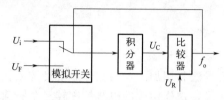

图 3-29 U/f 转换电路原理

调相、模/数转换器、远距离遥测遥控设备中。

① U/f 转换的基本原理 U/f 转换电路原理如图 3-29 所示。图中，输入信号 U_i 通过模拟开关输入积分器，模拟开关由比较器输出控制。积分器采用线性积分电路，其输出 U_C 与参考电压 U_R 通过比较器进行比较，当 $U_C = U_R$ 时，比较器翻转，控制模拟开关切换到 U_F。U_F 与输入电压 U_i 相反，幅值较高，从而使积分器迅速反相积分，输出回零。

如图 3-29 所示，若 $U_i > 0$，则积分器的输出为：

$$U_C = \frac{1}{\tau} \int U_i \mathrm{d}t \tag{3-41}$$

式中，τ 为积分器的时间常数。

若积分期间 U_i 恒定，则经过 T_1 时间后，$U_C = U_R$，比较器翻转，此时：

$$U_C = \frac{1}{\tau} U_i T_1 = U_R \tag{3-42}$$

比较器翻转后，控制模拟开关切换到 U_F，使积分器迅速回零，假设回零时间为 T_2。设计电路时，必然有 $T_2 \ll T_1$，则比较器输出频率为：

$$f_o = \frac{1}{T_1 + T_2} \approx \frac{1}{T_1} \approx \frac{1}{\tau U_R} U_i \tag{3-43}$$

由式（3-43）可知，电路输出频率 f_o 与输入信号 U_i 幅值成正比，从而实现电压与频率的转换。

② 积分复原式 U/f 转换电路 图 3-30(a) 为运算放大器组成的 U/f 转换电路。电路包括积分器、比较器和积分复原开关等。其中，由 N_2、$R_5 \sim R_8$ 组成的滞回比较器的同相输入端的两个门限电平为：

$$U_1 = -U \frac{R_7}{R_6 + R_7} + U_Z \frac{R_6}{R_6 + R_7}$$

$$U_2 = -U \frac{R_7}{R_6 + R_7} - U_Z \frac{R_6}{R_6 + R_7}$$

式中，U_Z 为输出限幅电压，其大小由稳压管 V_{S2} 和 V_{S3} 的稳压值所决定。

当输入信号 $u_i = 0$ 时，N_1 组成的积分器输出 u_C 为零。由比较器特性可知，此时比较器输出 u_o 为负向限幅电压 $-U_Z$，开关管 V 截止，比较器同相端电压 u_p 为负向门限电平 U_2。

当输入电压 $u_i > 0$，积分器输出电压 u_C 负向增加，$u_C \leqslant U_2$ 时，比较器输出 u_o 由负向限幅电压突变为正向限幅电压 U_Z，驱动开关管 V 由截止变为导通，致使积分电容 C 通过 R_3 放电，积分器输出迅速回升。同时 u_o 通过正反馈电路使比较器同相端电压 u_p 突变为 U_1，从而锁住比较器的输出状态不随积分器输出回升而立即翻转。当积分器输出回升到 $u_C \geqslant U_1$ 时，比较器输出又由正向限幅电压突变为负向限幅电压 U_Z，V 又处于截止状态，同时 u_p 恢复为 U_2，积分器重新开始积分。如此循环不止，因而积分器输出一串负向锯齿波，比较器输出相应频率的矩形脉冲序列，各级输出波形如图 3-30(b) 所示。显然，输入电压越大，积分电容 C 充电电流及锯齿波电压的斜率就越大，因此每次达到负向门限电压 U_2 的时间也越短，输出脉冲的频率就越高。

由电路可知，积分器在充电过程中的输出电压为：

$$u_C(t) = -\frac{1}{R_1 C} \int_0^t u_i \mathrm{d}t \tag{3-44}$$

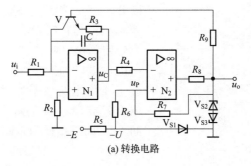

(a) 转换电路

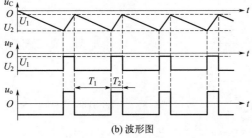

(b) 波形图

图 3-30 积分复原式 U/f 转换电路及各点波形

令充电持续时间为 T_1，则有：

$$T_1 = \frac{R_1 C(U_1 - U_2)}{u_i} \tag{3-45}$$

对于放电过程，放电电流是变化的，其平均值为：

$$I \approx \left| \frac{U_1 + U_2}{2(R_3 + r_{ce})} \right| \tag{3-46}$$

式中，r_{ce} 为晶体管 V 集电结 ce 结电阻。

放电持续时间 T_2 为：

$$T_2 = \left| \frac{U_2 - U_1}{I} \right| C = 2(R_3 + r_{ce})C \frac{|U_2 - U_1|}{U_1 + U_2} \tag{3-47}$$

因此，充放电周期为：

$$T = T_1 + T_2 = (U_1 - U_2)C\left[\frac{R_1}{u_i} + \left| \frac{2(R_3 + r_{ce})}{U_1 + U_2} \right| \right] \tag{3-48}$$

由式（3-48）可见，周期 T 包括两项：第一项由输入电压对电容 C 的充电过程决定，f-U 关系是线性的；第二项为一常数，它的大小由 C 的放电过程决定，是给 f-U 关系带来非线性的因素。为提高 U/f 转换的线性度，要求：

$$\frac{R_1}{u_i} \gg \left| \frac{2(R_3 + r_{ce})}{U_1 + U_2} \right| \tag{3-49}$$

在上述条件下，放电时间可以忽略，输出脉冲的频率为：

$$f_o \approx \frac{1}{T} = \frac{1}{R_1 C(U_1 + U_2)} u_i \tag{3-50}$$

③ 电荷平衡式 U/f 转换电路 电荷平衡式 U/f 转换电路基于电荷平衡原理，主要由积分器 N_1、过零比较器 N_2、单稳定时器及恒流发生器等组成，如图 3-31 所示。假设 $u_i > 0$，当积分器输出电压 u_C 下降到零时，比较器 N_2 翻转，触发单稳定时器产生宽度为 t_0 的脉冲，该脉冲接通恒流源，设计 $|I_S| > i$，从而使 u_C 迅速向上斜变。当脉冲结束后，开关 S

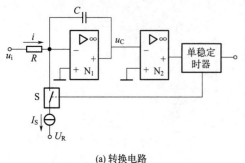

(a) 转换电路

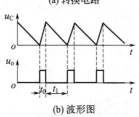

(b) 波形图

图 3-31　电荷平衡式 U/f 转换电路及波形图

断开，由 u_i 产生的电流 $i=u_i/R$ 向电容 C 充电使 u_C 负向斜变，当 u_C 过零时，比较器又一次翻转使单稳定时器产生一个 t_0 脉冲，电容器再一次放电，如此反复下去。在一个周期内，电容 C 上的电荷量不发生变化，即由 i 产生的充电电荷与 I_S-i 产生的放电电荷相等。在充电时间 t_1 内的电荷量为：

$$\Delta Q_1 = it_1 \qquad (3-51)$$

在放电时间 t_0 内的电荷量为

$$\Delta Q_0 = (I_S-i)t_0 \qquad (3-52)$$

由电荷平衡原理可知 $\Delta Q_0 = \Delta Q_1$，得

$$t_1 = \left(\frac{I_S}{i}-1\right)t_0 \qquad (3-53)$$

输出脉冲频率为

$$f = \frac{1}{t_0+t_1} = \frac{1}{I_S t_0}i = \frac{u_i}{I_S t_0 R} \qquad (3-54)$$

由式（3-54）可以看出，该种转换器从原理上消除了积分复原时间所引起的非线性误差，故大大提高了转换的线性度。集成 U/f 转换器大多采用电荷平衡式 U/f 转换电路作为基本电路。

④ 集成 U/f 转换器　模拟集成 U/f 转换器有很多，如 VFC32、TC9401、AD650、LM×31 系列等。以转换器 LM131 为例，该转换器可以构成电压频率转换器 VFC，也可构成频率电压转换器 FVC，图 3-32 为 LM131 系列框图。由图可知，LM131 转换器内部电路由输入比较器、定时比较器和 RS 触发器构成的单稳定时器、基准电源电路、精密电流源、电流开关及集电极开路输出管等几部分组成。两个 RC 定时电路：一个由 R_t、C_t 组成，与单稳定时比较器相连；另一个由 R_L、C_L 组成，靠精密的电流源充电，电流源输出电流 i_S 由内部基准电压源供给的 1.9V 参考电压和外接电阻 R_S 决定（$I_S = 1.9V/R_S$）。

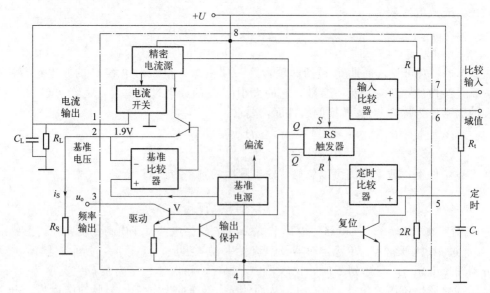

图 3-32　LM131 系列框图

LM131 用作 U/f 转换器的简化电路及各电压波形如图 3-33 所示。当正输入电压 $u_i > u_6$ 时，输入比较器输出高电平，使单稳定时器输出端 Q 为高电平，输出管 V 饱和导通，频率输出端输出低电平 $u_o = u_{oL} \approx 0V$，同时，电流开关 S 闭合，电流源输出电流 I_S 对 C_L 充电，u_6 逐渐上升。同时，与引脚 5 相连的芯片内放电管截止，电源 U 经 R_t 对 C_t 充电，当 C_t 电压上升至 $u_5 = u_{C_t} \geqslant 2U/3$ 时，单稳定时器输出改变状态，Q 端为低电平，使 V 截止，$u_o = u_{oH} = +E$，电流开关 S 断开，C_L 通过 R_L 放电，使 u_6 下降。同时，C_t 通过芯片内放电管快速放电到零。当 $u_6 < u_i$ 时，又开始第二个脉冲周期，如此循环往复，输出端便输出脉冲信号。

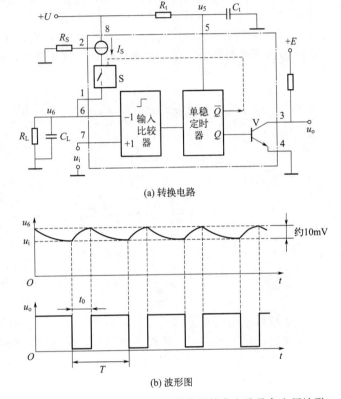

(a) 转换电路

(b) 波形图

图 3-33　LM131 构成的 U/f 转换器简化电路及各电压波形

设输出脉冲信号周期为 T、输出为低电平（$u_o = u_{oL} \approx 0V$）的持续时间为 t_0。在 t_0 期间，电流 I_S 提供给 C_L、R_L 的总电荷量 Q_S 为：

$$Q_S = I_S t_0 = 1.9 \frac{t_0}{R_S} \tag{3-55}$$

周期 T 内流过 R_L 的总电荷量（包括 I_S 提供及 C_L 放电提供）Q_R 为：

$$Q_R = i_L T \tag{3-56}$$

式中　i_L——流过 R_L 的平均电流。

实际上，u_6 在很小的区域（大约 10mV）内波动，可近似取 $u_6 = u_i$，则 $i_L \approx u_i / R_L$，故有：

$$Q_R \approx \frac{u_i}{R_L} T \tag{3-57}$$

由定时电容 C_t 的充电方程式：

$$u_{C_t} = U \left[1 - \exp\left(-\frac{t_0}{R_t C_t} \right) \right] = \frac{2}{3} U \tag{3-58}$$

可求得

$$t_0 = R_t C_t \ln 3 \approx 1.1 R_t C_t \tag{3-59}$$

根据电荷平衡原理，周期 T 内 I_S 提供的电荷量应等于 T 内 R_L 消耗掉的总电荷量，即 $Q_S = Q_R$，可求得输出脉冲信号频率 f_o 为：

$$f_o = \frac{1}{T} \approx \frac{R_S u_i}{1.9 \times 1.1 R_t C_t R_L} = \frac{R_S u_i}{2.09 R_t C_t R_L} \tag{3-60}$$

式中，u_i 的单位为 V。由上式可知，输出脉冲的频率 f_o 与输入信号的电压值 u_i 呈正比例关系。

图 3-34 所示为 LM131 与单片机所构成的数字化测量电路。传感器的输出 u_i 经一同相放大电路放大，一级无源 RC 滤波器滤除输入信号中的高频噪声，LM131 将输入信号电转换成频率信号。89C52 单片机上的内部定时器 T_1 每 50ms 中断一次，20 次定时中断即是 1s，在 1s 内 T_0 的计数值即为所求频率值。单片机可以计算出被测量值，也可以进行数据处理及输出显示等。

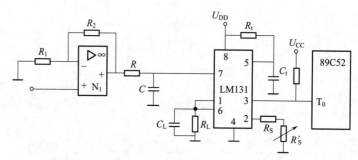

图 3-34　LM131 与单片机所构成的数字化测量电路

（2）f/U 转换器

把频率变化信号线性地转换成电压变化信号的转换器称为 f/U 转换器。f/U 转换器的工作原理见图 3-35，它主要包括电平鉴别器、单稳态触发器和低通滤波器三部分。输入信号 u_i 通过鉴别器转换成快速上升/下降的方波信号去触发单稳态触发器，随即产生定宽（T_W）、定幅度（U_m）的输出脉冲序列。将此脉冲序列经低通滤波器，可得到比例于输入信号频率（f_i）的输出电压 u_o，即 $u_o = T_W U_m f_i$。

① 通用运放 f/U 转换电路　图 3-35（a）是由运算放大器 N_1、N_2、N_3 组成的 f/U 转换电路。N_1 构成滞回比较器，输入由二极管 VD_1、VD_2 限幅保护，N_1 将输入信号转换成频率相同的方波信号，再经微分电容 C_1 和二极管 VD_3 把上升窄脉冲送至 N_2。N_2 构成单稳态电路，常态下其反相输入 u_N 为负电位，使输出为高电平，V_1、V_2 导通，这时 u_2 为低电平。正触发脉冲使 N_2 迅速翻转输出低电平，V_1 截止，u_2 上升为高电平，它等于稳压管 VS 的稳压值 U_m，u_N 保持高电平 U_H，如图 3-35（b）所示。同时 V_2 截止，使 C 通过 R 充电，经过 T_W 时间，u_P 上升到 U_H 以上使 N_2 再次翻转"复位"，单稳过程结束。由 u_2 输出定宽（T_W）、定幅度（U_m）的脉冲，u_2 输出高电平的频率随输入频率的升高而增大。由图 3-35（a）所示电路可得 V_1 截止时 N_2 反相输入端的电压为：

$$U_H = \frac{R_1}{R_1 + R_2} U_m + \frac{R_2}{R_1 + R_2}(-E) \tag{3-61}$$

根据 RC 电路瞬态过程的基本公式：

$$u_P(t) = u_P(\infty) + [u_P(0^+) - u_P(\infty)] e^{-\frac{t}{\tau}} \tag{3-62}$$

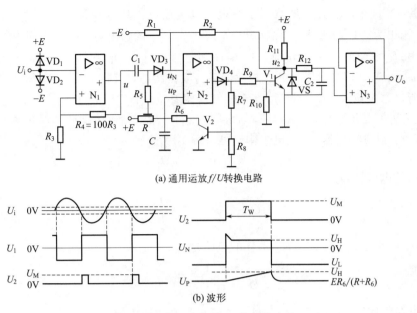

(a) 通用运放 f/U 转换电路

(b) 波形

图 3-35　模拟变换式 f/U 转换电路

式中，$u_P(\infty)=E$，充电前 $u_P(0^+)=ER_6/(R+R_6)$，充电结束时，$u_P(T_W)=U_H$。因此，可以计算出 RC 充电至 U_H 所用的充电时间为：

$$T_W=RC\ln\left(\frac{E-u_P(0^+)}{E-U_H}\right)=RC\ln\left[\frac{(R_1+R_2)E}{(R_1+R_2)E-(R_1U_m-R_2E)}\right]\frac{R}{R+R_6} \quad (3-63)$$

N_3、R_{12} 和 C_2 构成低通滤波器，输出电压平均值为：

$$u_o=T_WU_mf_i \quad (3-64)$$

② 集成 f/U 转换器　LM131 系列芯片也可用作 f/U 转换器，它的外接电路原理图如图 3-36 所示。输入比较器的同相输入端由电源电压 U 经 R_1、R_2 分压得到比较电平 U_7（取 $U_7=9U/10$），定时比较器的反相输入端由内电路加以固定的比较电平 $U_-=2U/3$。

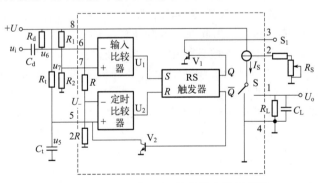

图 3-36　LM131 作 f/U 转换器电路原理图

当 u_i 端没有负脉冲输入时，$u_6=U>U_7$，U_1 的输出为"0"。RS 触发器保持复位状态，$\bar{Q}$="1"。电流开关 S 与地端接通，晶体管 V_2 导通，引脚 5 的电压 $u_5=u_{C_t}=0$。当 u_i 输入端有负脉冲输入时，其前沿和后沿经微分电路微分后分别产生负向和正向尖峰脉冲，负向尖峰脉冲使 $u_6<U_7$，U_1 的输出为"1"。此时 U_2 的输出为"0"，故 RS 触发器转为置位状态，$\bar{Q}$="0"。电流开关 S 与 1 脚相接，I_S 对外接滤波电容 C_L 充电，并为负载 R_L 提供电流，

同时晶体管 V_2 截止，U 通过 R_t 对 C_t 充电，其电压 u_{C_t} 从零开始上升，当 $u_5 = u_{C_t} \geqslant U_-$ 时，U_2 的输出为"1"，此时 u_6 已回升至 $u_6 > u_7$，U_1 的输出为"0"，因而 RS 触发器翻转为复位状态，$\bar{Q}$ = "1"。S 与地接通，I_S 流向地，停止对 C_L 的充电，V_2 导通，C_t 经 V_2 快速放电至 $u_{C_t} = 0$，U_2 又变为"0"。触发器保持复位状态，等待 u_i 下一次负脉冲触发。

综上所述，每输入一个负脉冲，RS 触发器便置位，I_S 对 C_L 充电一次，充电时间等于 C_t 电压 u_{C_t} 从零上升到 $U_- = 2U/3$ 所需时间 t_1。RS 触发器复位期间，停止对 C_L 充电，而 C_L 对负载 R_L 放电。根据 C_t 充电规律，可求得 t_1 为：

$$t_1 = R_t C_t \ln 3 \approx 1.1 R_t C_t \tag{3-65}$$

提供的总电荷量 Q_S 为：

$$Q_S = I_S t_1 = 1.9 \frac{t_1}{R_S} \tag{3-66}$$

u_i 的一个周期 $T_i = \dfrac{1}{f_i}$ 内，R_L 消耗的电荷量 Q_R 为：

$$Q_R = i_L T_i = \frac{u_o}{R_L} T_i \tag{3-67}$$

根据电荷平衡原理，$Q_S = Q_R$，可求得输出端平均电压为：

$$u_o = \frac{1.9 t_1}{T_i} \times \frac{R_L}{R_S} \approx 2.09 \frac{R_L}{R_S} R_t C_t f_i \tag{3-68}$$

从式（3-68）中可见，电路输出的直流电压 u_o 与输入信号 u_i 的频率 f_i 成正比例，实现频率-电压转换功能。

3.5.2 V/I 和 I/V 变换

变送器被广泛地应用于检测及过程控制系统中，变送器实质上是一种能输出标准信号的传感器。标准信号是物理量的形式和数值范围都符合国际标准的信号，其中应用相当普遍的一类是直流信号，直流具有不受传输线路的电感、电容及负载性质的影响，不存在相位问题等优点，所以国际电工委员会（IEC）将电流信号 4～20mA 和电压信号 1～5V 确定为过程控制系统电模拟信号的统一标准。因此在标准和非标准信号之间、不同标准信号之间需要转换器互相转换。例如，在远距离监控系统中，必须把监控电压信号转换成电流信号进行传输，以减少传输导线阻抗对信号的影响。对电流进行数字测量时，首先需将电流转换成电压，然后再由数字电压表等进行测量。

在进行信号转换时，为了保证一定的转换精度和较大的适应范围，要求 I/V 转换器有低的输入阻抗及输出阻抗，而 V/I 转换器有高的输入阻抗及输出阻抗。

（1）V/I 转换器

V/I 转换器用于将输入电压信号转换为与之成线性关系的输出电流信号。V/I 转换器按负载是否接地分为负载浮地型和负载接地型两类。

① 负载浮地型 V/I 转换电路　图 3-37 所示为负载浮地型 V/I 转换电路常见形式。图 3-37（a）为反相式，输入电压 U_i 加在反相输入端，负载阻抗 Z_L 在反馈支路中，根据虚短、虚断原理，有：

$$i_1 = i_F = \frac{U_i}{R_1} \tag{3-69}$$

　　式（3-69）表明，负载阻抗中的电流 $i_L = i_F$ 与输入电压 U_i 成正比，与负载阻抗 Z_L 无关，实现了电压变换到电流。但是，由于输入信号加在运算放大器的反相输入端，需要信号源和运放能给出要求的负载电流值。为了克服这个缺点，通常使用同相式和电流放大式 V/I 转换电路。

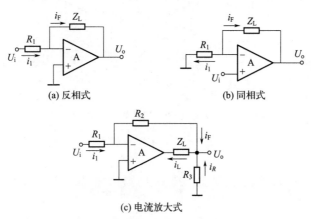

图 3-37　负载浮地型 V/I 转换电路

　　图 3-37(b) 所示为同相式负载浮地型 V/I 转换电路，利用同相端具有较高的输入电阻，将输入信号接于运算放大器的同相端，从而只需要信号源提供很小的电流，根据虚短、虚断原理可得负载电流为：

$$i_L = i_F = i_1 = \frac{U_i}{R_1} \tag{3-70}$$

　　图 3-37(c) 所示为电流放大式负载浮地型 V/I 转换电路，由图可知：

$$i_L = i_F + i_R \tag{3-71}$$

其中

$$i_F = i_1 = \frac{U_i}{R_1} \tag{3-72}$$

$$i_R = -\frac{U_o}{R_3} = \left(U_i \frac{R_2}{R_1} \right) \frac{1}{R_3} \tag{3-73}$$

　　将式（3-72）和式（3-73）分别代入式（3-71）可得：

$$i_L = \frac{U_i}{R_1} + \frac{U_i R_2}{R_1 R_3} = \frac{U_i}{R_1} \left(1 + \frac{R_2}{R_3} \right) \tag{3-74}$$

　　由式（3-74）可知，R_1、R_2、R_3 能决定变换器的变换系数，只要合理地选用参数，输入一个较小的电压 U_i，就能得到较大的负载电流 i_L，即负载电流 i_L 大部分由运算放大器提供，只有很小一部分由信号源提供。

　　当需要较大的输出电流或较高的输出电压时，普通运放难以满足要求，此时可以采用三极管来提高驱动能力，其输出电流可高达几安培甚至几十安培，如图 3-38 所示。由图 3-38(a) 可得：

$$i_L = i_R = \frac{U_i}{R} \tag{3-75}$$

　　由于普通运放输出电压的最高幅值不超过 ±18V，即使是价格昂贵的高压运算放大器，其输出电幅值最高也仅为 ±40V，所以图 3-38(a) 并不能满足需要得到较高输出电压的要求。图 3-38(b) 弥补了这一缺点，在得到较高输出电压的同时也能给出较大的负载电流。由于同相输入方式，该电路具有很高的输入阻抗，由图 3-38(b) 可得：

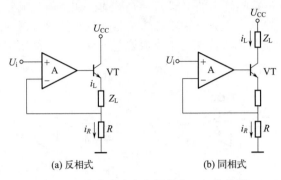

(a) 反相式   (b) 同相式

图 3-38   大电流和高电压输出 V/I 变换器

$$i_L = \frac{\beta}{1+\beta} i_R = \frac{\beta}{1+\beta} \frac{U_i}{R} \tag{3-76}$$

式中，β 为三极管的直流电流增益。选用 β 值较大的晶体管，可有 $\beta \gg 1$，则有：

$$i_L \approx \frac{U_i}{R} \tag{3-77}$$

但是该电路只适用于输入电压 U_i 大于零的信号。

② 负载接地型 V/I 转换电路   图 3-39(a) 为典型负载接地型 V/I 转换电路。应用叠加定理，可得：

$$U_o = -U_i \frac{R_F}{R_1} + U_L \left(1 + \frac{R_F}{R_1}\right) \tag{3-78}$$

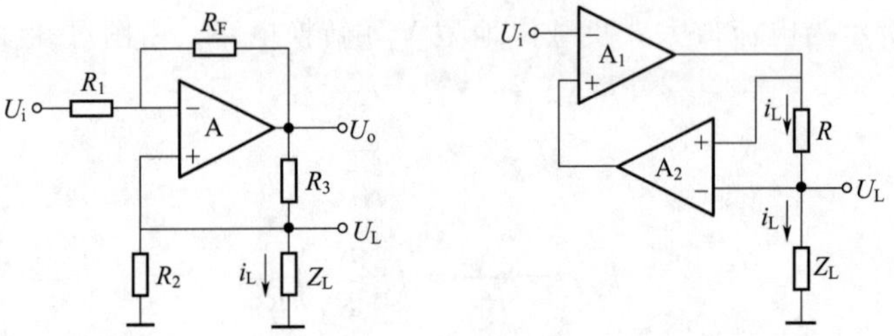

(a) 典型负载接地型   (b) 高性能负载接地型

图 3-39   负载接地型 V/I 转换电路

U_L 为负载 Z_L 两端的电压，有：

$$U_L = i_L Z_L = U_o \frac{R_2 \parallel Z_L}{R_3 + (R_2 \parallel Z_L)} \tag{3-79}$$

由式（3-78）和式（3-79）可得负载电流 i_L 为：

$$i_L = \frac{-U_i \dfrac{R_F}{R_1}}{\dfrac{R_3}{R_2} Z_L - \dfrac{R_F}{R_1} Z_L + R_3} \tag{3-80}$$

若使得 $\dfrac{R_3}{R_2} = \dfrac{R_F}{R_1}$，则负载电流 i_L 为：

$$i_L = -\frac{U_i}{R_2} \tag{3-81}$$

由式（3-81）可知，只要 $\dfrac{R_3}{R_2}=\dfrac{R_F}{R_1}$，该电路便能给出与输入电压 U_i 成正比的输出电流 i_L，而且与负载阻抗无关。该电路的输出电流 i_L 将会受到运算放大器输出电流的限制，负载阻抗 Z_L 的大小也受到运算放大器输出电压 U_o 的限制，在最大输出电流 i_{Lmax} 时，电路应满足式（3-82）：

$$U_{omax}\geqslant U_{R_3}+i_{Lmax}Z_L \tag{3-82}$$

为了减小 R_3 的压降，通常将 R_3 和 R_F 取小一些；为了减小信号源的损耗，通常选用较大的 R_1 和 R_2。该电路的不足之处在于引入了正反馈，使得电路稳定性较低。为了解决电路稳定性问题，使用两个运算放大器构成如图 3-39（b）所示高性能负载接地型 V/I 转换电路。该电路中 A_1 为普通运算放大器，A_2 为仪器放大器（如 AD620）。若 A_2 的增益为 K，则有：

$$U_i=KRi_L \tag{3-83}$$

即

$$i_L=\frac{1}{KR}U_i \tag{3-84}$$

V/I 转换电路常用作传感器或其他检测电路中的基准（参考）恒流源，或在磁偏转的示波装置中常用来将线性变化电压变换成扫描用的线性变化电流，或在控制系统中作为可控电流源驱动某些执行装置，如记录仪、记录笔的偏转和电流表的偏转。

③ 集成 V/I 转换器　AD694 是一个集成电压/电流转换电路芯片，可以接收各类传感器送入的信号，并转换成标准的 4～20mA 或 0～20mA 电流信号，可广泛用于压力、流量、温度等变送器中，以及对阀、调节器和过程控制中的一些常用设备的控制。AD694 主要由输入缓冲放大器、V/I 转换器、参考电压电路及 4mA 电流偏置电路组成，如图 3-40 所示。以将输入电压转换为 4～20mA 电流为例，输入缓冲放大器用来缓冲或放大输入信号至 0～2V 或 0～10V。运算放大器 N_2 和晶体管 V_2 等组成 V/I 转换电路，输入电压量程为 0～2V 时，脚 4 接至脚 5 上，量程为 0～10V 时，脚 4 悬空。假设 N_2 为理想运算放大器，V/I 转

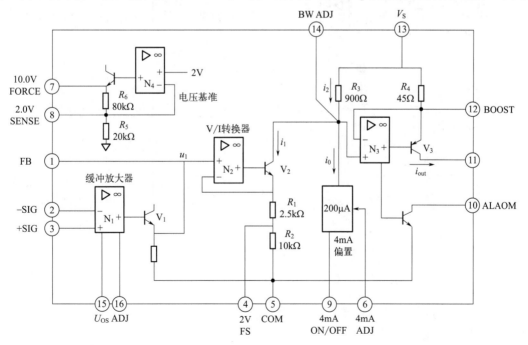

图 3-40　AD694 内部框图

换电路将输入电压转换为 $0\sim0.8$mA 电流，然后通过电流镜像电路将此电流放大 20 倍，进一步分析该部分电路，假设 N_3 为理想运算放大器，其同相端和反相端"虚短"，R_3 和 R_4 上的电压相等，故有：

$$R_3(i_1+i_0)=R_4 i_{\text{out}} \tag{3-85}$$

$$i_{\text{out}}=20(i_1+i_0) \tag{3-86}$$

选择 $4\sim20$mA 输出，9 脚需接地，此时偏置电路输出 $i_0=200\mu$A，故将输入电压转换为 $4\sim20$mA。

将输入电压转换为 $0\sim20$mA 电流时，要求输入电压最大值提高 25%，即为 $0\sim2.5$V 或 $0\sim12.5$V，V/I 转换电路输出电流 i_1 为 $0\sim1$mA；此时要求 9 脚电压大于 3V，使偏置电路输出电流 i_0 为 0。

AD694 的参考电压电路可以向外电路提供参考电压：当 7 脚和 8 脚短接时，这两脚输出 2V 参考电压；8 脚悬空时，7 脚输出 10V 参考电压。

图 3-41 是 AD694 应用实例，电桥由温度、压力或荷重等传感器组成，电桥满量程输出通常为 $10\sim100$mV，AD708 的双运放和 AD694 内部的输入缓冲放大器构成仪器放大器电路对电桥输出信号进行放大，增益为：

$$G=1+\frac{2R_S}{R_G} \tag{3-87}$$

参考电压 2V 输出端接到 C 点形成"虚地"，脚 2V FS 也接到此点，相对于"虚地"，AD694 将相对于 u_A 为 $0\sim2$V 的输入电压转换为 $4\sim20$mA 电流，这是为了确保单电源工作的运算放大器在很宽的共模范围可以正确地工作。

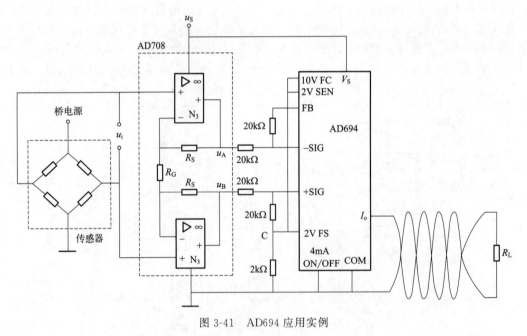

图 3-41 AD694 应用实例

（2）I/V 转换电路

I/V 转换电路的作用是将输入电流信号转换为与之成线性关系的输出电压信号。图 3-42 所示为 I/V 转换电路原理图。

图 3-42 中 i_S 为电流源，R_S 为电流源内阻。而电流源内阻很大，则流过 R_S 可视为零。

根据图 3-42 可得：

$$i_F \approx i_S - i_B \approx i_S \tag{3-88}$$

输出电压 U_o 为：

$$U_o = -i_S R_F \tag{3-89}$$

由式（3-89）可得出 U_o 与 i_S 成正比，实现了电流/电压变换。若运算放大器的输出阻抗很低，那么可用一般的电压表在输出端直接测定输入电流值的大小。若被测电流 i_S 很小，为了得到合适的输出电压，根据式（3-89）应选择较大的 R_F。但是 R_F 较大会造成以下问题：①大电阻精度差，不容易找到；②输出端的噪声大。

在实际电路中，通常采用 T 形电阻网络代替大阻值电阻，这时可以采用较小阻值的电阻；为了降低噪声，可在电阻 R_F 两端并联一个小电容，如图 3-43 所示。

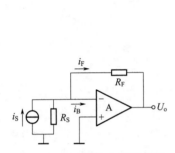

图 3-42　I/V 转换电路原理图

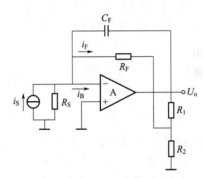

图 3-43　实用测量微弱电流信号的 I/V 转换电路

测量电流 i_S 的下限值受运放本身的输入电流 i_B 限制，i_B 越大，则带来的测量误差也越大，通常希望 i_B 数值应比被测电流 i_S 低 1～2 个数量级以上。由于一般通用型集成运算放大器本身的输入电流在数十至数百纳安量级，因此只适用于测量微安级电流；若需测定更微弱的电流，可采用 COMS 场效应晶体管作为输入级的运算放大器，此时该运算放大器的输入电流可降至皮安（pA）级。

I/V 转换电路可作为微电流测量装置来测量漏电流，或在使用光敏电阻、光电池等恒电流传感器的场合，是一个常见的光检测电路。I/V 转换电路也可作为电流信号的相加器，这在数字/模拟转换器中是一种常见的输出电路形式。

习　　题

1. 简单描述信号调理电路的功能与目的。

2. 信号调理电路的要求？

3. 信号调理电路有哪些类型？

4. 虚短与虚断的概念是什么？

5. 测量放大器的特点及其主要的技术指标是什么？

6. 什么叫滤波？滤波器的分类有哪些？

7. 简单描述电压/频率、频率/电压转换电路的工作原理。

8. 针对传感器输出的信号大小不同等特点，普通的运算放大器和测量放大器在选用的时候有什么区别？

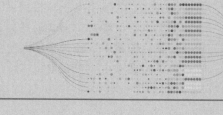

第 4 章

多路模拟开关

在数据采集系统中，常常需要对多路不同信号进行采集、传输、储存与处理。市面上也有很多种类不同的多通道数据采集系统，这些数据采集系统中大多使用了多路模拟开关。多路模拟开关（简称多路开关）是一种重要器件，在多路被测信号共用一路 A/D 转换器的数据采集系统中，通常用来将多路被测信号分别传送到 A/D 转换器进行转换，以便计算机能对多路被测信号进行处理。多路开关在数据采集系统中是一个常用部件，尤其在信号较多且速度要求不是太快的场合应用普遍，可以通过共用 A/D 转换器等降低硬件成本。

本章将以电子多路开关为对象，讨论多路开关的工作原理、技术指标、电路特性、集成芯片、配置及应用等内容。

4.1 电子多路开关工作原理

多路开关主要分为两类。一类是机电式，如舌簧继电器，机电式多路开关直接接通、无串扰、无漏电流、导通电阻小，主要用于大电流、高电压、低速切换场所。另一类是电子式，电子多路开关根据其结构可分为双极型晶体管开关、场效应晶体管开关、集成多路开关三种类型。其中，集成多路开关是一种集成化无触点开关，不仅寿命长、体积小、重量轻，而且对系统的干扰小，主要用于小电流、低电压、高速切换场所，但开关导通时电阻较大，断开时有漏电流，集成芯片之间有串扰。

4.1.1 双极型晶体管开关

双极型晶体管工作速度快、导通电阻大，但由于它是电流控制器件，功耗大，集成度低，且只能沿一个方向传递信号电流。图 4-1 所示为双极型晶体管开关电路。它可以实现 8 路模拟信号切换，其工作原理如下。

如果要选择第 1 路模拟信号，则令通道控制信号 $U_{C1} = 0$（低电平），晶体管 VT_1' 截止，集电极输出为高电平，晶体管 VT_1 导通，输入信号电压 U_{i1} 被选中。如果忽略 VT_1 的饱和管压降，则 $U_o = U_{i1}$。同理，当令通道控制信号 $U_{C2} = 0$（低电平）时，则选中第 2 路模拟信号，$U_o = U_{i2}$。

注意：在控制信号 $U_{C1} \sim U_{C8}$ 中不能同时有两个或两个以上为零。

双极型晶体管的开关速度快，但它的漏电流大、开路电阻小，而导通电阻大。另外，双极型晶体管为电流控制器件，基极控制电流会流入信号源。如果信号源的内阻比较大，就会使信号电压发生变化，影响转换精度。

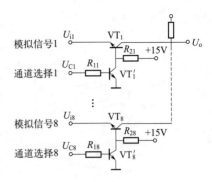

图 4-1　双极型晶体管开关电路

4.1.2　场效应晶体管开关

场效应晶体管开关又分为结型和绝缘栅型两种。结型场效应晶体管可以两个方向对信号进行开关控制，接通时间可做到 $10 \sim 100ns$ 以内，导通电阻为 $50 \sim 100\Omega$。结型场效应晶体管为分立器件，需要专门的电平转换电路来驱动，使用时不方便。绝缘栅型场效应晶体管分为 PMOS、NMOS、CMOS 三种类型。最常用的是 CMOS 型场效应晶体管，其导通电阻 R_{ON} 随信号电压变化时波动小。导通电阻 R_{ON} 一般可以做到小于 100Ω，而且开关接通时间短，可以小于 $100ns$，易于和驱动电路集成。场效应晶体管为电压控制器件，不会发生上述双极型晶体管遇到的问题。下面分别介绍结型场效应晶体管开关和绝缘栅型场效应晶体管开关的工作原理。

（1）结型场效应晶体管开关

图 4-2 所示为 8 路 P 沟道结型场效应晶体管开关，其中 VT_1'，VT_2'，$\cdots$，VT_8' 是开关控制管，VT_1，VT_2，$\cdots$，VT_8 是场效应开关晶体管。它的工作原理如下。

当控制信号 U_{C1} 为高电平时，开关控制管 VT_1' 导通，集电极输出低电平，场效应晶体管 VT_1 导通，$U_o = U_{i1}$，选中第 1 路信号。当 U_{C1} 为低电平时，VT_1' 截止，VT_1 也截止，第 1 路输入信号被切断。其他各路与第 1 路相同。

（2）绝缘栅型场效应晶体管开关

图 4-3 为 8 路 P 沟道绝缘栅型场效应晶体管开关，它的工作原理与结型场效应晶体管开关类似，只有当 U_{C1} 为高电平时，开关控制管 VT_1' 导通，绝缘栅型场效应晶体管栅极为高，这时只有衬底有电压时绝缘栅型场效应晶体管 VT_1 才导通。在使用绝缘栅型场效应晶体管时，应注意衬底不能开路，要加一定的保护电压，P 沟道加正电压，N 沟道加负电压。

4.1.3　集成多路开关

集成多路开关是将场效应晶体管、地址计数器、译码器及控制电路等集成制造在一块芯片上而构成的器件，除了具有场效应晶体管的特性外，还具有体积小、使用方便等优点。

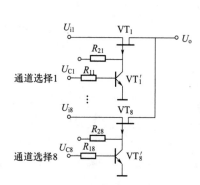

图 4-2   结型场效应晶体管开关

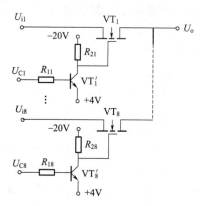

图 4-3   绝缘栅型场效应晶体管开关

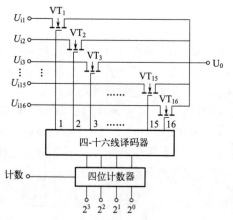

图 4-4   集成多路开关

前面介绍的几种多路开关都必须与地址计数器和译码器配合使用，才能在计算机的控制下分别选通各路模拟信号。若将多路开关、计数器、译码器及控制电路全部集成在一块芯片上，就构成集成多路开关。

图 4-4 为一个 16 路的集成多路开关，模拟量输入部分由 16 个漏极连在一起的场效应晶体管开关所组成，开关驱动部分包括一个四位计数器和一个四-十六线译码器，其工作原理如下。

由计算机送出四位二进制数，如要选择第 1 路输入信号，则把计数器置成 0001 状态，经四-十六线译码器后，第 1 根线输出高电平，场效应晶体管 VT_1 导通，$U_o = U_{i1}$，选中第 1 路信号。

如果要连续选通第 1 路到第 3 路的信号，可以在计数器加入计数脉冲，每加入一次脉冲，计数器加 1，状态依次变为 0001、0010、0011。

4.2   多路开关主要指标及电路特性

多路开关功能简单，但需要进一步了解其参数指标和电路特性，尤其是在一些高精度、高标准要求的信号处理电路中，尤为重要。只有了解了多路开关的参数指标和电路特性，才能了解误差的来源及可能的误差大小，才能采取相应措施达到数据采集系统的设计要求。多路开关的主要技术指标可综述如下：

① R_{ON}：导通电阻；

② R_{onvs}：导通电阻温度漂移；

③ I_c：开关接通电流；

④ I_S：开关断开时的漏电流；

⑤ C_S：开关断开时，开关对地电容；

⑥ C_{out}：开关断开时，输出端对地电容；

⑦ t_{on}：选通信号 EN 达到 50% 这一点时到开关接通时的延迟时间；

⑧ t_{off}：选通信号 EN 达到 50% 这一点时到开关断开时的延迟时间；

⑨ t_{open}：开关切换时间，即当两个通道均为断开时，开关从一个通道的接通状态转到另一个通道的接通状态并达到稳定所用的时间。

为了便于讨论，多路模拟开关中的一个开关用图 4-5 所示的等效电路来表示。

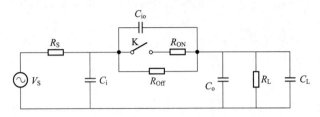

图 4-5　多路模拟开关中一个开关的等效电路

R_{S}—信号源内阻；C_{i}—开关的输入电容；R_{ON}—开关的导通电阻；R_{Off}—开关断开时的电阻；

C_{io}—跨接在开关输入与输出端上的电容；C_{o}—输出电容；R_{L}，C_{L}—负载的电阻和电容

多路开关的电路特性如下：

（1）动态响应

动态响应一般是指控制系统在典型输入信号的作用下，其输出量从初始状态到最终状态的响应，多路开关的动态响应可以等效为如图 4-6 所示电路。

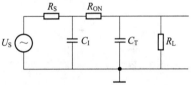

其中，C_{T} 表示所有开关输出电容 C_{OT} 与负载电容 C_{L} 之和。该等效电路不是很精确，但可以用来进行估算，如果估算出的值是实际需要值的 2～5 倍，则相应系统多数能满足要求。反之，如果估算出来的值比需要的值差 1～2 倍，那就必须做更详细的分析。

图 4-6　多路开关的动态响应等效电路

与动态响应有关的参数：

① 开关切换时间（设定时间）　设 $C_{\text{I}} \ll C_{\text{T}}$，$R_{\text{L}} \gg R_{\text{ON}} + R_{\text{S}}$，则得时间常数：

$$T_{\text{C}} = (R_{\text{S}} + R_{\text{ON}})C_{\text{T}} \tag{4-1}$$

则

$$t_{\text{S}} = T_{\text{C}} \ln \frac{100}{\text{误差}} \tag{4-2}$$

式中，误差为以百分数表示的误差数值中百分号前的数字。

【例 4-1】设 $R_{\text{ON}} = 200\Omega$，$C_{\text{OT}} = 900\text{pF}$，$C_{\text{L}} = 30\text{pF}$，$R_{\text{L}} = 20\text{M}\Omega$，$C_{\text{I}} = 6\text{pF}$，精度为 0.1%，求设定时间。

解　当 $R_{\text{S}} = 0$ 时：

$$t_{\text{S}} = (R_{\text{S}} + R_{\text{ON}}) \times C_{\text{T}} \times \ln \frac{100}{\text{误差}} = 200 \times 930 \times 10^{-12} \times \ln \frac{100}{0.1}$$

$$= 1.28 \times 10^{-6} (\text{s}) = 1.28 (\mu\text{s})$$

当 $R_{\text{S}} = 2000\Omega$ 时：

$$t_{\text{S}} = 2200 \times 930 \times 10^{-12} \times \ln \frac{100}{0.1} = 14.13 \times 10^{-6} (\text{s}) = 14.13 (\mu\text{s})$$

② 开关闭合后系统的带宽　等效电路的带宽：

$$f_{3\mathrm{dB}} = \frac{1}{2\pi(R_\mathrm{S}+R_\mathrm{ON})C_\mathrm{T}} \tag{4-3}$$

R_S 对多路开关的切换时间有重要影响，R_S 越小，开关的动作就越快；对于高内阻的信号源，可用阻抗变换器（如跟随器），将阻抗变低再接多路开关。同样，R_ON 越小，开关的动作就越快；通常可以通过提高多路开关的电源电平减少 R_ON，从而加快开关动作。C_OT 越小，开关的动作就越快；可以采用开关分级组合结构，将使输出总电容由 $3nC_\mathrm{o}$ 降至 $(n+3)C_\mathrm{o}$。

【例 4-2】 设 $R_\mathrm{ON}=100\Omega$，$R_\mathrm{S}=300\Omega$，$C_\mathrm{OT}=800\mathrm{pF}$，$C_\mathrm{L}=50\mathrm{pF}$，$R_\mathrm{L}=20\mathrm{M}\Omega$，$C_\mathrm{I}=6\mathrm{pF}$，求等效电路的带宽。

解

$$f_{3\mathrm{dB}} = \frac{1}{2\pi(R_\mathrm{S}+R_\mathrm{ON})C_\mathrm{T}} = \frac{1}{2\pi\times(300+100)\times850\times10^{-12}} = 4.68\times10^5(\mathrm{Hz})$$

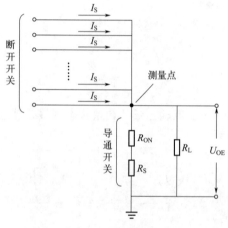

图 4-7　漏电流电路

(2) 漏电流

漏电流是通过断开的模拟开关的电流，用 I_S 表示。

如图 4-7 所示，在 n 个模拟开关的并联组合中，当一个开关导通时，其他 $n-1$ 个开关是断开的，未导通开关的漏电流将通过导通的开关流经信号源。

将在输出端形成一个误差电压 U_OE。一般情况下：

$$R_\mathrm{L} \gg R_\mathrm{ON}+R_\mathrm{S} \tag{4-4}$$

输出端的误差电压

$$U_\mathrm{OE} = (n-1)I_\mathrm{S}(R_\mathrm{S}+R_\mathrm{ON}) \tag{4-5}$$

式中，n 为并联的模拟开关数；I_S 为单个开关断开时的漏电流。

【例 4-3】 如用 4 片 AD7501 构成 32 路输入通道，AD7501 每个通道断开时的漏电流 $I_\mathrm{S}=1\mathrm{nA}$，其导通内阻 $R_\mathrm{ON}=280\Omega$，设 $R_\mathrm{S}=1200\Omega$，求漏电流引起的输出误差电压。

解　漏电流引起的误差电压为：

$$U_\mathrm{OE} = 31\times(1\times10^{-9})\times(1200+280) = 45.88\times10^{-6}(\mathrm{V})$$

设该系统的满量程输入电压为 100mV，采用 12 位 A/D 转换器，每个量化级是 24.4μV，则误差电压大于系统的量化单位，会影响数据采集系统的精度。

如果通道数增加或信号源内阻很大时，可以采用分级结合电路。将 $3n$ 个通道分成 3 组，再用 3 个第二级的开关接到输出端，如图 4-8 所示。这样将使流到输出端的漏电流由 $(3n-1)I_\mathrm{S}$ 降到 $(n-1)I_\mathrm{S}$，差不多减至 1/3。

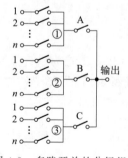

图 4-8　多路开关的分级组合

(3) 源负载效应误差

源负载效应误差是指由信号源电阻和开关导通电阻与多路开关所接器件的等效电阻分压所引起的误差。由于负载效应是一种分压作用，它使输出到 R_L 上的信号减小，因此应合理设计：

① 提高负载内阻，使 $R_L \gg R_S + R_{ON}$。

② 根据负载效应误差，计算出由此引起的衰减，然后在下级提高增益加以补偿。

【例 4-4】 设某通道 $R_S = 400\Omega$，$R_{ON} = 300\Omega$，$R_L = 10\text{M}\Omega$，求负载效应误差。

解

$$负载效应误差 = \frac{R_S + R_{ON}}{R_S + R_{ON} + R_L} \times 100\% = \frac{400 + 300}{400 + 300 + 10 \times 10^6} \times 100\% = 0.007\%$$

（4）串扰

串扰是指断开通道的信号电压耦合到接收通道引起的干扰。串扰电路如图 4-9 所示。如果 R_{ON2} 远远小于 R_{S1} 和 R_{S2}，则计算串扰的等效电路如图 4-10 所示。

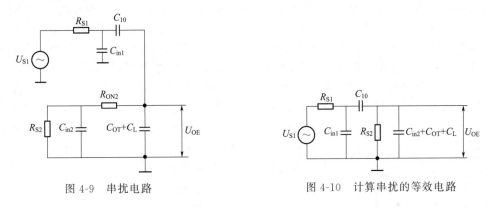

图 4-9　串扰电路　　　　　　　图 4-10　计算串扰的等效电路

因此，减小 R_{S2} 与 R_{ON2}，有利于减小串扰；加大 C_L 也能减小串扰，但不利于数据采集系统的动态响应。

（5）其他特性与问题

① 开关导通电阻值　导通电阻会损失信号，使精度降低，尤其是当开关串联的负载为低阻抗时损失更大。应用中应根据实际情况选择导通电阻足够低的开关。必须注意，导通电阻的值与电源电压有直接关系，通常电源电压越高，导通电阻就越小，而且导通电阻和漏电流是矛盾的。要求导通电阻小，则应扩大沟道，结果会使漏电流增大。

② 开关是否有死区　死区一般发生在栅极电压不够高的情况下。

③ 开关动作是否"先断后通"　目前市场上的多路开关的通断切换方式大多为"先断后通"。在数据采集系统中，应选用"先断后通"的多路开关。否则，就会发生两个通道短接的现象，严重时会损坏信号源或多路开关自身。然而，在程控增益放大器中，若用多路开关来改变集成运算放大器的反馈电阻，以改变放大器的增益，就不宜选用"先断后通"的多路开关。否则，放大器就会出现开环状态，放大器开环增益极高，易破坏电路的正常工作，甚至损坏元器件，一般应予避免。

④ 开关速度和功耗的关系　多路开关的功耗是其速度的函数，须按工作频率估算。

⑤ 噪声（热噪声、$1/f$ 噪声等）　能够采集的最低信号电平受噪声的限制。

⑥ 消除抖动引起的误差　和机械开关类似，多路开关在通道切换时也存在抖动过程，会出现瞬变现象，使输出产生短暂的尖峰电压。若此时采集多路开关的输出信号，就可能引入很大的误差。例如：某数据采集系统采集三个模拟量，分别是水泵转速、流量和压力，三个模拟量对应的电平分别为 1.5454V、1.5698V 和 2.9394V。采集系统从通道 1、2、3 分别

对这三个模拟量连续采集 10 次，采集结果位于 1.8554～1.8603V、1.5625～1.5673V、1.62207～1.62695V 之间，其中 1、3 通道的误差很大。这种误差是由系统在多路开关通断切换未稳定下来就采集数据造成的。消除抖动的常用方法有两种：一种是用硬件电路来实现，即用 RC 滤波器除抖动；另一种是用软件延时的方法来解决。通常，软件方法较硬件方法更有优势。

4.3　多路开关集成芯片

目前市场上的多路模拟开关多是 RCA、AD、SILICONIX、MOTOROLA、MAXIN 等公司的产品，种类繁多，性能、价格差异较大，详见有关公司的相关产品数据手册。选择和使用多路开关时，考虑的重点是满足系统对信号传输精度和传输速度的要求，同时还必须注意以下两点。第一，全面了解多路开关的特性，否则可能出现难以预料的问题。第二，多路开关只有与相关电路合理搭配，协调工作，才能充分发挥其性能，甚至弥补某些性能的欠缺。否则，片面追求多路开关的高性能，忽略与相关电路的搭配与协调，不但会造成成本与

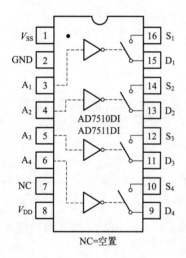

图 4-11　AD7510/AD7511 芯片

性能指标的浪费，而且往往收不到预期的效果。此外，受芯片种类或应用场合的限制，在实践中往往有多余的通道。由于多路开关的内部电路相互联系，所以多余的通道可能产生干扰信号，必要时应做适当处理。

4.3.1　无译码器的多路开关

无译码器的多路开关有 TL182C、AD7510、AD7511、AD7512 等。图 4-11 所示为 AD7510/AD7511 芯片结构，AD7510/AD7511 为 16 脚双列直插式封装。芯片中无译码器，四个通道开关都有各自的控制端，所以这种芯片中每一个开关都可程控逐个顺序通断，也可程控多个开关同时通断，使用方式比较灵活，但引脚较多，使得片内所集成的开关较少，当巡回检测点较多时，控制复杂。

4.3.2　有译码器的多路开关

（1）AD7501（AD7503）

图 4-12 所示为 AD7501（AD7503）内部结构及引脚功能。由图可知，AD7501（AD7503）内部包含电平转换模块、译码驱动模块及多路开关。由于常规的控制器为 TTL 电平，开关的驱动电平为 CMOS 电平，需要使用电平转换模块。AD7501 采用 16 脚双列直插式封装，脚 14 和脚 15 分别接 15V 电源，脚 2（GND）接地。

AD7501 是具有 8 个输入通道（$S_1 \sim S_8$）、一个输出通道（OUT）的多路 CMOS 开关，由三个地址线（A_0、A_1、A_2）及使能端 EN 的状态来选择 8 个输入通道之一与输出端导通。AD7501 的真值表如表 4-1 所示。

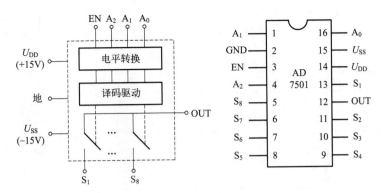

图 4-12　AD7501（AD7503）芯片内部结构及引脚功能

表 4-1　AD7501 真值表

A_2	A_1	A_0	EN	导通
0	0	0	1	1
0	0	1	1	2
0	1	0	1	3
0	1	1	1	4
1	0	0	1	5
1	0	1	1	6
1	1	0	1	7
1	1	1	1	8
×	×	×	0	无

对于 AD7503，除 EN 端的控制逻辑电平相反外，其他与 AD7501 的用法相同。

（2）AD7502

图 4-13 所示为 AD7502 芯片内部结构及引脚功能图，AD7502 采用 16 脚双列直插式封装，脚 14 和脚 15 分别接±15V 电源，脚 2（GND）接地，脚 12 为 1～4 输入通道的输出（OUT）端，脚 4 为 5～8 输入通道的输出（OUT）端。

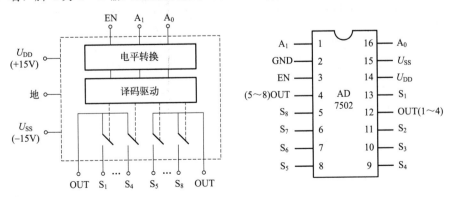

图 4-13　AD7502 芯片内部结构及引脚功能

AD7502 是一种双 4 通道多路开关芯片，依据两位进制地址线（A_0、A_1）及选通端（EN）的状态来选择 8 路输入的两路，分别与两个输出端相接通。表 4-2 是 AD7502 的真值表。

表 4-2　AD7502 真值表

A_1	A_0	EN	接通通道
0	0	1	1 和 5
0	1	1	2 和 6
1	0	1	3 和 7
1	1	1	4 和 8
×	×	0	无

值得注意的是，AD7501、AD7502、AD7503 芯片都是单向多到一的多路开关，即信号只允许从多个（8 个）输入端向一个输出端传送。

（3）CD4051

图 4-14 所示为 CD4051 芯片结构及引脚功能图。它采用 16 脚双列直插式封装。CD4051 为 8 通道单结构形式，允许双向使用，即可用于多到一的切换输出，也可用于一到多的输出切换。CD4051 由三根地址线 A、B、C 及控制线 $\overline{\text{INH}}$ 的状态来选择 8 路中的一路，$\overline{\text{INH}}=0$（低电平），芯片使能，其真值表如表 4-3 所示。

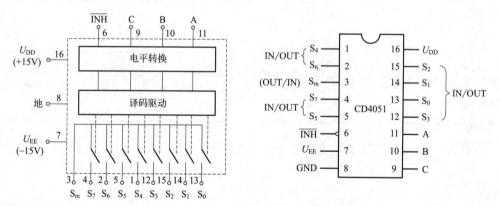

图 4-14　CD4051 芯片内部结构及引脚功能

表 4-3　CD4051 真值表

$\overline{\text{INH}}$	C	B	A	接通通道
0	0	0	0	S_0
0	0	0	1	S_1
0	0	1	0	S_2
0	0	1	1	S_3
0	1	0	0	S_4
0	1	0	1	S_5
0	1	1	0	S_6
0	1	1	1	S_7
1	×	×	×	无

（4）CD4052

图 4-15 所示为 CD4052 芯片内部结构及引脚功能图。CD4052 采用 16 脚双列直插式封装，为 4 通道双刀结构形式，因此可以同时驱动两个通道。另外，CD4052 允许双向使用，既可用于多到一的切换，也可用于一到多的切换。CD4052 由 2 根地址线 A、B 及控制线 $\overline{\text{INH}}$ 的状态来选择 4 组中的一组，$\overline{\text{INH}}=0$，芯片使能，其真值表如表 4-4 所示。

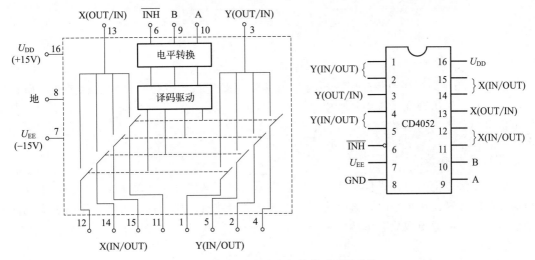

图 4-15　CD4052 芯片内部结构及引脚功能

表 4-4　CD4052 真值表

输入			接通通道	
$\overline{\text{INH}}$	A	B	X	Y
0	0	0	0	0
0	0	1	1	1
0	1	0	2	2
0	1	1	3	3
1	×	×	均不通	

4.4　多路开关接法设计

多路模拟开关将多路输入信号切换到公共采样/保持器或 A/D 转换器的方法主要有两种。

（1）单端接法

单端接法是把所有输入信号源的一端接至同一信号地，另一端各自接至多路开关的相应输入端，如图 4-16 所示。其中，图 4-16（a）的接法可最大限度地利用通道数，有较好的共模抑制能力。这种接法仅适用于所有输入信号均参考一个公共电位，而且各信号源均置于同样的噪声环境，否则会引入附加的差模干扰，所以应用范围较窄。

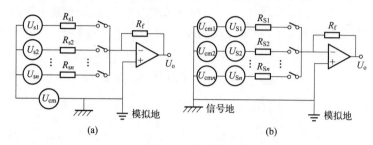

图 4-16　单端接法

图 4-16（b）的接法通常应用在所有输入信号相对于系统模拟公共地的测量上，而且信号电平显著大于出现在系统中的共模电压 U_{om}，此时系统的共模抑制能力基本未发挥，但系统可以得到最大的通道数。

（2）双端接法

双端接法是把所有输入信号源的两端各自分别接至多路开关的输入端，如图 4-17 所示。当信号源的信噪比比较小时，必须使用此法。这种接法抗共模干扰能力强，适用于采集低电平信号，但实际通道数只有单端接法的一半。

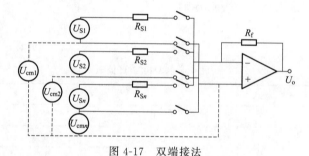

图 4-17　双端接法

4.5　多路模拟开关的应用

4.5.1　模拟通道扩展

在数据采集系统中，实际采样点可以多达几十个甚至几百个，而一片多路模拟开关的通道数最多是 8 路。因此，应对通道加以扩展，才能满足需要。通道数一般为 2^n 个，例如 $n=3$、4、5、6、7 时，通道数依次为 8、16、32、64、128。将多个多路开关加以组合，可构成较多个通道，但受接线电阻、漏电流、开关速度等诸多因素的限制，通道也不可能无限制地扩展。

以 CD4051 为例，扩展通道的方法有：

① 将 n 片 CD4051 加以组合，用门电路组成地址译码器，产生 n 个选址信号（相当于片选信号），分别接各片 CD4051 的片选端。

② 将 n 片 CD4051 加以组合，采用集成的地址译码器产生 n 个选址信号。

③ 将 n 片 CD4051 加以组合，另外使用一片 CD4051 完成地址译码功能。

图 4-18 是 32 路选 1 电路，从 0 到 31，共 32 个通道。图中使用 4 片 CD4051：$IC_0 \sim IC_3$，利用或门 $H_1 \sim H_4$ 和反相器 F_1、F_2，将原来的三位地址（A、B、C）扩展成五位地址（A、B、C、D、E）。高位地址 E 和 D 分别控制 $IC_0 \sim IC_3$ 的禁止端，逻辑关系是：

$$\overline{INH_0} = D + E$$

$$\overline{INH_1} = \overline{D} + E$$

$$\overline{INH_2} = D + \overline{E}$$

$$\overline{INH_3} = \overline{D} + \overline{E}$$

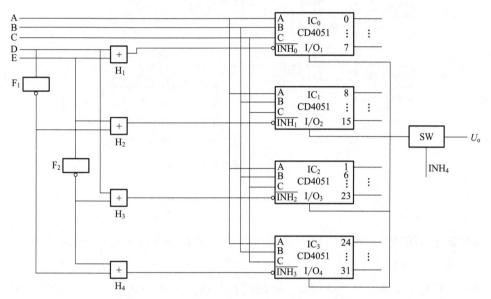

图 4-18　32 路单端输入时 CD4051 的连接方法

如表 4-5 所示，当 E 和 D 为低电平时，$\overline{INH_0} = 0$（低电平），而其他禁止端均为高电平，IC_0 就被选中，构成 0～7 通道。其余通道的情况可以类推。图中 SW 是外接模拟开关，利用它的禁止端 INH_4 作为总的输出控制端。

表 4-5　高位地址与禁止端的逻辑关系

E	D	$\overline{INH_0}$	$\overline{INH_1}$	$\overline{INH_2}$	$\overline{INH_3}$	选中的芯片	构成的通道
0	0	0	1	1	1	IC_0	0～7
0	1	1	0	1	1	IC_1	8～15
1	0	1	1	0	1	IC_2	16～23
1	1	1	1	1	0	IC_3	24～31

利用上述原理，还可以扩展成 64 通道、128 通道。

【例 4-5】设计一个数据采集传输通道，要求单端接法时能提供 32 条通道，双端接法时提供 16 条通道。

解　$D_0 \sim D_7$ 与 CPU 相连，$D_0 \sim D_2$ 分布作为多路开关的地址线 A、B 和 C，$D_3 \sim D_6$ 分布作为 $U_1 \sim U_4$ 的控制信号 $\overline{INH}$。

（1）单端接法

如果选用单端接法，可把图中短接柱 KA 的 1-2、3-4 短接，再把短接柱 KB 的 2-3、5-6 短接，则可以提供 32 路输入信号的通道（$CH_0 \sim CH_{31}$），如图 4-19 所示。

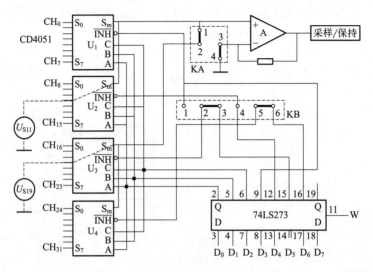

图 4-19　单端接法

（2）双端接法

如果选用双端输入，则可以输入 16 路信号，每路信号占两个端子开关，其中（$CH_0 \sim CH_{15}$）为信号正端 U_1^+。（$CH_{16} \sim CH_{31}$）为信号负端 U_1^-。为此可把短接柱 KA 的 2-3 短接，再把短接柱 KB 的 1-2、4-5 短接。此时控制字 D_3 的位作为 U_1 和 U_3 的控制信号 $\overline{INH}$，而 D_4 位作为 U_2 和 U_4 的控制信号 $\overline{INH}$。这样，就提供了 16 路双端输入信号的通路，如图 4-20 所示。

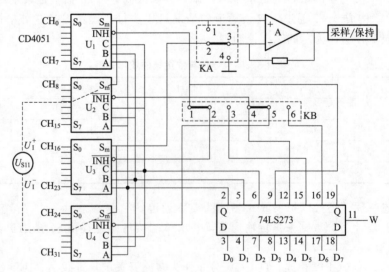

图 4-20　双端接法

4.5.2　组成增益可程控的测量放大器

　　AD620 芯片是测量放大器芯片，其 1、8 引脚间要跨接一个电阻 R_G 来调整放大倍数。可以运用多路开关芯片 CD4051 来选择跨接电阻 R_G 的大小，从而控制 AD620 芯片的测量放大倍。而多路开关 CD4051 芯片的选通可以利用 8031 单片机的 P1 口的 P1.0～P1.2 直接与 CD4051 的 C、B 和 A 引脚相接，从而达到片选通道的目的，可以简单通过 P1.3 直接控制 $\overline{\text{INH}}$ 并方便后期扩展，其电路连线图如图 4-21 所示。如果需要提高放大倍数的精度，需要考虑开关导通电阻的影响。

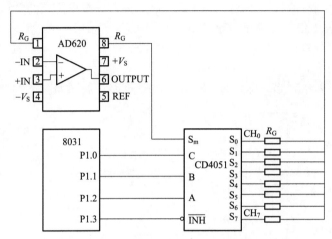

图 4-21　CD4051 与 8031 单片机组成程控测量放大器

4.5.3　组成增益可程控的运算放大器

　　由第 3 章信号调理电路中的测量放大器知识可知，为了实现同相运放放大器的增益程控，只需程控 R_1 或 R_2。同时也必须相应调节 R_3 的大小。

　　图 4-22 为 CD4052 多路开关组成的 4 种增益程控运算放大器，运放的增益通过改变电阻

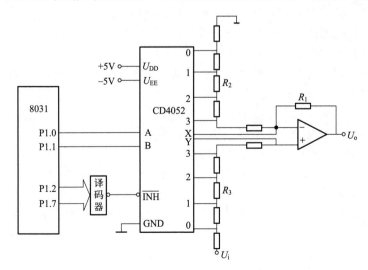

图 4-22　CD4052 与 8031 单片机组成程控运放增益

R_1 和 R_3 来实现。多路开关芯片的选通可以利用 8031 单片机 P1 口 P1.2～P1.7 端线输出代码经译码器进行，方便后期扩展，而 P1.0、P1.1 直接与多路开关芯片的 A、B 引脚相接，作为选通信号的通道。同样，如果需要提高放大倍数的精度，需要考虑开关导通电阻的影响。

4.5.4   数据采集系统应用案例

【例 4-6】某数据采集系统具有 16 路单端输入模拟通道。单个通道输入信号的频率不超过 200Hz，至少要用每个采样周期 10 个采样点的速度进行采样，请问：

① 多路开关的切换速率应是多少？

② 如果采用两个 CD4051 芯片来组成该多路开关，请画出简要的电路连线图。

解   ① 由于输入信号的频率不超过 200Hz，而每个采样周期至少要 10 个采样点，因此对每个通道的采样频率至少是：$200 \times 10 = 2000$（Hz）。由于采集系统具有 16 路通道，因此开关的切换速率至少为：$2000 \times 16 = 32000$（Hz）。

② 采用两个 CD4051 芯片来组成该多路开关，电路连线图如图 4-23 所示。

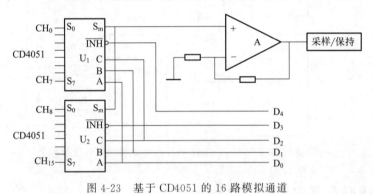

图 4-23   基于 CD4051 的 16 路模拟通道

习   题

1. 电子多路开关根据结构可分为哪三种类型？分别有什么特点？

2. 多路模拟开关的接通电阻 R_{ON} 比一般的电子开关更大还是更小？

3. 多路模拟开关的扩展方式有哪些？

4. 某数据采集系统具有 8 个模拟通道。各通道输入信号的频率可达 5kHz，而且至少要用每个采样周期 10 个采样点的速度进行采样，请问：

（1）多路开关的切换速率应是多少？

（2）可选用什么类型的多路开关？可以选用哪个型号的开关？

（3）基于选用的开关，设计通道接口电路。

5. 基于 AD620 测量放大器及 CD4051 多路模拟开关芯片，设计实现 16 种不同放大倍数的程控测量放大器设计。

6. 针对同相运算放大器电路，采用两片 CD4051 多路模拟开关芯片，设计实现 8 种放大倍数的程控放大器设计。

7. 基于 CD4052 多路模拟开关芯片，设计一个数据采集传输通道，要求单端接法时能提供 8 条通道，双端接法时提供 8 条通道。

第 5 章

模/数转换器

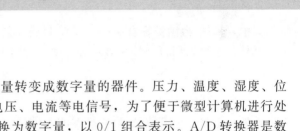

模/数转换器（A/D 转换器）是把模拟量转变成数字量的器件。压力、温度、湿度、位移、声音等非电信号经对应传感器转换成电压、电流等电信号，为了便于微型计算机进行处理，必须利用 A/D 转换器将这类电信号转换为数字量，以 0/1 组合表示。A/D 转换器是数据采集器件中不可缺少的部分，是数字电路和模拟电路的中间接口电路。因此，本章主要对 A/D 转换器进行讲解，包括 A/D 转换器的分类、A/D 转换器的主要性能参数、逐次逼近式 A/D 转换器、双斜积分式 A/D 转换器、8 位 A/D 转换器芯片 ADC0809、12 位 A/D 转换器芯片 AD574A、12 位串行 A/D 转换器芯片 ADS7822，以及 A/D 转换技术的讨论。

5.1 A/D 转换器的分类

根据工作原理的不同，A/D 转换器可以分为直接比较型和间接比较型。

（1）直接比较型

将输入的采样模拟量直接与基准电压相比较，得到可按数字编码的离散量，或者可以直接得到数字量。这类 A/D 转换器是瞬时比较，它的优点是转换速度较快，缺点是抗干扰能力差。直接比较型 A/D 转换器包括连续比较型、逐次逼近式等，其中最常用的是逐次逼近式 A/D 转换器。

（2）间接比较型

间接比较型 A/D 转换器输入的采样模拟量不是直接与基准电压比较，而是将二者都变成中间物理量再进行比较，然后将比较得到的时间或频率进行数字编码。由于间接比较是"先转换后比较"，因而形式更加多样，有双斜式、脉冲调宽型、积分型、三斜率型、自动校准积分型等。间接比较型 A/D 转换器的转换为平均值响应，抗干扰能力较强，但它的转换速度较慢。

5.2 A/D 转换器的主要性能参数

5.2.1 静态参数

（1）分辨率

分辨率是指 A/D 转换器能够区分的模拟量的最小变化值，定义如下：

$$分辨率 = \frac{FSR}{2^n} \tag{5-1}$$

式中，FSR 为满量程电压；n 为 A/D 转换器的位数。

另外，也可以用百分数来表示分辨率，此时的分辨率称为相对分辨率，定义如下：

$$相对分辨率 = \frac{分辨率}{FSR} = \frac{1}{2^n} \times 100\% \tag{5-2}$$

例如，如果一个 8 位 A/D 转换器的满量程为 5V，则该 A/D 转换器的分辨率为 $\frac{FSR}{2^n} = \frac{5}{2^8} = 19.5\,(mV)$，它的相对分辨率为 $\frac{1}{2^8} \times 100\% = 0.391\%$。

A/D 转换器的位数 n 一般有 8 位、10 位、12 位、14 位、16 位等，假设满量程为 10V，A/D 转换器的分辨率与位数之间的关系如表 5-1 所示。

表 5-1   A/D 转换器分辨率与位数之间的关系（满量程电压为 10V）

位数	级数	相对分辨率(1LSB)	分辨率(1LSB)
8	256	0.3910%	39.1mV
10	1024	0.0977%	9.77mV
12	4096	0.0244%	2.44mV
14	16384	0.0061%	0.61mV
16	65536	0.0015%	0.15mV

由表 5-1 可以看出，分辨率的高低取决于 A/D 转换器位数的多少。因此，目前一般都简单地用 A/D 转换器的位数 n 来间接表示分辨率。

（2）转换速率和转换时间

转换速率是指能够重复进行数据转换的速度，即每秒钟转换的次数。

转换时间是指 A/D 转换器由模拟量输入到转换输出稳定为止所需的时间。积分型 A/D 转换器的转换时间是毫秒级，属于低速 A/D 转换器；逐次逼近式 A/D 转换器的转换时间是微秒级，属于中速 A/D 转换器；全并行或串并行型 A/D 转换器的转换时间可达到纳秒级，属于高速 A/D 转换器。

采样时间则是另外一个概念，是指两次转换的间隔。为了保证转换的正确完成，采样速率必须小于或等于转换速率。因此也可以将转换速率在数值上等同于采样速率。采样速率常用单位是 ksps 和 Msps，表示每秒采样千/百万次。

（3）转换精度

转换精度是指 A/D 转换器的实际输出与理论值之间的误差，可分为绝对精度和相对精度。

① 绝对精度是指对应于 A/D 转换器的输出电压与理论值之差。绝对精度由增益误差、非线性误差和偏移误差等因素决定。

② 相对精度是指绝对精度与满量程电压值之比的百分数。

（4）量程

量程是指 A/D 转换器所能转换模拟信号的电压范围，如 $0\sim5\text{V}$、$-5\sim+5\text{V}$、$0\sim10\text{V}$、$-10\sim+10\text{V}$ 等。

（5）量化误差

量化误差是指由 A/D 转换器有限分辨率而引起的误差，即有限分辨率 A/D 转换器的阶梯状转移特性曲线与无限分辨率 A/D（理想 A/D）转换器的转移特性曲线之间的最大偏差。通常是 1 个或半个最小数字量的模拟变化量，表示为 1LSB、$\dfrac{1}{2}$LSB。

（6）偏移误差

输入信号为零时输出信号不为零的值，可外接电位器调至最小，由于偏移电压的存在，A/D 转换器的传输特性曲线在横轴方向有一个相应的位移，如图 5-1(a) 所示，而误差特性曲线则有一个纵向位移，如图 5-1(b) 所示。在一定温度下，偏移电压可以通过外电路予以抵消。但当温度变化时，偏移电压又将出现，这主要是输入失调电压及温漂造成的。一般来说，当温度变化范围很大时，要补偿这一误差是困难的。

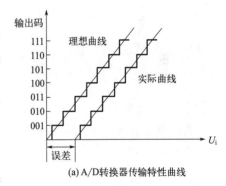

(a) A/D转换器传输特性曲线

（7）增益误差

增益误差是指满度输出时对应的输入信号与理想输入信号值之差，它使传输特性曲线绕坐标原点偏离理想特性曲线一定的角度，如图 5-2 所示。增益误差一般用满量程电压的百分数表示。A/D 转换器的理想传输函数的关系式为：

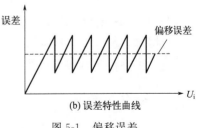

(b) 误差特性曲线

图 5-1　偏移误差

$$U_n = U_{\text{REF}}(a_1 2^{-1} + a_2 2^{-2} + \cdots + a_n 2^{-n}) \tag{5-3}$$

式中，U_n 为没有量化误差时的标准模拟电压。由于存在增益误差，该式将变为：

$$U_n = K U_{\text{REF}}(a_1 2^{-1} + a_2 2^{-2} + \cdots + a_n 2^{-n}) \tag{5-4}$$

式中，K 为增益误差因子。当 $K=1$ 时，没有增益误差；当 $K>1$ 时，传输特性的台阶变窄，在输入模拟信号达到满量程值之前，数字输出就已饱和（即全"1"状态）；当 $K<1$ 时，传输特性台阶变宽，当模拟输入信号已超满量程时，数字输出还未达到全"1"状态输出。

在一定温度下，可通过外部电路的调整使 $K=1$，从而消除增益误差。但当温度变化时，增益误差又将出现。

（8）线性误差

线性误差是指在没有增益误差和偏移误差的条件下，实际传输特性曲线与理想特性曲线之差，如图 5-3 所示。线性误差通常不大于 $\pm\frac{1}{2}$LSB。因为线性误差是由 A/D 转换器特性随模拟输入信号幅值变化而引起的，因此线性误差是不能进行补偿的。（线性误差不包括量化误差、偏移误差和增益误差）

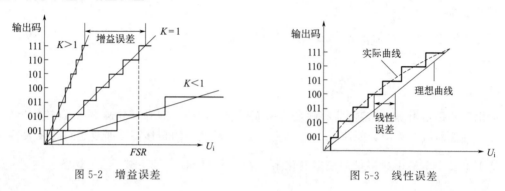

图 5-2　增益误差　　　　　　　　　图 5-3　线性误差

（9）输出电平

输出电平多数是与 TTL 电平配合。在考虑数字量输出与计算机数据总线的连接时，应注意是否要用三态逻辑输出、是否要对数据进行锁存。

（10）工作温度

工作温度会对运算放大器和电阻网络产生影响，只有温度在规定范围内，才能保证额定的精度指标。较合适的转换器工作温度为 $-40\sim+85℃$，一般为 $0\sim+70℃$。

（11）绝对误差

某些 A/D 转换器还定义了绝对误差，它是失调误差、增益误差和积分非线性误差的总和。也可以这样阐述，它是未进行增益或失调误差补偿时，实际 A/D 转换器传递函数与理想线性传递函数之间的偏差。因此，绝对误差也称为未经调整的总误差。

5.2.2　动态参数

（1）信噪比

信噪比 SNR 是信号功率和总噪声功率（包括量化噪声、热噪声、白噪声等电路噪声）之比。信噪比的噪声功率是针对整个奈奎斯特采样区间内的噪声，其在第二奈奎斯特区间内略有下降，但是整体几乎是恒定不变的。信噪比受到采样频率 f_s、ADC 量化位数 N 和输入信号幅值的影响，与输入信号的幅值成比例关系，因此 SNR 计算公式如式（5-5）所示，提高 ADC 的采样频率、增加 ADC 的量化位数可以有效提高信噪比。在实际使用中信号有

效带宽往往小于 $f_s/2$，因此如果在后级采用数字滤波器滤去带宽外噪声，这样可以提高信噪比。

$$SNR = 6.02N + 1.76\text{dB} + 10\lg\left(\frac{f_s}{2B_w}\right) \tag{5-5}$$

式中，B_w 为实际目标信号占用的带宽。

（2）信纳比

通过计算输入信号的均方根（信号功率）与在 FFT 分析中除直流分量外的所有噪声和失真分量的平方和根值（噪声功率及失真功率）之间的比值来得到信纳比（$SINAD$），即 $SINAD = (S + N + D)/(D + N)$，其中 S 是信号功率，N 是噪声功率，D 是失真功率。$SINAD$ 值是一个特别有用的性能指标，因为它包含了 A/D 转换器引入的所有噪声、谐波失真所产生的影响。

（3）有效位数

有效位数（$ENOB$）是模/数转换器综合性的动态指标，其受到模/数转换器的输入信号的频率、带宽、幅值、噪声、谐波失真等的影响。常常利用理想 ADC 的信纳比计算，如式（5-6）所示：

$$ENOB = \frac{SINAD - 1.76\text{dB}}{6.02} \tag{5-6}$$

（4）总谐波失真

总谐波失真加噪声（$THD + N$）是转换器产生的各次谐波和噪声有效值的均方根与接近满量程的正弦输入信号的均方根之间的比值。$THD + N$ 不一定包含 FFT 分析中的所有数据。对于一个有效的 $THD + N$ 的值，必须指定噪声带宽。如果噪声带宽占用了转换器的整个可用带宽（$0 \sim f_s/2$），那么 $THD + N$ 测量值就与 $SINAD$ 具有相同的结果。

（5）无杂散动态范围

对于输出数字信号来说，ADC 的动态范围是由分辨率决定的。最小的非零输出值为 1，最大的输出值为 $2^N - 1$，其中 N 为生成数字的比特数。无杂散动态范围（$SFDR$）是衡量 A/D 和 D/A 数据转换器（ADC/DAC）模拟信号的指标，表示在杂散分量干扰基本信号或导致基本信号失真之前可用的动态范围。这个范围越大，说明 ADC 的动态性能越好，也就是说转换越接近线性。一般来说，$SFDR$ 的值会远大于 $SINAD$，而当趋于理想情况时 $SINAD \approx SNR$，用公式表示为：

$$SFDR_{\text{dBc}} = 20\lg\frac{\text{基本信号幅度（RMS）}}{\text{最大杂散幅度（RMS）}} \tag{5-7}$$

（6）ADC 动态范围

ADC 动态范围与其有效位数有关，ADC 最小能够表示的数是 1，最大可以表示的数是 2^n，n 为 ADC 有效位数，动态范围为 $20\lg$（最大的数/最小的数），例如对于一个 16 位 ADC 而言，$20\lg(2^{16}/1) = 96.33\text{dB}$，但是通常有效位数都是小于 16bit，如 TI 的 16 位 ADC ADS54J60，在不同输入频率和功率下有效位数不同，实际使用时需要根据有效位数计算动态范围。

5.3 逐次逼近式 A/D 转换器

5.3.1 工作原理

逐次逼近型 A/D 转换器的结构如图 5-4 所示。它主要由逐次逼近型寄存器 SAR、D/A 转换器、比较器、基准电源、时序与逻辑电路等部分组成。

设定在 SAR 中的数字量经 D/A 转换器转换成跃增反馈电压 U_f，SAR 顺次逐位加码控制 U_f 的变化，U_f 与等待转换的模拟量 U_i 进行比较，大则弃，小则留，逐渐累积，逐次逼近，最终留在 SAR 的数据寄存器中的数码作为数字量输出。

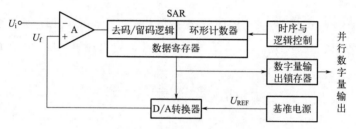

图 5-4　逐次逼近式 A/D 转换器结构图

5.3.2 工作过程

下面举例讨论逐次逼近式 A/D 转换器的工作过程。设逐次逼近型寄存器 SAR 是 8 位的，基准电压 $U_{REF} = 10.24V$，模拟量电压 $U_i = 8.3V$，转换成二进制数码。其工作过程如下。

① 转换开始之前，先将逐次逼近型寄存器 SAR 清零。

② 转换开始，第一个时钟脉冲到来时，SAR 的状态置为 10000000，经 D/A 转换器转换成相应的反馈电压 $U_f = \frac{1}{2}U_{REF} = 5.12V$，反馈到比较器与 U_i 比较。之后，去码/留码逻辑电路对比较结果作出去留码的判断与操作。因为 $U_i > U_f$，说明此位置"1"是对的，予以保留。

③ 第二个时钟脉冲到来时，SAR 次高位置"1"，建立 11000000，经过 D/A 转换器产生反馈电压 $U_f = 5.12 + \frac{10.24}{2^2} = 7.68(V)$，因 $U_i > U_f$，故保留此位"1"。

④ 第三个时钟脉冲到来时，SAR 状态置为 11100000 码，经 D/A 转换器产生反馈电压 $U_f = 7.68 + \frac{10.24}{2^3} = 8.96（V）$，因 $U_i < U_f$，SAR 此位应置"0"，即 SAR 状态改为 11000000。

⑤ 第四个时钟脉冲到来时 SAR 状态又置为 11010000……

如此，由高位到低位逐位比较逼近，一直到最低位完成时为止。逼近过程的时序如

图 5-5 所示，可以看到反馈电压 U_f 一次比一次逼近 U_i，经过 8 次比较之后，SAR 的数据寄存器中所建立的数码 11001111 即为转换结果，此数码对应的反馈电压 $U_f=8.28\text{V}$，它与输入的模拟电压 $U_i=8.30\text{V}$ 相差 0.02V，不过两者的差值已小于 1LSB 所对应的量化电压 0.04V。逐次逼近式 A/D 转换器的转换结果通过数字量输出锁存器并行输出。

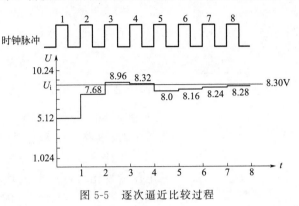

图 5-5　逐次逼近比较过程

注意：

① 这种 A/D 转换器对输入信号上叠加的噪声电压十分敏感，在实际应用中，通常需要对输入的模拟信号先进行滤波，然后才能输入 A/D 转换器。

② 这种转换器在转换过程中，只能根据本次比较的结果对该位数据进行修正，而对以前的各位数据不能变更。为避免输入信号在转换过程中不断变化，造成错误的逼近，这种 A/D 转换器必须配合采样/保持器使用。

5.4　双斜积分式 A/D 转换器

5.4.1　工作原理

双斜积分式 A/D 转换器是一种间接比较型 A/D 转换器，其结构如图 5-6 所示。它主要由积分器、电压比较器、计数器、时钟发生器和控制逻辑等部分组成。

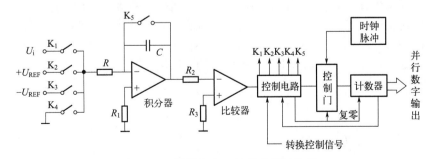

图 5-6　双斜积分式 A/D 转换器结构图

首先利用两次积分将输入的模拟电压转换成脉冲宽度，然后再以数字测时的方法，将此脉冲宽度转换成数码输出。

5.4.2　工作过程

（1）预备阶段

开始工作前，控制电路令开关 K_4 和开关 K_5 闭合，使电容 C 放掉电荷，积分器输出为零，同时使计数器复零。

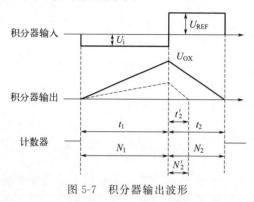

（2）采样阶段

控制电路将开关 K_1 接通，模拟信号 U_i 接入 A/D 电路，被积分器积分，同时打开控制门，让计数器计数。当被采样信号电压为直流电压或变化缓慢的电压时，积分器将输出斜变电压，其方向取决于 U_i 的极性，这里 U_i 为负，则积分器输出波形是向上斜变的，如图 5-7 所示。经过一个固定时间 t_1 后，计数器达到其满量限 N_1 值，计数器复零而送出一个溢出脉冲。

图 5-7　积分器输出波形

此溢出脉冲使控制电路发出信号，将 K_2 接通，接入基准电压 $+U_{REF}$（若 U_i 为正，则接通 K_3），至此采样阶段结束。

当 $t = t_1$ 时，积分器输出电压为 $U_{OX} = \dfrac{1}{RC}\displaystyle\int_0^{t_1} U_i \mathrm{d}t$ $\qquad$ (5-8)

U_i 在 t_1 期间的平均值为 $\qquad \overline{U}_i = \dfrac{1}{t_1}\displaystyle\int_0^{t_1} U_i \mathrm{d}t$ $\qquad$ (5-9)

所以 $\qquad\qquad\qquad\qquad U_{OX} = -\dfrac{t_1}{RC}\overline{U}_i$ $\qquad$ (5-10)

（3）编码阶段

当开关 K_2 接通（模拟开关总是接向与 U_i 极性相反的基准电压），$+U_{REF}$ 接入电路，积分器向相反方向积分，即积分器输出由原来的 U_{OX} 向零电平方向斜变，斜率恒定，如图 5-7 所示。与此同时，计数器又从零开始计数。当积分器输出电平为零时，比较器有信号输出，控制电路收到比较器信号后发出关门信号，积分器停止积分，计数器停止计数，并发出记忆指令，将此阶段计得数字 N_2 记忆下来并输出。这一阶段被积分的电压是固定的基准电压 U_{REF}，所以积分器输出电压的斜率不变，与所计数字 N_2 对应的 t_2 称为反向积分时间。这个阶段常称定值积分阶段，定值积分结束时得到的数字 N_2 便是转换结果，积分器最终输出为：

$$-\frac{t_1}{RC}\overline{U}_i + \frac{1}{RC}\int_0^{t_2} U_{REF}\mathrm{d}t = 0 \qquad (5\text{-}11)$$

由于 U_{REF} 为常数，因此：

$$\frac{t_1}{RC}\overline{U}_i = \frac{t_2}{RC}U_{REF} \qquad (5\text{-}12)$$

$$\overline{U}_i = \frac{t_2}{t_1}U_{REF} \qquad (5\text{-}13)$$

或 $$t_2 = \frac{t_1}{U_{\text{REF}}}\overline{U}_i \tag{5-14}$$

式（5-14）表明，反向积分时间 t_2 与模拟电压的平均值 $\overline{U}_i$ 成正比。

使用周期为 T_C 的时钟脉冲计数来测量 t_1 和 t_2，由计数器按一定码制计得脉冲个数 N_1 和 N_2，则：

$$N_2 T_C = \frac{N_1 T_C}{U_{\text{REF}}}\overline{U}_i \tag{5-15}$$

$$N_2 = \frac{N_1}{U_{\text{REF}}}\overline{U}_i \tag{5-16}$$

此式表明，计数器输出的数字 N_2 正比于采样模拟信号电压的平均值 $\overline{U}_i$。

双斜积分转换本质上是积分过程，故是平均值转换，转换结果与输入信号的平均值成正比，因而对叠加在输入信号上的交流干扰有良好的抑制作用。由于在转换过程中的两次积分中使用了同一积分器，又使用同一时钟去测定 t_1 和 t_2，因此对积分器的精度和时钟的稳定性等指标都要求不高，使成本降低。

双斜积分转换速度较慢，一般不高于 20 次/s。同时，积分器和比较器的失调偏移不能在两次积分中抵消，会造成较大的转换误差。对采样模拟信号而言，双斜积分式 A/D 转换器是断续工作的。

目前，A/D 转换器已做成单片集成电路芯片。A/D 转换器的品种很多，既有转换速度快慢之分，又有位数为 8、10、12、14、16 位之分。限于篇幅，下面仅介绍三种常用的 A/D 转换器，即芯片 ADC0809、AD574A 和 ADS7822，读者只要掌握这三种芯片的特性和引脚功能，就能正确地使用市面上的大多数产品。

5.5　8 位 A/D 转换器芯片 ADC0809

5.5.1　芯片简介

（1）特点

ADC0809 A/D 转换器芯片如图 5-8 所示。

ADC0809 为逐次逼近式 A/D 转换器，它具有 8 个模拟量输入通道，允许 8 路模拟量分时输入。它能与微型计算机的大部分总线

图 5-8　ADC0809 芯片

兼容，可在程序的控制下选择 8 个模拟量输入通道之一进行 A/D 转换，然后把得到的 8 位二进制数据送到微机的数据总线，供 CPU 进行处理。

（2）芯片结构组成

ADC0809 内部结构如图 5-9 所示，它包括转换器、多路开关、三态输出数据锁存器等部分。各部分的作用如下。

① 转换器是 ADC0809 的核心部分，它由 D/A 转换、逐次逼近型寄存器（SAR）、比较器等部分组成。其中，D/A 转换电路采用了 $256R$ T 形电阻网络（即 2^n 个电阻分压器，此

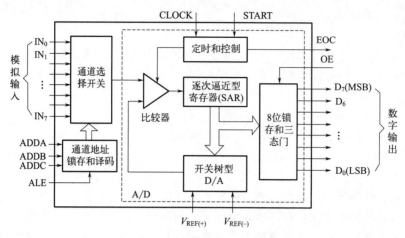

图 5-9　ADC0809 内部结构框图

处 $n=8$）。它在启动脉冲的上升沿被复位，在启动脉冲的下降沿开始 A/D 转换。如果在转换过程中接收到新的启动转换脉冲，则中止转换。转换结束信号 EOC 在 A/D 转换完成时为"1"。

② 比较器用斩波比较式，把直流输入信号转换成交流信号，经高增益交流放大器放大后，再恢复为直流电平，这样大大降低了放大器的漂移，提高了整个 A/D 转换器的精度。

③ 多路开关包括一个 8 通道单端（单极性）模拟输入多路开关和地址译码器，用 3 位地址码，经锁存器与译码器后，去控制选通某一输入通道，如表 5-2 所示。当地址锁存允许信号 ALE 的上升沿到来时，地址信号被锁入译码器内。

④ 三态输出锁存由允许输出信号 OE 控制，当 OE=1 时，数据输出线 $D_0 \sim D_7$ 脱离高阻态，A/D 转换结果被送到微机总线。

表 5-2　模拟量输入通道与地址码对应关系

模拟量输入通道	通道地址码		
	ADDC	ADDB	ADDA
IN_0	0	0	0
IN_1	0	0	1
IN_2	0	1	0
IN_3	0	1	1
IN_4	1	0	0
IN_5	1	0	1
IN_6	1	1	0
IN_7	1	1	1

（3）芯片引脚功能

ADC0809 采用 28 脚双列直插式封装，引脚布置如图 5-10 所示，芯片引脚说明：

① $IN_0 \sim IN_7$：模拟电压输入端，可分别接 8 路单端（单极性）模拟量电压信号。

② $V_{REF(+)}$、$V_{REF(-)}$：基准电压的正极和负极，一般对应 5V 和地。

③ ADDA、ADDB、ADDC：模拟量输入通道地址选择线，通道号与选择线关系见表 5-2。

④ ALE：地址锁存允许输入信号，低电平向高电平的正跳变有效，此时锁存上述地址选择线状态，从而选通相应的模拟信号输入通道，以便进行 A/D 转换。

⑤ START：启动转换输入信号。为了启动 A/D 转换过程，应在此引脚施加一个正脉冲的上升沿将所有内部寄存器清零，在其下降沿开始 A/D 转换过程。

⑥ EOC：转换完毕输出信号，高电平有效。在 START 信号上升沿之后 8 个时钟脉冲周期内，EOC 变为低电平。当转换结束，所得到的数字代码可以被 CPU 读出时，EOC 变成高电平。当此类 A/D 转换器用于与微型计算机接口时，EOC 可用来申请中断。

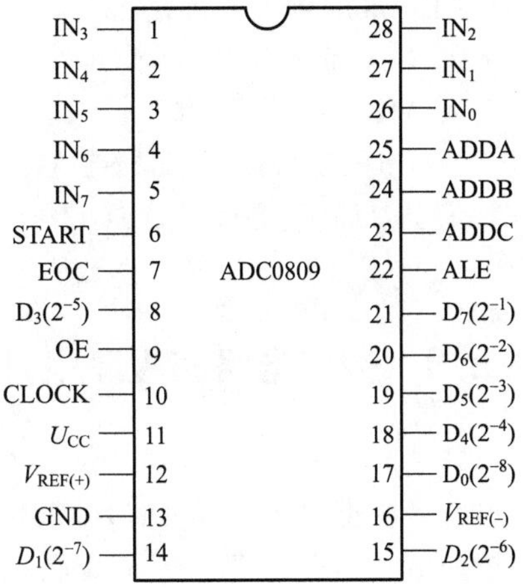

⑦ OE：允许输出信号（输入，高电平有效），它为有效时，将输出寄存器中的数字代码放到数据总线上，供 CPU 读取。

⑧ CLOCK：时钟输入信号。时钟频率决定了转换速度，一般不高于 640kHz。

⑨ $D_7 \sim D_0$：数字量输出。D_7 为最高位，D_0 为最低位。

图 5-10　ADC0809 芯片引脚布置

5.5.2　工作原理

ADC0809 工作时序如图 5-11 所示，通道锁存信号 ALE 的上升沿将 ADDA、ADDB、ADDC 引脚提供的通道地址锁存起来，以便对选定通道的模拟量进行 A/D 转换。

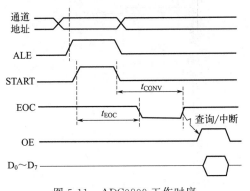

图 5-11　ADC0809 工作时序

启动信号 START 的前沿和后沿，与 ADC0809 最重要的两个时间有关。

① t_{EOC}：从 START 的上升沿起，到 EOC 下降沿止的时间。t_{EOC} 与工作时钟（周期为 T_K）有关，即 $t_{EOC} \leqslant 8T_K + 2\mu s$。

当时钟为 500kHz 时，$T_K = 2\mu s$，$t_{EOC} \leqslant 18\mu s$。

当时钟为 640kHz 时，$T_K = 1.56\mu s$，$t_{EOC} \leqslant 14.5\mu s$。

② t_{CONV}：从 START 的下降沿起，到 EOC 上升沿止的时间，是 ADC0809 的转换时间。

当时钟为 500kHz 时，t_{CONV} 大约为 $128\mu s$；当时钟为 640kHz 时，t_{CONV} 大约为 $100\mu s$。

实际应用时，将 ALE 和 START 两引脚合并，由微机写信号和 ADC0809 的端口地址组合后给出，写信号的脉宽完全满足 ADC0809 对 ALE 和 START 脉宽的要求。

t_{CONV} 这段时间之所以重要，是因为它决定了 ADC0809 完成 A/D 转换的时间。微机启动 ADC0809 后，可以测试 EOC 是否由低变高，若是则完成了 A/D 转换。也可以用反相后的 EOC 由高变低作为边沿触发，向微机的外部中断端口发出中断请求。在通过查询或中断确认 A/D 转换完成后，就可以用读命令选通 OE，从 ADC0809 读取数字量。

t_{EOC} 这段时间之所以重要，是因为它提醒采用查询方式读转换结果的用户注意：在启动 ADC0809 之后，必须等 t_{EOC} 时间过后，EOC 才能由高变低。此后查询 EOC 由低变高才是正确的转换结果。

ADC0809 的操作过程如下：

① 首先通过 ALE 和 ADDA、ADDB、ADDC 地址信号线把要选通的模拟量输入通道地址送入 ADC0809 并锁存。

② 发送 A/D 启动信号 START，脉冲上升沿复位，在启动脉冲下降沿开始转换。

③ A/D 转换完成后，EOC＝1，可利用这一信号向 CPU 请求中断，或在查询方式下待 CPU 查询 EOC＝1 后进行读数服务。CPU 通过发出 OE 信号读取 A/D 转换结果。

5.5.3　接口电路和程序设计

各种内含三态缓冲器的 A/D 转换器（如 ADC0809、AD574A）在与微机连接时，数据输出端可以直接连到微机的数据总线上，其接口设计仅考虑产生 A/D 转换所需的控制信号和选通信号。现介绍 8 位 A/D 转换器 ADC0809 与微机的接口设计情况。

ADC0809 芯片内含三态输出缓冲器，且片外有三态缓冲器控制端 OE，它的输出端可以直接接到微机的数据总线上，只需解决通道选择、启动转换和输出允许的控制信号即可。ADC0809 对输入模拟量要求：信号单极性，电压范围是 0～5V，若信号太小，必须进行放大；输入的模拟量在转换过程中应该保持不变，如若模拟量变化太快，则需在输入前增加采样保持电路，即采集模拟输入电压在某一时刻的瞬时值，并在 A/D 转换期间保持输出电压不变，以供模数转换。

下面介绍 ADC0809 与单片机 8031 的接口。ADC0809 与 8031 单片机的接口电路如图 5-12 所示。

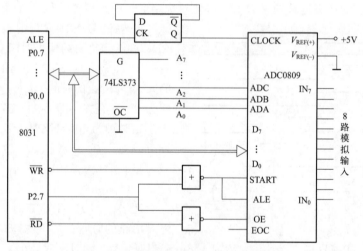

图 5-12　ADC0809 与 8031 的接口电路

由于 ADC0809 片内无时钟，可利用 8031 的 ALE 信号经 D 触发器 2 分频后，提供给 ADC0809 的时钟信号 CLOCK 端，ALE 信号频率为 8031 时钟频率的 1/6，若 8031 时钟频率为 6MHz，则 ALE 脚的输出频率为 1MHz，再 2 分频后，ADC0809 的时钟频率为 500kHz，恰好符合 ADC0809 对时钟频率的要求。

ADC0809 的 8 路模拟通道选择信号由 8031 的数据/地址复用线 P0.0～P0.2 提供。P2.7 作为 ADC0809 的片选信号。$\overline{WR}$ 和 P2.7 一起控制 ADC0809 通道地址锁存和转换启动。$\overline{RD}$ 和 P2.7 一起控制 ADC0809 的三态输出缓冲器。

在读取转换结果时，如果采用软件延时法，则 ADC0809 的转换结束信号 EOC 输出端可悬空；如果采用查询法，EOC 需接 8031 的 I/O 口。当 8031 通过 I/O 口读得 EOC 有效时，便读取转换结果；如果采用中断法，则 EOC 反向接到 8031 的 $\overline{INT_0}$（P3.2）或 $\overline{INT_1}$（P3.3）引脚即可。

【例 5-1】对 8 路模拟输入通道轮流采样一次，采用软件延时法读取转换结果，并依次把转换结果存入片内数据存储区。

解 程序清单如下：

```
        ORG       4000H
START:  MOV R1, #DATA      ；置数据区首地址
        MOV DPTR, #7FF8H   ；指向 0 通道
        MOV R7, #08H       ；设置采样通道数
LOOP:   MOVX @DPTR, A      ；锁存地址并启动 A/D 转换
        MOV R6, #0AH       ；软件延时，等待转换结束
DELAY:  NOP
        NOP
        NOP
        DJNZ R6, DELAY     ；若 R6-1≠0，循环延时
        MOVX A, @DPTR      ；读取转换结果
        MOV @R1, A         ；转换结果存入数据区
        INC DPTR           ；指向下一个通道
        INC R1             ；数据区指针地址加 1
        DJNZ R7, LOOP      ；8 个通道全部采样完毕？未完，继续
```

另外，只需将图 5-12 中 ADC0809 的 EOC 端经过一非门连接到 8031 的 $\overline{INT_1}$ 脚，即可构成 ADC0809 与 8031 的中断方式接口电路。采用中断方式可大大节省 CPU 的时间，当转换结束时，EOC 发出一脉冲向单片机提出中断请求。单片机响应中断请求，并执行外部中断 1 的中断服务程序读 A/D 转换结果，同时启动 ADC0809 的下一次转换。外部中断 1 采用边沿触发方式。

程序如下：

```
INTI:   SETB IT1              ；外部中断 1 初始化编程
        SETB EA
        SETB EX1
        MOV  DPTR, #7EF8H     ；启动 ADC0809 对 IN0 通道进行转换
        MOV  A, #00H
        MOVX @DPTR, A
            ⋮
```

中断服务程序：

```
PINT1:  MOV DPTR, #O7FF8H     ；读 A/D 转换结果
        MOV A, @DPTR
        MOV  30H              ；将转换结果送入内存单元 30H
        MOV A, #00H
        MOV @DPTR, A
        RET1
```

5.6　12 位 A/D 转换器芯片 AD574A

5.6.1　芯片简介

（1）特点

AD574A A/D 转换器芯片如图 5-13 所示。AD574A 为逐次逼近式 A/D 转换器。它的突出特点是芯片内部包含微机接口逻辑和三输出缓冲器，可以直接与 8 位、12 位或 16 位微处理器的数据总线相连。读写及转换命令由控制总线提供，输出可以是 12 位一次读出或分两次读出：先读高 8 位，再读低 4 位。输入电压可有单极性和双极性两种。对外可提供一个＋10V 基准电压，最大输出电流 1.5mA。该芯片有较宽的温度使用范围。

图 5-13　AD574A 芯片

（2）芯片内部结构

AD574A 内部结构如图 5-14 所示，它由模拟芯片和数字芯片两部分组成，除了包含 D/A 转换器（12 位）、逐次逼近型寄存器 SAR、比较器等基本结构外，还有时钟、控制逻辑、基准电压和三态输出缓冲器等部分。

由于芯片内部的比较器输入回路接有可改变量程的电阻（5kΩ 或者 5kΩ＋5kΩ）和双极型输入偏置电阻（10kΩ），因此，AD574A 的输入模拟电压量程范围有 0～＋10V、0～＋20V、－5～＋5V、－10～＋10V。

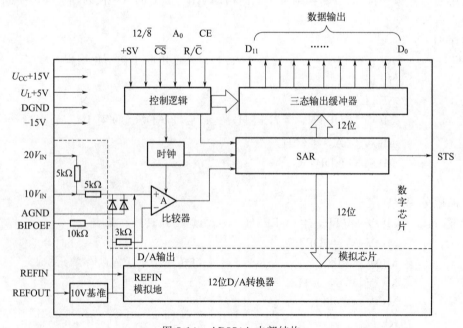

图 5-14　AD574A 内部结构

片内有输出三态缓冲器,所以输出数据可以是 12 位一起读出,也可以分先高 8 位、后低 4 位两次读出。

(3) 芯片引脚功能

AD574A 采用 28 脚双列直插式封装,其引脚布置如图 5-15 所示。

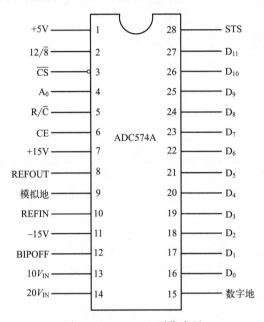

图 5-15　AD574A 引脚布置

芯片引脚功能如下。

① $D_0 \sim D_{11}$:12 位数据输出。

② $12/\overline{8}$:数据模式选择,此线输入信号为 "1" 时,12 条输出线均有效;此线输入信号为 "0" 时,12 位分成高 8 位和低 4 位两次输出。

③ A_0:字节地址/短周期。在读数状态,如果 $12/\overline{8}$ 为低电平,当 $A_0=0$ 时,则输出高 8 位数;当 $A_0=1$ 时,则输出低 4 位数,禁止高 8 位输出;如果 $12/\overline{8}$ 为高电平,则 A_0 的状态不起作用。A_0 的另一功能是控制转换周期,在转换状态,当 $A_0=0$ 时,产生 12 位转换,转换周期为 $25\mu s$;当 $A_0=1$ 时,产生 8 位转换,转换周期为 $16\mu s$。

④ $\overline{CS}$:芯片选择。当 $\overline{CS}=0$ 时,芯片被选中。

⑤ $R/\overline{C}$:读/转换信号。当 $R/\overline{C}=1$ 时,允许读取 A/D 转换结果;当 $R/\overline{C}=0$ 时,允许启动 A/D 转换。

⑥ CE:芯片允许。CE=1 允许转换或读 A/D 转换结果,从此端输入启动脉冲。

⑦ STS:状态信号。STS=1 时,表示正在 A/D 转换;STS=0 时,表示转换完成。

⑧ REFOUT:基准电压输出。芯片内部基准电压源为 $10V\pm1\%$。

⑨ REFIN:基准电压输入。如果 REFOUT 通过电阻接至 REFIN,则可用来调量程。

⑩ BIPOFF:双极性补偿。若输入模拟信号为双极性($-5 \sim +5V$ 或 $-10 \sim +10V$)则要同时使用此脚;此脚还可用于调零点。

⑪ $10V_{IN}$:10V 量程输入端。

⑫ $20V_{IN}$:20V 量程输入端。

上述 CE、$\overline{\text{CS}}$、R/$\overline{\text{C}}$、12/$\overline{8}$、A_0 和 STS 是 AD574A 与微处理器连接时的主要接口信号线。CE、$\overline{\text{CS}}$、R/$\overline{\text{C}}$、12/$\overline{8}$、A_0 五个控制信号组合的作用如表 5-3 所示。

表 5-3　AD574A 控制信号组合的作用

CE	$\overline{\text{CS}}$	R/$\overline{\text{C}}$	12/$\overline{8}$	A_0	工作状态
0	*	*	*	*	不工作
*	1	*	*	*	不工作
1	0	0	*	0	启动 12 位转换
1	0	0	*	1	启动 8 位转换
1	0	1	接+5V	*	并行输出 12 位数字
1	0	1	接地	0	并行输出高 8 位位数字
1	0	1	接地	1	并行输出低 4 位数字

5.6.2　工作原理

AD574A 的工作控制主要由控制信号 CE、$\overline{\text{CS}}$、R/$\overline{\text{C}}$、12/$\overline{8}$、A_0 完成。AD574A 工作于两种不同的状态：一种是 A/D 转换过程；另一种是数据读出过程。转换过程的控制主要是转换的启动过程，启动过程完成后，控制信号在转换过程中无效。而控制过程分为转换启动过程和数据读过程。两个工作过程的时序及有关参数在下面分别讨论。

（1）启动转换过程

由图 5-16 可见，在 CE 上升沿之前，先有 $\overline{\text{CS}}$=0 和 R/$\overline{\text{C}}$=0，这是比较好的启动方式。因为如果 $\overline{\text{CS}}$ 和 CE 先有效，R/$\overline{\text{C}}$ 脉冲到来之前的高电平会引起输出三态门打开，影响数据总线。当 CE=1 时，启动转换。一旦转换开始，A/D 本身保持转换到转换完毕。

注意：在启动转换以后的转换过程中，各控制信号不起作用，只有 STS 信号标志电路的工作状态。

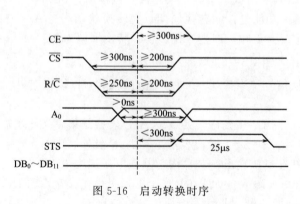

图 5-16　启动转换时序

（2）数据读过程

数据读过程同样也由 CE 来启动，时序图如图 5-17 所示。

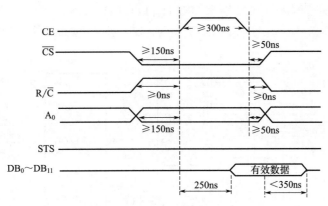

图 5-17 AD574A 读数据时序

AD574A 可在两种方式下工作，如图 5-18 所示：一种是 $0 \sim 10\text{V}$ 的单极性工作方式，另一种是 $-5 \sim +5\text{V}$ 的双极性工作方式。单极性工作方式时，AD574A 输出的数字量是二进制码；双极性工作方式时，AD574A 输出的数字量是偏移二进制码。

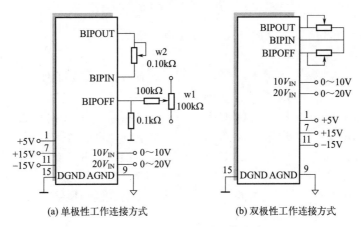

(a) 单极性工作连接方式　　　　　(b) 双极性工作连接方式

图 5-18 AD574A 两种工作方式

5.6.3 接口电路和程序设计

由图 5-14 可知，AD574A 通过 5 根控制线（CE、$\overline{\text{CS}}$、R/$\overline{\text{C}}$、12/$\overline{8}$、A_0）来完成 A/D 转换器的定时、寻址、启动和读出功能。启动转换时，要求 CE=1，$\overline{\text{CS}}$=0，R/$\overline{\text{C}}$=0；读出时，要求 CE=1，$\overline{\text{CS}}$=0，R/$\overline{\text{C}}$=1。转换状态端 STS 在转换开始后为高电平，当转换结束后，STS 端为低电平。下面分别介绍 AD574A 与 8031 单片机的接口。

图 5-19 是 AD574A 与 8031 单片机的接口电路。由于 AD574A 片内有时钟，故无须外加时钟信号。该电路采用单极性输入方式，可对 $0 \sim 10\text{V}$ 或 $0 \sim 20\text{V}$ 模拟信号进行转换。

设 A/D 全 12 位转换，要求启动转换时，A_0=0，即 P0.0=0；R/$\overline{\text{C}}$=0 即 P0.1=0。故可确定启动转换时的端口地址为 0FCH（未采用的数据/地址复用线皆设为 1）。

因为 12/$\overline{8}$ 接地，所以 A/D 转换结果分两次读出，高 8 位从 $D_{11} \sim D_4$ 读出，低 4 位从 $D_3 \sim D_0$ 读出。读高 8 位结果时，要求 A_0=0，R/$\overline{\text{C}}$=1，读低 4 位结果时要求 A_0=1，R/

$\overline{C}=1$，则两次读结果的端口地址分别为 OFEH 和 OFFH。

AD574A 的状态信号 STS 与 8031 的 P1.0 端相连，可采用查询法判断 A/D 转换是否结束。

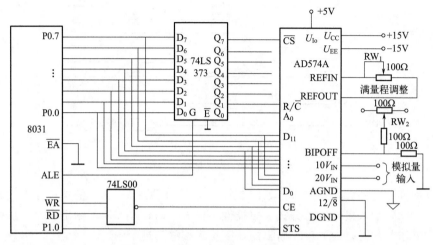

图 5-19　AD574A 与 8031 的接口电路

【例 5-2】编写采用查询法完成一次 A/D 转换的程序。

解　程序清单如下：

```
            ORG     0500H           ; 置数据存储区地址
START:  MOV     DPTR, ♯8000H
            MOV     R0, ♯OFCH       ; 置启动 A/D 转换地址
            MOV     @R0, A          ; 启动 A/D 转换
 LOOP:  JB      P1.0, LOOP      ; 转换结束否? 未结束, 继续等待
            MOV     R0, ♯OFEH       ; 置读高 8 位地址
            MOVX    A, @R0          ; 读高 8 位转换结果
            MOVX    @DPTR, A        ; 转存
            INC     R0              ; 计算低 4 位地址
            INC     DPTR            ; 计算低 4 位数据存储单元地址
            MOVX    A, @R0
            MOVX    @DPTR, A        ; 转存低 4 位转换结果
            RET                     ; 返回
```

在上面的程序中，因高 8 位地址 P2.7～P2.0 未用，故在访问 AD574A 时，使用寄存器（R0）间接寻址。

AD574A 的应用说明：

① 关于控制信号的说明　$12/\overline{8}$ 引脚和 TTL 电平不兼容，因此必须把它直接接在 U_L 逻辑正电源或数字地。在和 8031 单片机接口时，$12/\overline{8}$ 引脚必须接地，使 AD574A 成为双 8 位输出。$A_0=0$，高 8 位输出；$A_0=1$，低 4 位输出且左对齐（低 4 位数据线输出为零）。这种配置可以不用三态缓冲器，而把数据线和 8031 的 8 位数据线直接相连。

注意：在数据读取过程中，不要改变 A_0 引脚的状态。如果三态门的开关时间不对称，则会引起内部总线的争夺，对 AD574A 芯片造成损坏。

另外，CE 和 $\overline{CS}$ 有效前，$R/\overline{C}$ 应保持低电平。如果 $R/\overline{C}=1$，则一个读操作可能会同时

发生，还可能引起总线的竞争。无论是 CE 还是 $\overline{\text{CS}}$ 都可以用作启动转换信号，但建议使用 CE，因为它比 $\overline{\text{CS}}$ 少一个延时，并且输入快。

② 输入调试及采样/保持器的选择　如果要检查模拟信号输入是否合适，可以用双踪示波器观察 AD574A 的输入。

当需用采样/保持器时，建议用 AD585，考虑 AD574A 的最大转换时间为 $35\mu s$，对一个 10V 的模拟量输入，如果想要取得准确的结果，最大频率只能是 1.5kHz，但如果加上 AD585，则最高频率可以提高到 26kHz。

③ 电源耦合及布线时应注意的问题　AD574A 应用电路调试完毕后，在模拟输入端输入一稳定的标准电压，启动 A/D 转换，12 位转换数据也应稳定。如果变化较大，说明电路稳定性差，则要从电源及接地布线等方面查找原因。AD574A 的电源电压要有较好的稳定性和较小的噪声，噪声大的电源会产生不稳定的输出代码，在电路设计时，AD574A 的电源要很好地进行滤波调整，还要避开高频噪声源，这对 AD574A 来讲是非常重要的。为了取得 12 位精度，除非进行了很好的滤波，否则最好不要用开关电源。因为毫伏级的噪声能在 12 位 A/D 转换中引起好几位的误差。

电源引脚与数字地（引脚 1 和 15）之间，模拟电源 U_{CC}、U_{EE} 和模拟地（引脚 9）之间应加去耦电容，合适的去耦电容是一个 $4.7\mu F$ 的钽电容再并联一个 $0.1\mu F$ 的陶瓷电容。

布线时应注意，把 AD574A 连同模拟输入电路，尽可能远地离开数字电路部分。因此，最好不要用飞线连接电路。

④ AD574A 的地线布置　模拟地（引脚 9）是芯片内部基准电源的参考点。因此，它应该是一个高质量的地线，应直接接在系统的模拟参考点上。为了在较大的数字信号干扰下仍能最大限度地取得高精度的性能，布置印刷电路板时要注意以下几点：

a. 数字地与模拟地要就近一点连接；

b. ±15V 电源经过电容去耦以后，其地线连接到数字地上；

c. 外部模拟电路的接地端要分别连接到 AD574A 的模拟地。

5.7　12 位串行 A/D 转换器芯片 ADS7822

5.7.1　芯片简介

（1）特点

ADS7822 是一款 12 位采样模/数（A/D）转换器，在 $2.7\sim5.25V$ 电源范围内具有确保的规格。即使以 200kHz 的全速率运行，它也只需要很少的功率。在较低的转换速率下，器件的高速使其能够将大部分时间花在掉电模式下，7.5kHz 时的功耗小于 $60\mu W$。

ADS7822 还具有 $2.0\sim5V$ 的工作电压、同步串行接口和伪差分输入。参考电压可以设置为 50mV 至 V_{CC} 范围内的任何电平。超低功耗和小尺寸使 ADS7822 成为电池供电系统的理想选择。它也是远程数据采集模块、同步和独立数据采集的理想选择。ADS7822 有塑料迷你 DIP-8、SO8 或 MSOP-8 封装。

（2）芯片内部结构

ADS7822 内部结构框图如图 5-20 所示。ADS7822 需要一个外部基准电压、一个外部时钟，以及一个单电源（V_{CC}）。

外部基准电压可以是 50mV 至 V_{CC} 之间的任何电压。参考电压的值直接设置模拟输入的范围。参考输入电流取决于 ADS7822 的转换速率。

外部时钟可以在 10kHz（625Hz 吞吐量）和 3.2MHz（200Hz 吞吐量）之间变化。电源范围在 2.7～3.6V 之间时，最小高电平和低电平时间至少为 400ns，或者电源范围在 4.75～5.25V 之间时，最小时钟频率由 ADS7822 内部电容的泄漏设置，那么时钟的占空比基本上并不重要。

模拟输入提供给两个输入引脚：＋输入和－输入。当转换开始时，这些引脚上的差分输入在内部电容阵列上采样。在转换过程中，两个输入都与任何内部功能断开。

转换的数字结果由 DCLOCK 输入，并在 D_{OUT} 引脚上串行提供，最高有效位优先。D_{OUT} 引脚上提供的数字数据用于当前正在进行的转换，没有流水线延迟。转换完成后，可以继续对 ADS7822 进行时钟控制，并首先获取串行数据的最低有效位。

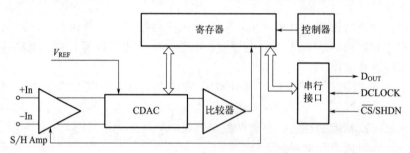

图 5-20　ADS7822 内部结构框图

（3）引脚介绍

ADS7822 的引脚布置如图 5-21 所示。

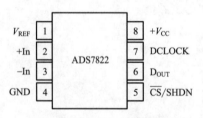

图 5-21　ADS7822 引脚布置

$\overline{CS}$/SHDN：芯片选择。当 $\overline{CS}=0$ 时，芯片被选中。

＋In：同相输入。

－In：反相输入。接地或连接到远程接地检测点。

V_{REF}：参考输入。

GND：接地。

D_{OUT}：串行输出数据字由 12 位数据组成。工作时，数据在 DCLOCK 的下降沿有效。在 CS 下降沿后的第二个时钟脉冲允许串行数据输出，经一个无效位后输出的是 12 位有效数据。

DCLOCK：数据时钟同步串行数据传输并决定转换速度。

＋V_{CC}：电源。

5.7.2　工作原理

ADS7822 通过同步三线串行接口与微处理器和其他数字系统通信，如图 5-22 所示。

DCLOCK 信号使数据传输与 DCLOCK 下降沿传输的每个位同步。大多数接收系统将在 DCLOCK 的上升沿捕获比特流。然而，如果 D_{OUT} 的最小保持时间可以接受，系统可以使用 DCLOCK 的下降沿来捕获每个位。

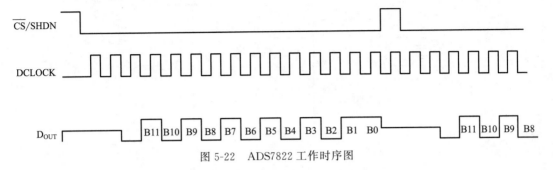

图 5-22　ADS7822 工作时序图

CS 信号下降沿之后开始转换和数据传输，转换的周期的前 1.5～2 个时钟周期用于采样输入信号。在第二个 DCLOCK 下降沿之后，D_{OUT} 被使能并且输出一个时钟周期的低电平。在接下来的 12 个 DCLOCK 周期内，D_{OUT} 的输出结果最高位优先。

在输出最低有效位（B0）之后，后续时钟重复输出数据，但是采用最低有效位优先格式。最后重复有效位（B11），后续时钟对转换器没有影响。只有当 CS 信号被拉高再被拉低之后才会开始新的转换。

ADS7822 的输出数据是直接二进制格式，如表 5-4 所示。该表代表给定输入电压的理想输出代码，不包括失调、增益误差或噪声的影响。

表 5-4　ADS7822 模拟输出数据表

描述	模拟值	数字输出二进制	
满量程范围	V_{REF}	二进制与十六进制代码	
最低有效位(LSB)	$V_{REF}/4096$		
满量程	$V_{REF}-1\ LSB$	1111 1111 1111	FFF
半量程	$V_{REF}/2$	1000 0000 0000	800
半量程－1 LSB	$V_{REF}/2-1\ LSB$	0111 1111 1111	7FF
零点	0V	0000 0000 0000	000

5.7.3　接口电路

由图 5-20 可知，ADS7822 共有 3 根数据线：D_{OUT}、$\overline{CS}$、DCLOCK 来完成 A/D 转换器的定时、寻址、启动和读出功能。启动转换时，要求 $\overline{CS}=0$，$D_{OUT}=1$；在转换周期开始的前 1.5～2 个周期，ADS7822 进行数据采样，在第二个周期下降沿之后，$D_{OUT}=0$，在接下来的 12 个周期里 D_{OUT} 输出 12 位采样结果。在输出最低位后，后续时钟重复输出数据，但是采用最低有效位优先格式。最后重复有效位。当 CS 信号被拉高然后再次拉低的时候 ADS7822 才开始新的转换。如图 5-23 所示是 ADS7822 与单片机的接口图。

接口单片机以 STM32 为例，CS 拉低后，单片机与 ADS7822 通信开始，让时钟引脚 DCLOCK 输出时序信号，在 DCLOCK 的高电平，检测 D_{OUT} 引脚上的电平，就开始采集数据了。

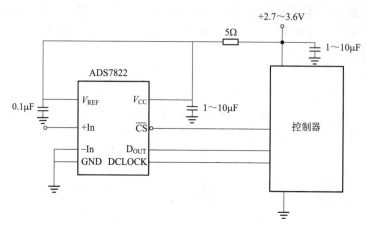

图 5-23　ADS7822 与单片机的接口图

5.8　A/D 转换技术

A/D 转换器不能满足采样定理时，采样信号会发生频率混淆现象。本节首先分析了频率混淆的危害和影响，在此基础上，给出了消除频率混淆的措施。此外，A/D 转换器将模拟信号转换为数字信号需要一定的持续时间，理论上在模数转换时间内，要求信号不能发生变化，否则会引入转换误差，且信号变化越快，转换误差越高。工程应用中信号往往是不断变化的，为了防止这种误差的产生，常引入采样/保持器。因此，本节在讨论完频率混淆后，也将会对采样/保持器进行介绍。

5.8.1　频率混淆

（1）频率混淆基本概念

要把连续模拟信号转换为离散数字信号，需要对连续模拟信号的时间历程进行采样。对一个具有有限频谱 $X(f)$ 的连续信号 $x(t)$ 进行采样，要保证由采样后得到的采样信号 $x_s(t)$ 能无失真地恢复为原信号 $x(t)$，则必须满足一定的条件，这个条件就是采样定理。

采样定理指出：采样信号的采样频率必须大于等于被采样信号成分中最高频率的 2 倍，即

$$f_s \geqslant 2f_c \tag{5-17}$$

式中，f_s 为采样频率；f_c 称为截止频率，又称为奈奎斯特频率。

采样定理明确限制了采样频率 f_s 的下限，即 $f_s \geqslant 2f_c$。如果 f_s 取得过小，使 $f_s < 2f_c$ 时，将会出现模拟信号 $x(t)$ 中的高频成分 $\left(|f| > \dfrac{f_s}{2}\right)$ 被叠加到低频成分 $\left(|f| < \dfrac{f_s}{2}\right)$ 上去的现象，这种现象称为频率混淆。

下面举一个例子来直观感受一下频率混淆现象。例如，某一模拟信号 $x(t)$ 中含有频率为 900Hz、400Hz 以及 100Hz 的信号成分，它们的波形如图 5-24 所示。假设以采样频率

$f_s = 500\text{Hz}$ 进行采样，采样点以"o"表示，把每个图上的采样点以最低频率的正弦曲线（虚线表示）连接起来。由图可知，三种频率的采样曲线相同，并无区别。对于 100Hz 的信号（此时 $f_s > 2 \times 100\text{Hz}$），采样后的信号波形能真实反映原信号波形；而对于 400Hz、900Hz 的信号（此时 $f_s < 2 \times 400\text{Hz}$，$f_s < 2 \times 900\text{Hz}$），则采样后信号波形完全失真了，都变成了 100Hz 的信号。

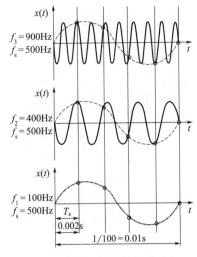

因此，原来三种不同频率的信号经采样后得到的采样值完全一致，这是因为 400Hz、900Hz 的信号产生了频率混淆现象。频率混淆使采样后得到的采样点不仅代表了信号中低频信号的样本值，也代表了高频信号的样本值。此时，如果对信号进行重构，将会使得高频信号被低频信号所代替，两种波形完全重叠在一起，产生严重失真，致使采样信号不能恢复原 400Hz 和 900Hz 的信号。

图 5-24　高频与低频混淆现象

（2）频率混淆消除措施

为了减少频率混淆，通常可以采用以下方法。

① 提高采样频率：对于频域衰减较快的信号，可以提高采样频率 f_s，由于 $T_s = \dfrac{1}{f_s}$，即缩小采样时间间隔 T_s。设采样点数为 N，则一般数据采集系统在频域的采样点数为 $\dfrac{N}{2}$。

对于带宽不可调的傅里叶分析功能的数据处理系统，频域的频率总是从 0Hz 到选定的截止频率 f_c，则频率分辨率为：

$$\Delta f = \frac{f_c}{N/2} = \frac{f_s}{N} = \frac{1}{NT_s} \tag{5-18}$$

由式（5-18）可以看出，当采样点数 N 一定时，采样频率 f_s 过高，即采样间隔 T_s 过小，则 Δf 过大，会使频域的频率分辨率下降过多；当 Δf 不变，即频域的频率分辨率保持一定时，如果采样间隔 T_s 过小，则采样点数 N 会过大，会增加计算机内存占用量和计算量。所以，通过提高采样频率避免频率混叠是有限制的。

② 滤波法：对于频域衰减较慢的信号，如果高频成分不重要，或者高频成分为干扰信号时，可在采样前，先用截止频率为 f_c 的滤波器对信号 $x(t)$ 进行低通滤波，滤除高频成分，然后再进行采样。

使用滤波法的例子：一个信号截止频率为 $f_c = 11025\text{Hz}$，采用采样频率 $f_s = 22050\text{Hz}$ 进行采样后得到的语音信号频谱如图 5-25 所示。可以看出，该语音信号成分主要集中在低频部分，高频部分信号幅值极低。为了减小频率混淆，在牺牲一定音质的条件下，可先用截止频率为 $f_c = 2205\text{Hz}$ 的滤波器对语音信号进行低通滤波，滤除高频不重要成分，然后再采用采样频率 $f_s = 4410\text{Hz}$ 进行采样。滤波后的语音信号频谱如图 5-26 所示。

③ 混合法：滤波法与提高采样频率联合使用。

由于实际信号频率都不是严格有限的，而且实际使用的滤波器也都不具有理想滤波器在截止频率处的垂直截止特性，故不足以把稍高于截止频率的频率分量衰减掉。因此，在信号分析中为了减小频率混淆，常将滤波法与提高采样频率联合起来使用，即：先用滤波器对模拟信号中的非有用信号进行滤波，然后用较高的采样频率对模拟信号进行采样。

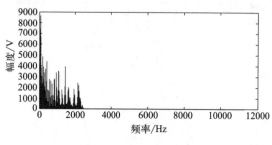

图 5-25   语音信号原始频谱   图 5-26   语音信号滤波后频谱

混合法举例：某无线通信信号发射机的基带信号如图 5-27 所示，基带信号往往不能作为传输信号，必须把基带信号调制到高频载波上以适应于信道传输，这个过程叫作上变频，上变频后的信号为调制信号，用于发射机发射，如图 5-28 所示。

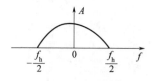

图 5-27   基带信号

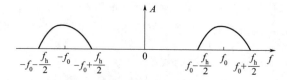

图 5-28   调制信号

接收机接收到的信号也为调制信号，如果此时直接对调制信号进行采样，则要求采样频率必须大于载波频率 f_0 与信号带宽和的 2 倍，致使采样频率高达数十吉赫兹，现实中几乎没有能够提供如此高采样频率的 A/D 芯片。为了能够采样接收信号，工程上常将接收到的信号进行下变频，转变为基带信号，然后再对其进行采样，这样可以很大程度上降低采样频率。下变频后的信号也叫作解调信号，如图 5-29 所示。

图 5-29   解调信号

可以发现，图 5-29 的解调信号频谱中存在 $2f_0$ 的高频部分，如果直接对解调信号进行采样，则会引入高频干扰，因此，为了对解调信号无失真地进行采样，减小频率混淆，可先用截止频率为 $f_c \left(f_c > \dfrac{f_h}{2} \right)$ 的滤波器对解调信号进行低通滤波，滤除高频多余成分，然后用较高的采样频率对信号进行采样。

5.8.2   采样/保持器

模拟信号进行 A/D 转换时，从启动、转换结束到输出数字量，需要一定的转换时间。在这个转换时间内，模拟信号要基本保持不变，否则转换精度没有保证，特别是当输入信号频率较高时，会造成很大的转换误差。要防止这种误差的产生，必须在 A/D 转换开始时保持住输入信号的电平，而在 A/D 转换结束后又能跟踪输入信号的变化。能完成这种功能的器件叫作采样/保持器。

（1）采样/保持器基本工作原理

采样/保持器是一种具有模拟信号输入、采样信号输出以及由外部指令发出驱动信号进行控制的模拟门电路。采样/保持器主要由模拟开关 K、存储元件电容 C_H 和缓冲放大器 A 组成，其一般结构形式如图 5-30 所示。

采样/保持器工作原理如图 5-31 所示。

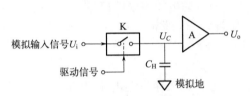

图 5-30　采样/保持器一般结构形式

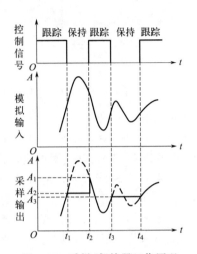

图 5-31　采样/保持器工作原理

在 t_1 时刻以前，驱动信号为高电平，模拟开关 K 闭合，模拟输入信号 U_i 通过模拟开关 K 加到存储元件电容 C_H 上，使电容 C_H 两端的电压 U_C 随模拟输入信号 U_i 变化，这个时期称为跟踪期，也叫作采样期。

在 $t_1 \sim t_2$ 时刻，驱动信号为低电平，模拟开关 K 断开，电容 C_H 两端的电压 U_C 保持在模拟开关 K 断开瞬间的 U_i 值不变，并等待 A/D 转换器转换，这个时期称为保持期。

在 $t_2 \sim t_3$ 时刻，驱动信号又为高电平，模拟开关 K 重新闭合，模拟输入信号 U_i 再次通过模拟开关 K 加到电容 C_H 上，使电容 C_H 两端的电压 U_C 又随模拟输入信号 U_i 变化，新一个跟踪（采样）时期到来。

在 $t_3 \sim t_4$ 时刻，驱动信号又为低电平，模拟开关 K 重新断开，电容 C_H 两端的电压 U_C 再次保持在模拟开关 K 断开瞬间的 U_i 值不变，并等待 A/D 转换器转换，新一个保持时期到来。

……

采样/保持器就是在以上步骤中不断循环工作的。

由以上分析可知，采样/保持器是用于对模拟输入信号进行采样，然后根据逻辑控制信号指令保持瞬态值，保证模/数转换期间以最小的衰减保持信号的一种器件。在模/数转换器工作期间，采样/保持器一直保持着转换开始时的输入值，因而能抑制由放大器干扰带来的转换噪声，降低模/数转换器的孔径时间，提高模/数转换器的精确度和消除转换时间的不准确性。

缓冲放大器 A 的作用是放大采样信号，它在电路中的连接方式有两种基本类型：一种是将信号先放大再存储，另一种是先存储再放大。对于理想的采样/保持电路，要求模拟开关 K 没有偏移并且能够随驱动信号快速动作，而且模拟开关 K 断开的阻抗要无限大，同时还要求存储元件电容 C_H 两端的电压 U_C 能无延迟地跟踪模拟输入信号的电压 U_i，并可在任意长的时间内保持数值不变。

（2）采样/保持器基本类型

采样/保持器按结构形式不同可分为串联型和反馈型两种类型。

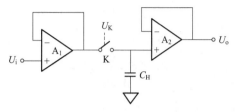

图 5-32　串联型采样/保持器结构

① 串联型采样/保持器　串联型采样/保持器结构如图 5-32 所示。A_1 是输入缓冲放大器，用以提高采样/保持器的输入阻抗；A_2 是输出缓冲放大器，用以减小采样/保持器的输出阻抗；K 是模拟开关，由控制电路的驱动信号电压 U_K 控制其闭合或断开；C_H 是保持电容，用来保持模拟开关 K 断开瞬间的模拟输入电压 U_i 值。

当模拟开关 K 闭合时，采样/保持器为跟踪状态。由于输入缓冲放大器 A_1 增益高，其输出电阻和模拟开关 K 的导通电阻 R_{ON} 都很小，导致模拟输入信号 U_i 通过输入缓冲放大器 A_1 对电容 C_H 的充电速度很快，致使电容 C_H 两端的电压将跟踪信号 U_i 的变化。

当模拟开关 K 断开时，采样/保持器变为保持状态。此时，电容 C_H 没有充放电回路，其两端的电压将保持在模拟开关 K 断开瞬间的模拟输入电压 U_i 值上。

串联型采样/保持器的优点：结构简单。

串联型采样/保持器的缺点：失调电压为两个运算放大器失调电压之和，因此失调电压较大，影响采样/保持器的精度；跟踪速度较低。

② 反馈型采样/保持器　反馈型采样/保持器结构如图 5-33 所示，A_1 是输入缓冲放大器，A_2 是输出缓冲放大器，K_1、K_2 是模拟开关，C_H 是保持电容，e_{OS1} 为运放 A_1 的失调电压，e_{OS2} 为运放 A_2 的失调电压，R 为反馈电阻。

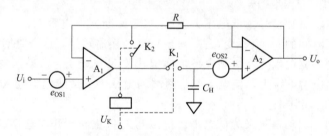

图 5-33　反馈型采样/保持器结构

模拟开关 K_1 和 K_2 是互补关系，即一个为闭合状态时，另一个为断开状态。

当 K_1 闭合、K_2 断开时，输出电压 U_o 反馈到输入端，使 A_1 和 A_2 共同组成一个跟随器，采样/保持器为跟踪状态。此时，保持电容 C_H 两端的电压 U_C 为：

$$U_C \approx U_i + e_{OS1} - e_{OS2} \tag{5-19}$$

当 K_1 断开、K_2 闭合时，采样/保持器为保持状态。此时，保持电容 C_H 两端的电压 U_C 保持在 K_1 断开瞬间的模拟输入电压 U_i 值上，使输出电压 U_o 也保持在这个值上：

$$U_o \approx U_C + e_{OS2} = U_i + e_{OS1} \tag{5-20}$$

反馈型采样/保持器的优点：影响输出电压精度的是运放 A_1 的失调电压 e_{OS1}，因此采样/保持器的精度高；由于全反馈结构，直接把输出电压 U_o 与输入电压 U_i 进行比较，如果 $U_o \neq U_i$，则两者之差被运放 A_1 放大，会迅速对电容 C_H 充电，因此采样/保持器跟踪速度较快。

反馈型采样/保持器的缺点：结构复杂。

（3）采样/保持器主要性能参数

采样/保持全过程如图 5-34 所示。t_{AP} 为孔径时间，Δt_{AP} 为孔径不定，t_{AC} 为捕捉时间，t_{ST} 为保持稳定时间，t_1 为保持状态建立时间，t_2 为采集到输出时间。

① 孔径时间 t_{AP}　孔径时间 t_{AP} 是指保持指令给出瞬间到模拟开关有效切断所经历的时间。

由于孔径时间的存在，采样/保持器实际保持的输出值与希望的输出值之间存在一定的误差，该误差称为孔径误差。

② 孔径不定 Δt_{AP}　孔径不定 Δt_{AP} 是指孔径时间的变化范围。

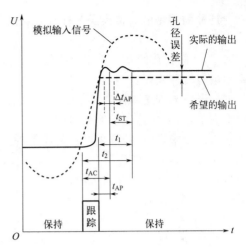

图 5-34　采样/保持全过程

孔径时间体现的是采样时刻的延迟，而孔径不定是对这个延迟的变化的描述。孔径时间从理论上说可以用改变采样时刻的方式消除，而孔径不定则会对采样的精度及频率产生影响，尤其是在高速采集系统中孔径时间的变化影响很大。孔径时间是对具体的一次采样个体的描述，而孔径不定则是对孔径时间的一个总体上的描述。

③ 捕捉时间 t_{AC}　捕捉时间 t_{AC} 是指当采样/保持器从保持状态转到跟踪状态时，采样/保持器的输出从保持状态的值变到当前的输入值所需的时间。

捕捉时间不影响采样精度，但对采样频率的提高有影响。产品手册上给出的捕捉时间通常是指采样/保持器在输出为－FSR，而保持结束时输入已变至＋FSR 的情况下的捕捉时间。捕捉时间与规定误差范围、保持电容的大小有关。

④ 保持电压的下降　当采样/保持器处在保持状态时，保持电容 C_H 的漏电流使保持电压值下降，下降值随保持时间的增大而增加，通常用保持电压的下降率来表示：

$$\frac{\Delta U}{\Delta t}(\mathrm{V/s}) = \frac{I(\mathrm{pA})}{C_H(\mathrm{pF})} \tag{5-21}$$

式中，I 为保持电容 C_H 的漏电流。

为了使保持状态的保持电压的变化率不超过允许范围，须选用优质电容。增加保持电容 C_H 的值可使保持电压的变化率不大，但将使跟踪的速度下降。

⑤ 馈送　在采样/保持器处在保持状态时，输入电压 U_i 的交流分量通过模拟开关 K 的寄生电容 C_S 加到保持电容 C_H 上，使得输入电压 U_i 的变化引起输出电压 U_o 的微小变化，这就是馈送。

馈送通路如图 5-35 所示。增大保持电容 C_H 有利于减少馈送，但不利于提高采样频率。

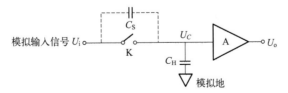

图 5-35　馈送通路

⑥ 跟踪到保持的偏差　跟踪到保持的偏差是指跟踪最终值与建立保持状态时的保持值之间的偏差电压。

这种偏差是电荷转换误差补偿后剩余的误差。该误差与输入信号有关，是一个不可预估的误差。

⑦ 电荷转移偏差　电荷转移偏差是指采样/保持器在保持状态时，电荷通过模拟开关的寄生电容转移到保持电容上引起的误差。

此误差与馈送不同，是由直流分量引起的。增大保持电容有利于减少电荷转移偏差，但也增大了采样/保持器的响应时间。

由以上采样/保持器主要性能参数的介绍可以看出，采样/保持器的性能在很大程度上取决于保持电容 C_H 的质量。因此，选择优质电容至关重要。在选择保持电容 C_H 时，重点考虑电容的绝缘电阻和介质吸收性能。

习　　题

1. 为什么会出现频率混淆现象？怎么消除？

2. A/D 转换理想特性最大量化误差为多少 LSB？

3. AD574A 有哪些主要的控制信号？其意义如何？

4. A/D 转换器要能开始转换，必须具备哪几个条件（参考 AD574A 的启动时序图）？转换结束时 STS 有何变化？此变化有什么用途？

5. 12 位 A/D 转换器 AD574A 是如何与 PC 机 ISA 总线的数据线接口（包括硬件连接、传输格式等）？

6. 从 A/D 转换时间考虑，什么情况下用查询方式好？什么情况下用中断方式好？

7. 设中断响应时间为 $20\mu s$，由 ADC1140 与 AD5210 构成的数据采集系统，哪一块芯片用中断方式合适？哪一块芯片用查询方式合适？（有关参数可查手册）

8. 一数据采集系统，其模拟输入信号为 $0\sim10V$，要求 $t_{CONV}\leqslant30\mu s$，精度为 $0.1\%FSR$（或 12 位），请选出能满足上述要求的 A/D 转换器，至少两种，并给出其型号（应查有关手册）。

9. 在 A/D 转换器中，最重要的技术指标是哪两个？

10. 一般用什么信号来表征 A/D 转换器芯片是否被选中？

11. 请读者设计一个调试 A/D 接口板的电路及测试表格。设模拟量输入通道为 16 个通道，$FSR＝9V$。

12. 线性误差是什么意思？线性误差大于 1LSB 有何后果（对 A/D 转换器说明）？

13. 已知一数据采集系统的采样速率为 4 次/s，要求系统具备抗 50Hz 的干扰的能力，检测精度大于 0.05%，采集精度为 0.01%，试选择 A/D 转换器芯片，并画出与 8031 单片机的接口电路图。

第6章

数/模转换器

数/模转换器是一种将数字量转换成模拟量的器件，简称 D/A 转换器或 DAC (Digital to Analog Converter)。它在数字控制系统中作为关键器件，用来把微处理器输出的数字信号转换成电压或电流等模拟信号，并送入执行机构进行控制或调节。因此，D/A 转换器可以看作是一个译码器。一般常用的线性 D/A 转换器，其输出模拟电压 U 和输入数字量 D 之间成正比关系，即 $U=KD$，式中 K 为常数。

目前，D/A 转换器已集成在一块芯片上，一般用户无须了解其内部电路的细节，只需要掌握芯片的特性和使用方法。D/A 转换器的一般结构如图 6-1 所示，图中数码寄存器用来暂时存放输入的数字信号。n 位寄存器的并行输出分别控制 n 个模拟开关的工作状态。通过模拟开关，将参考电压按权关系加到电阻解码网络。

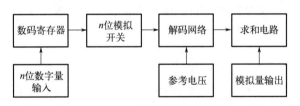

图 6-1　D/A 转换器的一般结构

6.1　D/A 转换基本原理

D/A 转换是 A/D 转换的逆过程，首先通过二进制译码将数字序列 $x[n]$ 转换为离散时间信号 $x[nT_s]$，这里 T_s 表示采样间隔，然后再通过内插将离散时间信号 $x[nT_s]$ 转换为模拟信号 $x(t)$，从而实现模拟信号的重建与恢复，其整个过程如图 6-2 所示。

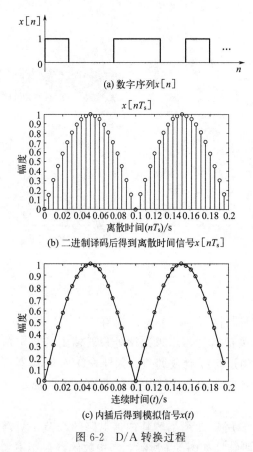

(a) 数字序列$x[n]$

(b) 二进制译码后得到离散时间信号$x[nT_s]$

(c) 内插后得到模拟信号$x(t)$

图 6-2　D/A 转换过程

6.1.1　二进制译码

由于自然界的实际信号大多是连续变化的模拟量（如温度、压力、位移、图像等），要使计算机或数字仪表能识别、处理这些信号，首先必须将这些模拟信号转换成数字信号，而经计算机分析、处理后输出的数字量也往往需要将其重新转换为相应模拟信号才能被执行机构所接受。

D/A 转换即数/模转换就是将离散的数字量转换为连接变化的模拟量，D/A 转换电路就是将二进制数码转换为模拟信息的译码器，按二进制数各位代码的数值，将每一位数字量转换成相应的模拟量，然后将各模拟量相加，其总和就是与数字量成正比的模拟量。比如，二进制转换为十进制：按权相加法，即将二进制每位上的数乘以权，然后相加之和即是十进制数。

例如，将二进制数 101.101 转换为十进制数。

计算过程：$1\times2^{-3}+0\times2^{-2}+1\times2^{-1}+1\times2^{0}+0\times2^{1}+1\times2^{2}=5.625$

得出结果：$(101.101)_2=(5.625)_{10}$

6.1.2　信号重建与恢复

将采样后的离散时间信号恢复为原始模拟信号，这个过程叫作信号重建。信号重建的方法一般有带限内插法、线性内插法以及高阶内插法。

（1）带限内插法

一个带限信号，如果采样频率足够高的话，那么信号就可以完全被恢复。换句话说，利用一个低通滤波器在样本点之间内插就可以实现原始信号的恢复。利用一个理想低通滤波器从信号的样本中完全恢复一个连续时间信号的过程如图 6-3 所示。图中 $x(t)$ 表示原始模拟信号，其频谱如图 6-3(b) 所示。经过周期脉冲串 $p(t)$ 采样后，得到采样后的离散时间信号 $x_p(t)$，$x_p(t)$ 的频谱如图 6-3(c) 所示，可以看到采样后的离散时间信号频谱是原信号频谱的周期性延拓。此时加入理想低通滤波器对采样后的信号 $x_p(t)$ 进行低通滤波，理想低通滤波器的截止频率为 $w_M \leqslant w_c \leqslant w_s - w_M$。低通滤波器的输出信号频谱如图 6-3(e) 所示，由信号在时域和频域的一一对应关系可知，理想低通滤波器的输出即为重建信号 $x_r(t)$。

为了更清楚地观察理想低通滤波器是如何在样本点之间进行内插的，可以从时域中进行描述。由图 6-3(a) 可知：

$$x_r(t)=x_p(t)*h(t)=\sum_{n=-\infty}^{+\infty}x(nT)\delta(t-nT)*h(t)=\sum_{n=-\infty}^{+\infty}x(nT)h(t-nT) \quad (6-1)$$

根据图 6-3(d) 所示理想低通滤波器的频率响应 $H(j\omega)$，可以求得其单位冲激响应 $h(t)$ 为：

$$h(t) = \frac{\omega_c T \sin(\omega_c t)}{\pi \omega_c t} \tag{6-2}$$

因此

$$x_r(t) = \sum_{n=-\infty}^{+\infty} x(nT) \frac{\omega_c T}{\pi} \times \frac{\sin[\omega_c(t-nT)]}{\omega_c(t-nT)} \tag{6-3}$$

由式 (6-3) 可以发现，信号的重建与恢复在时域上是利用多个 sinc 函数相互叠加，在两个相邻样本点间进行非线性插值，以恢复得到理想的模拟信号，整个信号重建过程如图 6-4 所示。

利用理想低通滤波器的内插通常称为带限内插，只要原始信号 $x(t)$ 是带限的，而采样频率又满足采样定理中的条件，就可以实现信号的真正重建。然而，由于理想的低通滤波不可能实现，所以在很多情况下，工程上都使用准确性差一些，但构造稍微简单一些的滤波器，实现样本点间的内插，比如零阶保持。

零阶保持是指在一个给定的时间对 $x(t)$ 采样，并保持这一样本值直到下一个样本被采到为止。由一个零阶保持系统的输出来重建原始信号 $x(t)$ 仍然可以用低通滤波器实现，不过不是理想低通滤波器，而是一个通带增益不恒定的滤波器。为了求解这个滤波器特性，由图 6-5 可知，零阶保持的输出 $x_0(t)$，从原理上可以解释为，冲激串采样后，再紧跟一个线性时不变（LTI）系统，这个 LTI 系统具有矩形的单位冲激响应。

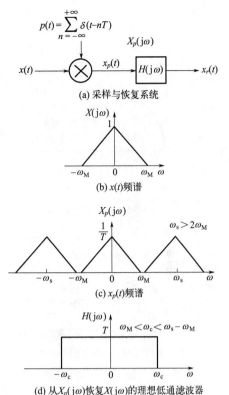

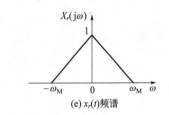

图 6-3　理想低通滤波器恢复连续时间信号的过程

为了由零阶保持系统的输出 $x_0(t)$ 重建原始信号 $x(t)$，可以考虑用一个单位冲激响应为 $h_r(t)$ 即频率响应为 $H_r(j\omega)$ 的 LTI 系统与图 6-5 所示的系统级联来处理 $x_0(t)$，如图 6-6 所示。

用 $x_0(t)$ 重建 $x(t)$，即使 $r(t) = x(t)$，比较图 6-6 所示的系统与图 6-3 所示的系统，如果 $h_0(t)$ 与 $h_r(t)$ 级联后的特性是一个理想低通滤波器 $H(j\omega)$，那么 $r(t) = x(t)$。

若 $H(j\omega)$ 满足 $\omega_c = \dfrac{\omega_s}{2}$，则紧跟在一个零阶保持系统后面的重建滤波器的理想模和相位特性如图 6-7 所示。

零阶保持系统后面的重建滤波器也是理想化的，实际中不存在，只能对其进行近似。本质上讲，零阶保持采样的输出本身就是对原始信号的一种充分近似，不用附加任何低通滤波，零阶保持采样就代表了一种很粗糙的样本值之间的内插。

（2）线性内插法

零阶保持采样本质上是一种粗糙的样本值之间的内插，为了实现更为平滑的内插，可

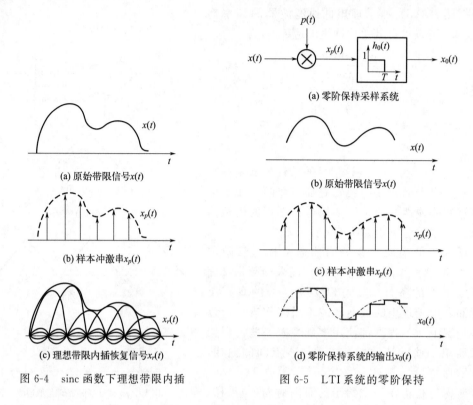

x(t)
t
(a) 原始带限信号x(t)
xp(t)
t
(b) 样本冲激串xp(t)
xr(t)
t
(c) 理想带限内插恢复信号xr(t)

图 6-4　sinc 函数下理想带限内插

p(t)
x(t)
xp(t)
h0(t)
1
T
t
x0(t)
(a) 零阶保持采样系统
x(t)
t
(b) 原始带限信号x(t)
xp(t)
t
(c) 样本冲激串xp(t)
x0(t)
t
(d) 零阶保持系统的输出x0(t)

图 6-5　LTI 系统的零阶保持

H(jω)
p(t)
x(t)
xp(t)
h0(t)
1
T
t
x0(t)
hr(t)
Hr(jω)
r(t)

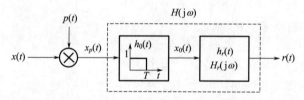

图 6-6　零阶保持与一个重建滤波器的级联

以使用线性内插。线性内插也称为一阶保持，就是将相邻的样本点用直线直接连起来，如图 6-8 所示，虚线代表原始信号，实线代表线性内插。

线性内插也能看作是一种如图 6-3 和式（6-1）所示形式的内插，不过单位冲激响应 $h(t)$为三角形特性，如图 6-9 所示。

一阶保持传输函数为：

$$H(\mathrm{j}\omega)=\frac{1}{T}\left[\frac{\sin(\omega T/2)}{\omega/2}\right]^2 \tag{6-4}$$

如图 6-9(e) 所示，一阶保持系统的传输函数叠放在理想内插滤波器传输函数的特性之上，以供比较。

（3）高阶内插法

与一阶保持相似，可定义二阶或高阶保持系统，它们所产生的恢复信号具有更好的平滑度。例如，二阶保持系统的输出在样本值间的内插可以给出连续的曲线，并有连续的一阶导数和不连续的二阶导数。虽然高阶内插所产生的恢复信号更加平滑，但其实现过程相比于零阶保持和一阶保持也更为复杂，实际工程应用中需要根据具体的需求进行选取。

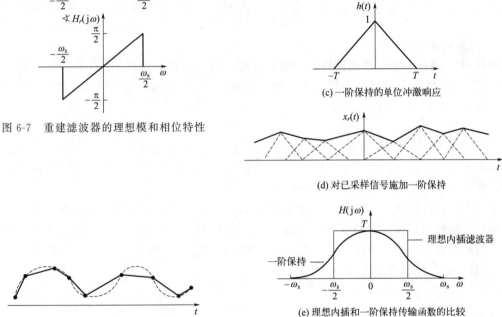

|H_r(jω)|
1
$-\frac{\omega_s}{2}$
$\frac{\omega_s}{2}$
ω
∢H_r(jω)
$\frac{\pi}{2}$
$-\frac{\pi}{2}$

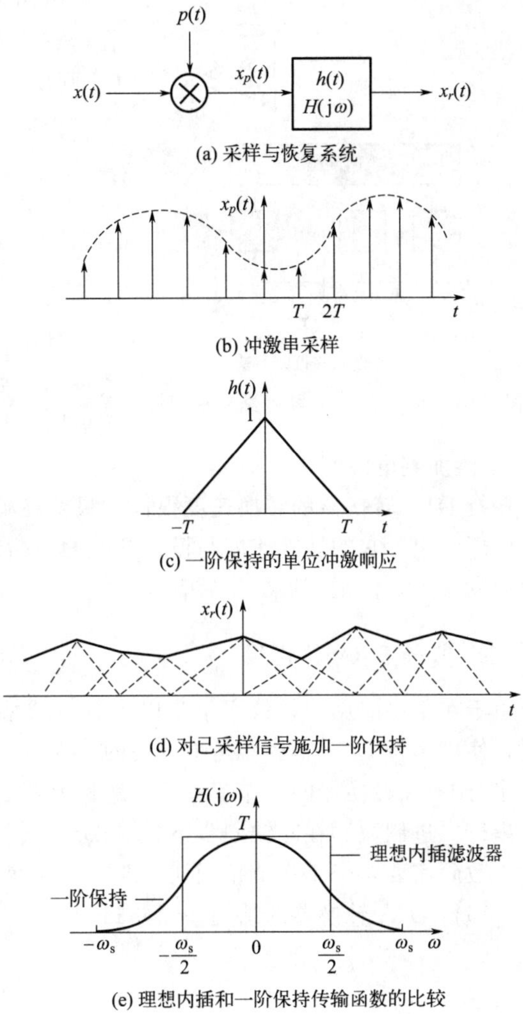

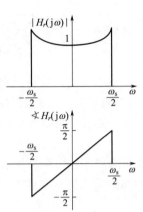

图 6-7　重建滤波器的理想模和相位特性

t

图 6-8　样本点之间的线性内插

p(t)
x(t)
$x_p(t)$
h(t)
H(jω)
$x_r(t)$
(a) 采样与恢复系统
$x_p(t)$
T　2T
t
(b) 冲激串采样
h(t)
1
−T
T
t
(c) 一阶保持的单位冲激响应
$x_r(t)$
t
(d) 对已采样信号施加一阶保持
H(jω)
T
理想内插滤波器
一阶保持
$-\omega_s$
$-\frac{\omega_s}{2}$
0
$\frac{\omega_s}{2}$
ω_s
ω
(e) 理想内插和一阶保持传输函数的比较

图 6-9　线性内插与三角形冲激响应特性卷积结果

6.2　D/A 转换器的分类和组成

6.2.1　D/A 转换器的分类

D/A 转换器主要有两大类型：并行 D/A 转换器和串行 D/A 转换器。

（1）并行 D/A 转换器

并行 D/A 转换器的结构如图 6-10 所示。其特点是转换器的位数与输入数码的位数相同，对应数码的每一位都有输入端，用以控制相应的模拟切换开关把基准电压 U_{REF} 接到电阻网络。

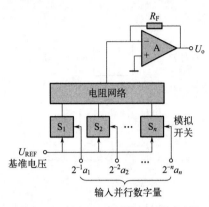

图 6-10   并行 D/A 转换器结构框图

电阻网络将基准电压转变为相应的电流或电压，在运算放大器输入端进行总加。运算放大器的输出量 U_o 则反映输入数字量的大小。

设输入的十进制数字量 $D = 2^{-1}a_1 + 2^{-2}a_2 + \cdots + 2^{-n}a_n$，则：

$$U_o = U_{REF}(2^{-1}a_1 + 2^{-2}a_2 + \cdots + 2^{-n}a_n)$$

$$= U_{REF}\sum_{i=1}^{n} 2^{-i}a_i \tag{6-5}$$

其中，a_i 是 1 还是 0 取决于输入数字量第 i 位上的逻辑。如果 $a_i = 1$，基准电压 U_{REF} 通过模拟开关加到电阻网络；如果 $a_i = 0$，模拟开关断开，基准电压 U_{REF} 不能加到电阻网络。

并行 D/A 转换器的转换速度很快，只要在输入端加入数字信号，输出端立即有相应的模拟电压输出。它的转换速度与模拟开关的通断速度、电阻网络的寄生电抗和运算放大器的输出频率有关，但主要取决于后者。

（2）串行 D/A 转换器

由于在某些应用中，数字量是以串行方式输入的，直接采用并行 D/A 转换器不合适。这时，使用串行 D/A 转换器是最方便的，而且电路简单。

串行 D/A 转换器的工作节拍 T_C 是和串行二进制数码定时同步的，输入端不需要缓冲器，串行二进制数码在时钟同步下控制 D/A 转换器一位接一位地工作。因此，转换一个 n 位输入数码需要 n 个工作节拍周期，即需要 n 个时钟周期，转换速度比并行 D/A 转换器低得多。串行 D/A 转换器的结构如图 6-11 所示。

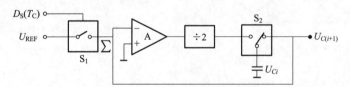

图 6-11   串行 D/A 转换器结构框图

图中，D_S 为串行输入的二进制数码。如果 D_S 在时钟脉冲的 T_C 周期是逻辑 1，则 S_1 开关接通，基准电压 U_{REF} 与已存储在电容器上的电压 U_{Ci} 在加法放大器进行相加，再经 "÷2" 电路将所得的电压和降低一半。如果 D_S 在时钟脉冲的 T_C 周期是逻辑 0，则 S_1 开关断开，仅 U_{Ci} 单独接入，经 "÷2" 电路将 U_{Ci} 降低一半。因此，a_i 周期以后，电容器上存储的电压为：

$$U_{C(i+1)} = \frac{1}{2}(U_{Ci} + a_i U_{REF}) \tag{6-6}$$

式中，a_i 为 1 或 0，取决于对应 T_C 周期时 D_S 输入数码的 i 位是逻辑 1 或 0；U_{Ci} 为 T_C 周期结束时电容器上存储的电压。

在串行二进制脉冲最后一位 $i = n$（即最高位）参与转换后，电容器上的电压为 U_{Cn}，如果将它减去初始电容电压 U_{C0} 的 $1/2^n$，则余下的电压即为串行 D/A 转换器最终的模拟电压输出，令此电压为 U_o，则：

$$U_o = U_{Cn} - U_{C0}/2^n \tag{6-7}$$

例如 $U_{REF} = 16V$，$U_{C0} = 16V$，$n = 5$，即五位二进制码，串行 D_S 脉冲为 11010，由于 $n = 5$，则每一量子的电压单元为 $U_{REF}/2^5 = 16V/32 = 0.5V$。而 $D_S = (11010)_2 = (26)_{10}$，D/A 转换器应输出 $0.5V \times 26 = 13V$。

由于这个输出是在串行码的最高位一个字的短时间间隔内得到的，因此，如果想要得到稳定的直流电压输出，必须加接采样/保持电路，在此时记忆下来。

6.2.2 D/A 转换器的基本组成

D/A 转换器的基本组成可分为四个部分：电阻网络、基准电源、模拟切换开关和运算放大器。

（1）电阻网络

在并行的 D/A 转换器中都用到了一些精密电阻或精密电阻网络，转换器的精度直接与电阻的精度有关。在某些 D/A 转换网络中，转换精度只取决于电阻的比值，与电阻的绝对值关系不大，因为在某段里或环境条件变化的情况下，保持电阻比值的恒定比保持电阻本身数值的恒定要容易得多。尤其是对沉积在一个基片上的多个电阻组成的电阻网络更是如此，由于电阻形成在同一时间，用同一材料，同样结构并组装在同一工作环境的组件之中，较容易保证电阻比值的恒定。

（2）基准电源

在 D/A 转换器中，基准电源的精度直接影响 D/A 转换器的精度。在双极性 D/A 转换器中还需要稳定和精确的正、负基准电源。如果要求 D/A 转换器精确到满量程的 $\pm 0.05\%$，则基准电源精度至少要满足 $\pm 0.01\%$ 的要求。另外，还要求噪声低、纹波小、内阻低等。在某些特殊情况下，还要求基准电源有一定的负载能力。

（3）模拟切换开关

模拟切换开关要求断开时电阻无限大，导通时电阻非常小，即要求很高的电阻断通比值。而且力求减小开关的饱和压降、漏电流以及导通电阻对网络输出电压的影响。

（4）运算放大器

D/A 转换器的输出端一般都接有运算放大器，其作用有两个：一个是对网络中各支路电流进行求和；另一个是为 D/A 转换器提供一个阻抗低、负载能力强的输出。对于一个运算放大器而言，除了考虑电流和电压偏移及其随温度的变化，还要考虑运算放大器的动态响应及输出电压的摆率。

如果要求 D/A 转换器精确到满量程的 $\pm 0.05\%$，则首先要求放大器本身的电压输出至少稳定在满量程的 $\pm 0.01\%$ 以内。例如，放大器满量程输出为 $\pm 10V$，则要求其输出稳定在 $\pm 1mV$ 范围内。因此这样的放大器必须附加对偏移和漂移的校正，才能满足转换器的要求。

6.3   D/A 转换器的主要技术指标

在选用 D/A 转换器时，应考虑的主要技术指标有如下几个：

（1）分辨率

D/A 转换器的分辨率定义为最小输出电压（对应的输入数字量只有最低有效位为 "1"）与最大输出电压（对应的输入数字量所有有效位全为 "1"）之比。

按照以上定义可知，若 D/A 转换器的位数为 n，则有：

$$分辨率 = \frac{1}{2^n - 1} \tag{6-8}$$

可知，D/A 转换器的分辨率与位数有关。

表 6-1 给出了对应各个位数的 D/A 转换器的分辨率。

表 6-1   D/A 转换器的分辨率

位数	分辨率	位数	分辨率
8	1/255	14	1/16383
10	1/1023	16	1/65535
12	1/4095		

由表 6-1 可看出，位数越多，分辨率就越高。因为这个对应关系是固定的，所以目前一般都间接用位数 n 来代表分辨率。

（2）精度

精度分为绝对精度和相对精度两种。

绝对精度是指输入满量程数字量时，D/A 转换器实际输出值与理论输出值之差，该偏差一般应小于 $\pm LSB/2$。

相对精度是指绝对精度与额定满量程输出值的比值。相对精度有两种表示方法：一种是用偏差多少 LSB 来表示；另一种是用该偏差相对满量程的百分数表示。

（3）线性误差

线性误差是指 D/A 转换器芯片的转换特性曲线与理想特性之间的最大偏差，如图 6-12 所示，图中理想特性是在零点及满量程校准以后建立的。

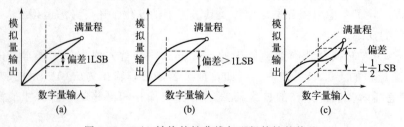

图 6-12   D/A 转换特性曲线与理想特性的偏差

（4）转换时间

转换时间是指 D/A 转换器的输入数码满量程变化（即从全"0"变成全"1"）时，其输出模拟量值达到 ±LSB/2 范围所需的时间。

这个参数反映 D/A 转换从一个稳态值向另一个稳态值过渡的时间长短，如图 6-13 所示。转换时间的长短取决于所采用的电路和使用的元件。例如，电阻网络中电阻阻值越大，其寄生电容也越大，就会产生较大的延时；还有开关电路的延时和电流/电压变换的延时。所以通过转换时间可以计算出 D/A 转换器每秒最大的转换次数。

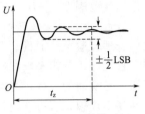

图 6-13　D/A 转换时间

不同型号的 D/A 转换器，其转换时间不同，一般从几十纳秒至几微秒。输出形式若是电流，其 D/A 转换时间很短。输出形式若是电压，D/A 转换时间主要取决于运算放大器的响应时间。

例如，单片机集成 D/A 转换器 AD7541 的转换时间为：当其输出达到与满量程值差 0.01% 时，转换时间 $\leqslant 1\mu s$。而 AD561J 的转换时间为：当其输出达到满量程值 ±LSB/2 时，转换时间为 250ns。

（5）单调性

当输入数码增加时，D/A 转换器输出模拟量也增加或至少保持不变，则称此 D/A 转换器输出具有单调性，否则就是非单调性。

（6）温度系数

在满量程输出条件下，温度每升高 1℃，输出变化的百分数定义为温度系数。
例如，AD561J 的温度系数为 $\leqslant 1 \times 10^{-7} FSR/℃$。

（7）电源抑制比

通常把满量程电压变化的百分数与电源电压变化的百分数之比称为电源抑制比。对于重要的应用，要求开关电路及运算放大器所用的电源电压发生变化时，对 D/A 转换器的输出电压影响极小。

（8）输出电平

不同型号的 D/A 转换器的输出电平相差较大，一般为 5～10V，有的高压输出型的 D/A 转换器的输出电平高达 24～30V。还有电流输出型的 D/A 转换器，输出低的为几毫安到几十毫安，高的可达 3A。

（9）输入代码

有二进制码、BCD 码、双极性时的偏移二进制码、二进制补码等。

（10）输入数字电平

指输入数字电平分别为"1"和"0"时，所对应的输入高低电平的起码数值。
例如，AD7541 的输入数字电平：$U_{IH} > 2.4V$，$U_{IL} < 0.8V$。

（11）工作温度

由于工作温度会对运算放大器和加权电阻网络等产生影响，所以只有在一定的温度范围内，才能保证额定精度指标。较好的转换器工作温度范围在$-40\sim85℃$之间，较差的转换器工作温度范围在$0\sim70℃$之间。

以上介绍了 D/A 转换器的主要技术指标，在应用中要注意技术指标间的关系，以使其整体合理，避免片面性。

首先分析分辨率与线性误差的关系。根据分辨率的定义，位数越多，分辨率越高。但只靠增加转换器的位数，并不能使 D/A 转换器的分辨率无限增加。其次，如果 D/A 转换器的线性度不理想，有可能使相邻的离散电平重叠或交错，此时再增加位数已毫无意义。因此，当用转换器位数来表示其分辨率时，应将其理解为转换器的名义分辨率，至于转换器实际能达到的分辨率则取决于它的线性误差（LE）。为了充分发挥其名义分辨率，由线性度不良而产生的误差电压（ΔU_{LE}）和线性误差（LE）应分别满足下列关系：

$$\Delta U_{LE} \leqslant \pm \frac{1}{2} U_{LSB} \qquad\qquad (6\text{-}9)$$

或
$$LE \leqslant 2^{-(n+1)} \times 100\% \qquad\qquad (6\text{-}10)$$

应该指出，转换器的线性误差是温度的函数，一个 12 位 D/A 转换器，在$+25℃$时具有 0.01% 左右的线性误差，即可保证相应的分辨率，而在别的环境温度下，如其线性误差降到了 0.1% 左右，那么它只能达到与 9 位 D/A 转换器相对应的分辨率。

由于应用场合不同，对 D/A 转换器各项技术特性的要求也有所侧重。例如，在控制系统中，D/A 转换器的分辨率和单调性就比其他特性更为重要。因为高分辨率的 D/A 转换器可以为伺服电机提供更平滑的驱动信号，使其能进行精细的调整；而单调性是防止闭环系统发生振荡的基本要求。在自动测试系统中，追求的目标则是高精度。

6.4　并行 D/A 转换器

并行 D/A 转换器的转换速度比较快，原因是各位代码都同时进行转换，转换时间只取决于转换器中电压或电流的稳定时间及求和时间，而这些时间都是很短的。下面介绍几种比较常用的并行 D/A 转换器。

6.4.1　权电阻 D/A 转换器

权电阻 D/A 转换实现的方法是先把输入的数字量转换为对应的模拟电流量，然后再把模拟电流转换为模拟电压输出。

图 6-14 所示为四位电阻网络 D/A 转换器，它是由全电阻网络、4 个模拟开关和 1 个求和放大器组成的。

其中，U_{REF} 为基准电压，S_3、S_2、S_1、S_0 是 4 个电子开关，它们的状态分别受输入代码 d_3、d_2、d_1、d_0 的取值控制。代码为 1 时开关接到参考电压 U_{REF} 上，支路电流 I_i 流向求和放大器。代码为 0 时开关接地，该支路电流 I_i 为零。

R、$2R$、2^2R、2^3R 为二进制权电阻网络，它们的电阻值与对应的权成反比，即位权越大电阻越小，开关接通基准电压时，通过电阻的电流就越大，以保证一定权的数字信号产生相应的模拟电流。

求和放大器是一个接成负反馈的运算放大器（近似为理想放大器，即输入电阻为无穷大，输出电阻为零），运算放大器对各位电流求和，然后转换成模拟输出电压 U_o。

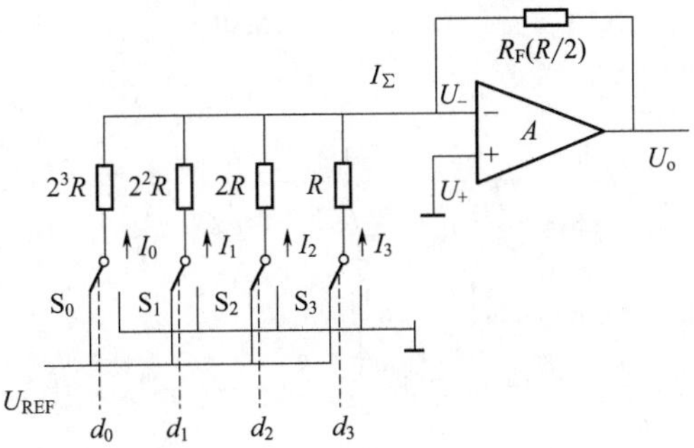

在认为运算放大器输入电流为零的条件下可得到：

$$U_o = -R_F I_\Sigma = -R_F(I_1 + I_2 + I_3) \tag{6-11}$$

图 6-14　四位电阻网络 D/A 转换器

由于 $U_+ = U_- \approx 0$，$R_F = R/2$，则得到：

$$U_o = -\frac{U_{REF}}{2^4}(d_3 2^3 + d_2 2^2 + d_1 2^1 + d_0 2^0) \tag{6-12}$$

对于 n 位的权电阻网络 D/A 转换器，当反馈电阻取为 $R/2$ 时，输出电压的计算公式可写成：

$$U_o = -\frac{U_{REF}}{2^n}(d_{n-1} 2^{n-1} + d_{n-2} 2^{n-2} + \cdots + d_1 2^1 + d_0 2^0) = -\frac{U_{REF}}{2^n} D_n \tag{6-13}$$

式中的参考电压 U_{REF} 为正电压时，输出电压 U_o 始终为负值。若想得到正的输出电压，则将 U_{REF} 取为负值。上式表明，输出的模拟电压正比于输入的数字量，从而实现了从数字量到模拟量的转换。当 $D_n = 00\cdots00$ 时，$U_o = 0$，当 $D_n = 11\cdots11$ 时，$U_o = -\frac{2^n-1}{2^n}U_{REF}$，$U_o$ 的最大变化范围是 $0 \sim -\frac{2^n-1}{2^n}U_{REF}$。

6.4.2　T形电阻 D/A 转换器

T 形电阻网络由相同的电路环节所组成，每一环节有两个电阻和一个模拟电子开关，相当于二进制的一位，开关由该位的数字代码控制。四位 T 形电阻 D/A 转换器的结构如图 6-15 所示。

由图 6-15 可知，在电阻网络中仅用了 R、$2R$ 两种阻值的电阻，因而克服了权电阻 D/A 转换器电阻值相差很大带来的问题。求和放大器反相输入端 $U-$ 的电位始终接近于零，所以无论开关 $S_3 \sim S_0$ 合到哪一边，都相当于接到地电位上，流过每一支路的电流始终不变。因此，可将图 6-15 所示电阻网等效为图 6-16。

以 Ⅲ、Ⅱ、Ⅰ 为界面向右看的等效电阻阻值均为 R。则 a、b、c、d 四点的电位分别为：

$$U_a = U_{REF} U_a = U_{REF}$$

$$U_b = \frac{1}{2}U_a = \frac{1}{2}U_{REF}$$

$$U_c = \frac{1}{2}U_b = \frac{1}{2^2}U_{REF}$$

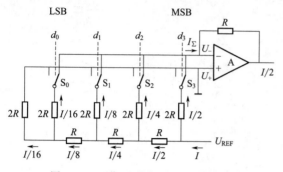

图 6-15 四位 T 形电阻 D/A 转换器

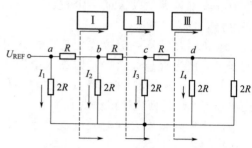

图 6-16 T 形电阻网络的等效电路

$$U_d = \frac{1}{2}U_c = \frac{1}{2^3}U_{REF}$$

四个支路电流 I_1、I_2、I_3、I_4 分别为：

$$I_1 = \frac{1}{2} \times \frac{U_{REF}}{R} = \frac{1}{2^1} \times \frac{U_{REF}}{R}$$

$$I_2 = \frac{1}{2} \times \frac{U_{REF}}{2R} = \frac{1}{2^2} \times \frac{U_{REF}}{R}$$

$$I_3 = \frac{1}{2^2} \times \frac{U_{REF}}{2R} = \frac{1}{2^3} \times \frac{U_{REF}}{R}$$

$$I_4 = \frac{1}{2^3} \times \frac{U_{REF}}{2R} = \frac{1}{2^4} \times \frac{U_{REF}}{R}$$

当某位二进制数为 "1" 时，该支路电流流入放大器的虚地端，所以流入求和放大器的总电流为：

$$I = I_1 + I_2 + I_3 + I_4 = \frac{U_{REF}}{2^1 R}d_0 + \frac{U_{REF}}{2^2 R}d_1 + \frac{U_{REF}}{2^3 R}d_2 + \frac{U_{REF}}{2^4 R}d_3$$

$$= \frac{U_{REF}}{R}(2^{-1}d_0 + 2^{-2}d_1 + 2^{-3}d_2 + 2^{-4}d_3) \qquad (6\text{-}14)$$

求和放大器输出的模拟电压为：

$$R_F = R$$

$$U_o = -IR_F = -U_{REF}\sum_{i=1}^{4}(2^{-i}d_{i-1}) \qquad (6\text{-}15)$$

对于 n 位的 T 形网络，则输出模拟电压为：

$$U_o = -IR_F = -U_{REF}\sum_{i=1}^{n}(2^{-i}d_{i-1}) = -U_{REF}D \qquad (6\text{-}16)$$

从以上可以看出，输出的模拟电压正比于输入的数字量。

倒 T 形电阻网络 D/A 转换器的突出特点：

① 开关切换时开关端点的电压几乎没有变化，从根本上消除尖峰脉冲的产生；

② 不论输入数字量的各位是 "0" 还是 "1"，对应支路电流的大小不变，进一步提高了转换速度，是目前 D/A 转换器中速度最快的一种。

6.4.3　权电流型 D/A 转换器

无论是权电阻网络 D/A 转换器还是倒 T 形电阻网络 D/A 转换器，在分析的过程中，都把电子模拟开关当作理想开关处理，没有考虑它们的导通电阻和导通电压。而实际上这些开关总有一定的导通电阻和导通电压，而且每个开关的情况不完全相同。它们的存在无疑将引起转换误差，影响转换精度。为了克服这一问题，常采用权电流型 D/A 转换器，如图 6-17 所示。

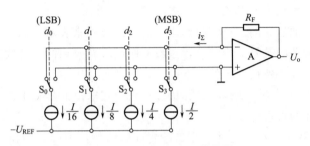

图 6-17　权电流型 D/A 转换器

$S_0 \sim S_3$ 为模拟开关，它们的状态分别受输入代码 d_i 的取值控制，$d_i = 1$ 时开关接参考电压 U_{REF} 上，此时有支路电流 I_i 流向求和放大器；$d_i = 0$ 时开关接地，此时支路电流为零。

求和放大器是一个接成负反馈的运算放大器。为了简化分析计算，可以把运算放大器近似地看成理想放大器——它的开环放大倍数为无穷大，输入电流为零（输入电阻为无穷大），输出电阻为零。当同相输入端 U_+ 的电位高于反相输入端 U_- 的电位时，输入端对地电压 U_0 为正；当 U_- 高于 U_+ 时，U_0 为负。

当参考电压经电阻网络加到 U_- 时，只要 U_- 稍高于 U_+ 时，便在 U_0 产生负的输出电压。U_0 经 R_F 反馈到 U_- 端使 U_- 降低，其结果必然使 $U_+ \approx U_- = 0$。

在认为运算放大器输入电流为零的条件下可以得到：

$$U_0 = -R_F i_\Sigma = -R_F (I_3 + I_2 + I_1 + I_0) \tag{6-17}$$

由于 $U_- \approx 0$，因而各支路电流分别为：

$$I_3 = U_{REF}/R(d_3 = 1 \text{ 时}, I_3 = U_{REF}/R), d_3 = 0 \text{ 时 } I_3 = 0$$

$$I_2 = (U_{REF}/2R)d_2$$

$$I_1 = (U_{REF}/2^2 R)d_1$$

$$I_0 = (U_{REF}/2^3 R)d_0$$

将它们代入输出 U_0 中并取 $R_F = R/2$，则得到：

$$U_0 = (-U_{REF})/(d_3 2^3 + d_2 2^2 + d_1 2^1 + d_0 2^0) \tag{6-18}$$

对于 n 位的权电阻网络 D/A 转换器，当反馈电阻取为 $R/2$ 时，输出电压的计算公式可写成：

$$U_0 = (-U_{REF}/2^n)(d_{n-1} 2^{n-1} + d_{n-2} 2^{n-2} + \cdots + d_1 2^1 + d_0 2^0) = (-U_{REF}/2^n)D_n$$

$$\tag{6-19}$$

式（6-19）表明，输出的模拟电压正比于输入的数字量 D_n，从而实现了从数字量到模拟量的转换。当 $D_n = 00 \cdots 00$ 时 $U_0 = 0$；当 $D_n = 11 \cdots 11$ 时 $U_0 = -(2^n - 1/2^n)U_{REF}$，所以 U_0 的最大变化范围是 $0 \sim -(2^n - 1/2^n)U_{REF}$。从上面的分析计算可以看到，在 U_{REF} 为正电压时输出电压 U_0 始终为负值。要想得到正的输出电压，可以将 U_{REF} 取为负值。

6.4.4　具有双极性输出的 D/A 转换器

在前面讨论过的 D/A 转换器中，不论输入数字量的状态如何，求和放大器的输出电压总是单极性的。在实际应用中，有些场合需要 D/A 转换器输出电压是双极性的。为了得到双极性的模拟电压，可用下面讨论的方法来实现。

在计算机中，参加运算的二进制数都用 2 的补码形式来表示，称为有符号数。规定正数的符号位为"0"，负数的符号位为"1"，正数的原码和补码相同，负数的补码是将原来的二进制数的各有效位求反，然后在最低位上加"1"，就是补码中符号位以外部分的数值。

这里需要解决的问题是，如何将计算机以补码形式输出的具有正、负值的数字量转换成具有同样正、负极性的模拟电压。

现以 D/A 转换器输入数字量是 3 位二进制补码为例，说明其转换原理，多于 3 位的转换原理基本相同。3 位二进制补码可以表示 $+3 \sim -4$ 中间的任何一个整数。它们与十进制数的对应关系以及要求得到的输出模拟电压值如表 6-2 所示。

表 6-2　补码输入时所要求的输出电压

补码形式			对应的十进制数	所要求的输出电压/V
a_1	a_2	a_3		
0	1	1	+3	+3
0	1	0	+2	+2
0	0	1	+1	+1
0	0	0	0	0
1	1	1	-1	-1
1	1	0	-2	-2
1	0	1	-3	-3
1	0	0	-4	-4

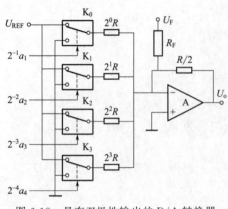

图 6-18　具有双极性输出的 D/A 转换器

为了得到双极性的输出模拟电压，可以采用如图 6-18 所示的 D/A 转换电路。由图 6-18 可以看出，双极性输出是在前面介绍的 D/A 转换器中增设一个由 R_F 和 U_F 组成的偏移电路而实现。如果把 D/A 转换器输入的二进制代码全部视为无符号数，即都表示正数，则当输入数字代码为 111 时，输出电压 $U_0 = 7V$，而输入数字代码为 000 时，输出电压为 $U_0 = 0V$。如果按表 6-3 规定，将输出电压同时偏移 $-4V$，那么输出电压 U_0 将在 $+3 \sim -4V$ 范围内变化，恰好与表 6-2 所要求的输出电压相符。

表 6-3 具有偏移的 D/A 转换器的输出电压

二进制码输入			无偏移的输出/V	偏移 $-4V$ 后的输出/V
a_1	a_2	a_3		
1	1	1	$+7$	$+3$
1	1	0	$+6$	$+2$
1	0	1	$+5$	$+1$
1	0	0	$+4$	0
0	1	1	$+3$	-1
0	1	0	$+2$	-2
0	0	1	$+1$	-3
0	0	0	0	-4

为了保证输入数字代码为 100 时，输出电压为 0V，应按式（6-20）选择偏移电压 U_F 和电阻 R_F。

$$-\frac{U_{REF}}{R} = \frac{U_F}{R_F} \tag{6-20}$$

此时，输入运算放大器输入端的总电流为零。

如果把表 6-2 与表 6-3 最左边一列对比一下就会发现，只需把补码的符号位求反，再加到图 6-18 所示的 D/A 转换器上，就可以得到表 6-2 所要求的输出电压。实现这一点很简单，只要将符号位 a_2 经过一级反相器再去控制模拟电子开关 K_2 的状态。当然由计算机用程序取反也是很容易实现的。

6.5 单片集成 D/A 转换器 DAC0832

6.5.1 芯片简介

DAC0832 是 8 位分辨率的 D/A 转换集成芯片；具有两个输入数据寄存器，可以直接与 Z80 微处理器或者 8031 单片机、IBM-PC 机接口；芯片内有 R、$2R$ 组成的 T 形电阻网络，用来对基准电流进行分流，完成数字量输入、模拟量输出的转换。

6.5.2 工作原理

（1）芯片结构及工作原理

DAC0832 的结构如图 6-19 所示，芯片内有一个 8 位输入寄存器和一个 8 位 DAC 寄存器，形成二级缓冲方式。这样可在 D/A 转换输出前一个数据的同时接收下一个数据并送到 8 位输入寄存器，以提高 D/A 的转换速度。更重要的是，这样能够在多个转换器分别进行 D/A 转换时，同时输出模拟电压量；若使用多个转换器并联工作，可增加转换位数，达到提高转换精度的目的。

8 位 D/A 转换器主要由 R、$2R$ 组成的 T 形电阻网络和模拟切换开关组成，并且芯片内集成了一个求和反馈电阻 R。故输出的电压为：

$$U_o = -U_{REF} \sum_{i=0}^{7} (2^{-(8-i)} a_i) \tag{6-21}$$

（2）引脚说明

DAC0832 芯片引脚如图 6-20 所示，各引脚说明如下：

V_{CC}：芯片电源电压，$+5 \sim +15V$。

U_{REF}：参考电压，$-10 \sim +10V$。

R_{FB}：反馈电阻引出端，此端可接运算放大器输出端。

A_{GND}：模拟信号地。

D_{GND}：数字信号地。

$DI_7 \sim DI_0$：数字量输入信号。

I_{LE}：输入锁存允许信号，高电平有效。

$\overline{CS}$：片选信号，低电平有效。

$\overline{WR_1}$：写信号 1，低电平有效。

$\overline{XFER}$：控制转移信号，低电平有效。

$\overline{WR_2}$：写信号 2，低电平有效。

I_{OUT1}：模拟电流输出端 1。当输入数字为全 "1" 时，输出电流最大，约为：$\dfrac{255U_{REF}}{256R_{FB}}$，全 "0" 时，输出电流为 0。

I_{OUT2}：模拟电流输出端 2。

$$I_{OUT1} + I_{OUT2} = \frac{255}{256} \frac{U_{REF}}{R_{FB}} = 常数 \tag{6-22}$$

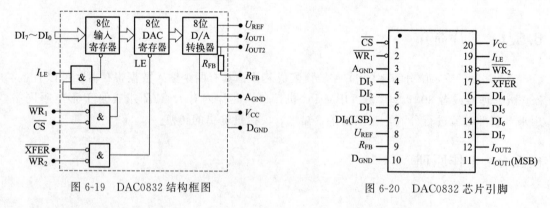

图 6-19　DAC0832 结构框图　　　　　　图 6-20　DAC0832 芯片引脚

（3）DAC0832 典型接线方式

DAC0832 输出为单极性电压线路如图 6-21 所示。

图 6-21 中两个电流输出 I_{OUT1} 和 I_{OUT2} 的电位应尽可能接近地电位，以保证输出电流的线性度，输出电流 I_{OUT1} 通过运算放大器把电流转换成电压输出。

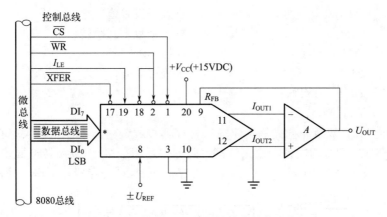

图 6-21 DAC0832 单极性输出对外连接

6.5.3 接口电路和程序设计

根据上述对 DAC0832 的输入寄存器和 DAC 寄存器不同的控制方法，DAC0832 有如下 3 种工作方式：

① 单缓冲方式：单缓冲方式是控制输入寄存器和 DAC 寄存器同时接收资料，或者只用输入寄存器而把 DAC 寄存器接成直通方式。此方式适用于只有一路模拟量输出或几路模拟量异步输出的情形。单缓冲工作方式如图 6-22 所示。其中，输入寄存器工作于直通状态，DAC 寄存器工作于受控状态。

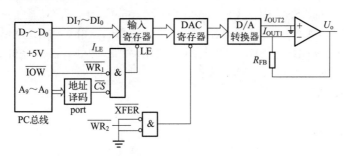

图 6-22 DAC0832 单缓冲工作方式

【例 6-1】利用单缓冲工作方式连线图，编程输出一幅度为 4V 的锯齿波。参考电压为 -5V。

解 codeSEGMENT
ASSUME CS：code

```
        start：MOV    CX，8000H        ；波形个数
               MOV    AL，0            ；锯齿谷值
        next： MOV    DX，port         ；打开锁存
OUT       DX，AL
CALL      delay                        ；控制锯齿波的周期
INC       AL                           ；修改输出值
CMP       AL，0CEH                     ；比较是否到锯齿峰值，0CEH 对应 4V
JNZ       next                         ；未到跳转
```

MOV	AL，0	；重置锯齿谷值
LOOP	next	；输出个数未到跳转
MOV	AH，4CH	；返回 DOS
INT	21H	；子程序 delay
	code ENDS	
END	start	

② 双缓冲方式：双缓冲方式是先使输入寄存器接收资料，再控制输入寄存器的输出资料到 DAC 寄存器，即分两次锁存输入数据，此方式适用于多个 D/A 转换同步输出的情形。双缓冲工作方式如图 6-23 所示。其中，输入寄存器和 DAC 寄存器都工作于受控状态。

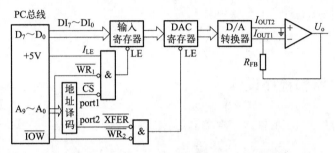

图 6-23   DAC0832 双缓冲工作方式

【例 6-2】利用上页的接线方式，将 datav1 和 datav2 处的两组数据，一一对应转换成模拟量同时输出。

解   code   SEGMENT
              ASSUME   CS：code，DS：code
      datav1   DB   11h，12h，13h，14h，15h，16h，17h，18h，19h，1Ah
      datav2   DB   21h，22h，23h，24h，25h，26h，27h，28h，29h，2Ah
      start：   MOV   AX，code
MOV   DS，AX
LEA   SI，datav1
LEA   BX，datav2
MOV   CX，10

next：	MOV	AL，[SI]	；取 datav1 的数据
	OUT	port1，AL	；打开第一片 DAC 0832 第一级锁存
	MOV	AL，[BX]	；取 datav2 的数据
	OUT	port2，AL	；打开第二片 DAC 0832 第一级锁存
	OUT	port3，AL	；打开两片 DAC 0832 的第二级锁存
	INC	SI	
	INC	BX	
	LOOP	next	
	MOV	AH，4CH	
	INT	21H	
	code	ENDS	

END start

③ 直通方式：直通方式是资料不经两级寄存器锁存，即 $\overline{WR_1}$、$\overline{CS}$、$\overline{WR_2}$、$\overline{XFER}$ 均接

地，I_{LE} 接高电平（图 6-24）。数字量一旦输入，就直接进入 DAC 寄存器，进行 D/A 转换。此方式适用于连续反馈控制线路，不过在使用时，必须通过另加 I/O 接口与 CPU 连接，以匹配 CPU 与 D/A 转换。

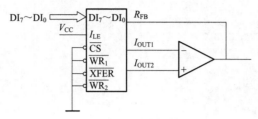

图 6-24　DAC0832 直通工作方式

习　题

1. DAC0832 芯片有哪几种工作方式各有什么特点？

2. D/A 转换器的线性误差是什么意思？线性误差大于 1LSB 有何后果？

3. 12 位 D/A 转换器中，$R = 1k\Omega$，$R_F = 2k\Omega$，$U_{REF} = 10V$，问 U_{omax} 等于多少？

4. DAC1210 12 位 D/A 转换器与 8031 单片机接口，基准电压 $U_{REF} = 10V$，$U_o = U_{REF} \left(\dfrac{D_{11} 2^{11} + D_{10} 2^{10} + \cdots + D_0 2^0}{2^{12}} \right)$，当输入数字量为 9FF0H 时，$U_o$ 等于多少？

5. 一般用什么信号来表征 D/A 转换器芯片是否被选中？

6. 多于 8 位的 D/A 转换器在和 8 位微机接口时，如何解决数据传送问题？

第 7 章

数据传输技术

随着电子技术的发展和市场的需求，各种各样的基于数据采集的设备广泛应用于各个不同领域的自动化控制设备和监测系统中，要求系统之间以及各系统自身的各个组成部分之间必须保持良好的通信来完成采集数据的传输，先进的通信协议技术能可靠保证这一点。通信协议是通信双方的约定，对数据格式、同步方式、传送速率、传送步骤、检纠错方式以及控制字符定义等问题作出统一规定，通信双方必须共同遵守，实现不同设备、不同系统间的相互沟通。将通信协议合理地应用于现代数据采集系统的开发中，不仅能使产品的设计更加灵活、使用更为便捷，还能扩大产品的使用范围、增强产品市场竞争力。

在工业现场能够选择的通信接口非常多，常见的有如下几种：RS-232、RS-485、以太网、USB、无线等。

7.1 RS-232 数据传输技术

RS-232 是美国电子工业联盟（Electronic Industry Association，EIA）制定的串行数据通信接口标准，原始编号全称是 EIA-RS-232（简称 RS-232）。RS-232 一共经历了多种版本，但都是在 RS-232 标准的基础上经过改进而形成的，应用比较广泛的为 RS-232C。RS-232C 是 EIA 在 1973 年公布的一种串行数据通信标准，该标准定义了数据通信设备（Data Communication Equipment，DCE）和通信终端设备（Data Terminal Equipment，DTE）之间的接口信号特性，提供了一个利用电话网络作为传输媒介、通过调制解调器将远程设备连接起来的技术规定，是一种在低速率串行通信中增加通信距离的单端标准，应用较广泛。

7.1.1 接口形态及引脚定义

按照引脚数量分类有 25 针和 9 针两种：

（1）25pin-DB25 协议标准推荐的接口类型

由于接口物理尺寸较大，很少使用，不做具体介绍。

（2）9pin-DB9 协议标准推荐的接口类型

9 针 RS-232 接口自 IBM PC/AT 开始改用就成为目前主流接口形态。9 针 RS-232 接口按照接口类型，又可以分为公头（Male）和母座（Female），如图 7-1 所示，公头带针脚，母座带孔座。表 7-1 给出了 9 针连接器的引脚定义。

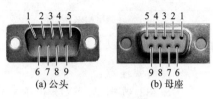

图 7-1　RS-232 接口形态

表 7-1　RS-232 的引脚定义

引脚编号	引脚定义	说明
1	载波检测 CD	载波监测给 DTE
2	接收数据 RXD	接收数据
3	发送数据 TXD	发送数据
4	数据终端准备好 DTR	DTE 告诉 DCE 准备就绪
5	信号地 GND	—
6	数据装置准备好 DSR	DCE 告诉 DTE 准备就绪
7	请求发送 RTS	DTE 向 DCE 请求发送数据
8	清除发送 CTS	DCE 通知 DTE 可以传数据
9	振铃指示 RI	DCE 通知 DTE 有振铃信号

发送数据 TXD（Transmitted Data）：串行数据的发送端。

接收数据 RXD（Received Data）：串行数据的接收端。

请求发送 RTS（Request To Send）：数据终端设备准备好送出数据时，就发出有效的 RTS 信号，用于通知数据通信设备准备接收数据。

清除发送 CTS（Clear To Send）：当数据通信设备已准备好接收数据终端设备的传送数据时，发出 CTS 有效信号来响应 RTS 信号，其实质是允许发送。

数据终端准备好 DTR（Data Terminal Ready）：通常数据终端设备一加电，该信号就有效，表明数据终端设备准备就绪。

数据装置准备好 DSR（Data Set Ready）：通常表示数据通信设备（即数据装置）已接通电源连到通信线路上，并处在数据传输方式，而不是处于测试方式或断开状态。（DTR 和 DSR 也可用作数据终端设备与数据通信设备间的联络信号，例如，应答数据接收）

信号地 GND（Ground）：为所有的信号提供一个公共的参考电平。

载波检测 CD（Carrier Detected）：当本地调制解调器接收到来自对方的载波信号时，就从该引脚向数据终端设备提供有效信号。

振铃指示 RI（Ring Indicator）：在调制解调器接收到对方的拨号信号期间，该引脚信号作为电话铃响指示。

7.1.2　电气特性

RS-232 采用 EIA 电平，其定义如表 7-2 所示，规定高电平的电压范围为＋3～＋15V，低电平的电压范围为$-3\sim-15V$，实际应用常采用$\pm12V$或$\pm15V$，可承受$\pm25V$的信号电压。

表 7-2　RS-232 电平定义范围

电平状态	电压范围
0(SPACE)	$+3\sim+15V$
1(MARK)	$-3\sim-15V$
非法状态	$-3\sim+3V$

另外，需要注意：

① RS-232 数据线 TXD 和 RXD 使用负逻辑，即：高电平表示逻辑"0"，用符号 SPACE（空号）表示；低电平表示逻辑"1"，用符号 MARK（传号）表示。

② RS-232 联络信号线为正逻辑：高电平有效，为 ON 状态；低电平无效，为 OFF 状态。

③ 由于 EIA 电平不与微机的逻辑电平（TTL 电平或 CMOS 电平）兼容，因此两者间需要进行电平转换，目前常用 MAX232、UN232 等转换芯片进行电平转换。

7.1.3　接口设计

实际应用中，电子工程师在设计计算机与外围设备的通信时，根据具体的通信要求，9针连接器有九线式、五线式和三线式连接方法，具体如图 7-2～图 7-4 所示。

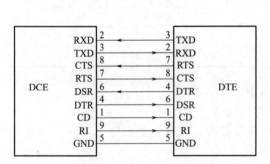

图 7-2　九线式连接示意图

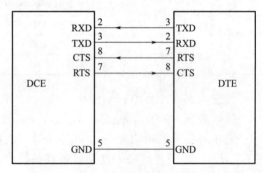

图 7-3　五线式连接示意图

三线式连接中仅使用 TXD 和 RXD 两根数据线，无法实现硬件流控功能，做大量数据传输应用时，建议使用 5 线式或 9 线式连接方式。

在数据采集等实际应用中，采集到的数据往往需要传给微机，由于 EIA 电平与 TTL 电平（或 CMOS 电平）不兼容，因此，在进行接口设计时，应设计电平转换电路，如图 7-5 所示为 EIA 电平与 TTL 电平的转换电路。

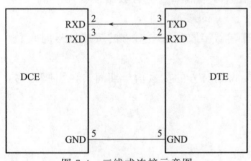

图 7-4　三线式连接示意图

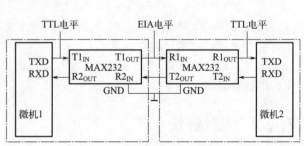

图 7-5　EIA 电平与 TTL 电平转换电路图

7.1.4　传输距离及速率

RS-232 最初规定设备最大速率为 20kbps，对于 16550A UART 最大速率为 1.5Mbps。码元畸变小于 4％的情况下，DTE 和 DCE 之间的最大传输距离为 15m（50ft[❶]）。可见这个最大的距离是在码元畸变小于 4％的前提下给出的。为了保证码元畸变小于 4％的要求，接口标准在电气特性中规定，驱动器的负载电容应小于 2500pF。对于普通导线，其电容值约为 170pF/m，则允许距离 L＝2500pF/(170pF/m)＝15m。当速率下降时，传输距离会成倍增加，表 7-3 为 Texas Instruments 在不同速率下对应的传输线缆长度。

表 7-3　**Texas Instruments 在不同速率下对应的传输线缆长度**

速率/bps	最大线缆长度/m	速率/bps	最大线缆长度/m
19200	15.24	4800	304.8
9600	152.4	2400	914.4

7.1.5　RS-232C 的通信参数

RS-232C 串口通信最重要的参数是波特率、数据位、停止位和奇偶校验位，对于两个进行通信的端口，这些参数必须匹配。

① 波特率：用于描述数据传输速率，即单位时间内传输的符号数量。波特率是一个衡量符号传输速率的单位，通常以每秒的波特数表示。1 波特等于每秒传输 1 个符号，在二进制的情况下，比特率与波特率数值相同，因此，本书在串行通信中就把比特率称为波特率，单位为 bps。

② 数据位：这是衡量通信中实际数据位的参数。当计算机发送一个信息包时，实际的数据不会是 8 位的，标准的值是 5、7 和 8 位，如果数据使用简单的文本（标准 ASCII 码），那么每个数据包使用 7 位数据。每个包是指一个字节，包括开始/停止位、数据位和奇偶校验位，由于实际数据位取决于通信协议的选取，术语"包"指任何通信的情况。

③ 停止位：用于表示单个包的最后一位。典型的值为 1、1.5 和 2 位。停止位仅表示传输的结束，并且提供计算机校正时钟同步的机会。适用于停止位的位数越多，不同时钟同步的容忍程度越大，但是数据传输速率同时也越慢。

④ 奇偶校验位：奇偶校验是串口通信中一种简单的检错方式。有四种检错方式，分别为偶、奇、高和低，当然没有校验位也是可以的。对于奇和偶校验的情况，串口会设置校验位（数据位后面的一位），用一个值确保传输的数据有奇个或者偶个逻辑高位。

7.1.6　RS-232C 的特点

RS-232C 接口标准应用广泛、技术成熟，有如下特点：

① 接口的信号电平值较高，易损坏接口电路的芯片，又因为与 TTL 电平不兼容，故需使用电平转换电路与 TTL 电路连接。

---

❶　1ft＝0.3048m。

② 传输速率较低，在异步传输时，波特率为 20kbps。

③ 接口使用一根信号线和一根信号返回线而构成共地的传输形式，这种共地传输容易产生共模干扰，所以抗噪声干扰性弱。

④ 传输距离有限，最大传输距离标准值为 15m。

为弥补 RS-232C 的不足，EIA 于 1980 年公布了适于远距离传输的 RS-422 标准。RS-422 采用平衡差分传输技术，同一信号使用两根以地为参考的电平相反的平衡传输线传送。采用这种差分输入方式，当干扰信号作为共模信号出现时，只要接收器有足够的抗共模电压范围，就能识别并正确接收传送的信息。

典型的 RS-422 接口包含了 TXA（发送端 A）、TXB（发送端 B）、RXA（接收端 A）、RXB（接收端 B）和信号地共 5 根线。由于一般不使用公共地线，收、发双方因地电位不同而产生的共模干扰会减至最小，所以传输距离和速度都有明显提高。最远传输距离约为 1200m，最大速率达 10Mbps，传输距离与传输速率成反比。当采用双绞线传输数据时，在传输速率为 100kbps 以下时可达到最大传输距离，在很短的传输距离内能获得最大传输速率。一般地，传输距离在 200m 以内时，传输速率可达 200kbps。RS-422 采用全双工传输方式，当两点之间远程通信时，使用单独的发送和接收通道，需要两对平衡差动电路（至少 4 根线）。又由于接收器采用高输入阻抗，比 RS-232 具有更强的驱动能力，所以符合 RS-422 标准的发送驱动器在一个主设备的相同传输线上可连接最多 10 个从设备，即一个驱动器发送数据，总线上可有多至 10 个接收器接收数据，但从设备之间不通信。也就是说，RS-422 标准支持点对多的双向通信。

在高速传送信号时，为使通信线路阻抗匹配，减小反射波，应在传输电缆的最远接收端接终端电阻以吸引反射波，终端电阻的值约等于传输电缆的特性阻抗，习惯上终端电阻取 100Ω。当传输距离在 300m 以内时不需要接终端电阻。

7.2　RS-485 数据传输技术

在 RS-422 标准的基础上加以改进，EIA 于 1983 年制定了 RS-485 标准。RS-485 是 RS-422 的变形，改进之处是 RS-485 标准的一个发送器可驱动 32 个接收器，总线上可连接多至 32 个接收器，并且可采用二线与四线工作方式。当采用二线工作方式时，可有多个驱动器和接收器连接至总线，并且其中任何一个设备都可发送或接收数据。由于发送和接收共用一个线路，通信采用半双工工作方式，所以此方式可实现真正的多点总线结构，即通过程序的协调，每台设备都可以实现接收或发送功能。但在同一时刻，发送和接收不可同时进行，设备的端口在接收时应将自己的发送端关闭，在发送时将自己的接收端关闭。而且在总线上，同一时刻只有一个发送器发送数据，其他发送器处于关闭状态。发送器是否可以发送数据由芯片上的发送允许端（使能端）控制。RS-485 的二线工作方式连接简单、成本低，因此在工业控制及通信联络系统中使用普遍。

7.2.1　接口形态及引脚定义

RS-485 无具体的物理形状，根据工程的实际情况设计，很多情况下，连接 RS-485 通信链路时只是简单地用一对双绞线将各个接口的"A""B"端连接起来。RS-485 接口连接器采用 DB-9 的 9 芯插头座（如图 7-6 所示），与智能终端 RS-485 接口连接采用 DB-9（孔），与键盘连接的键盘接口 RS-485 采用 DB-9（针）。

RS-485 常用的半双工二线制（引脚定义如表 7-4 所示）的接口定义为：1—DATA －，2—DATA ＋，5—GND。因 RS-485 的 DATA＋与 DATA＋对应，DATA－与 DATA－对应，所以 RS-485 的公母头不存在信号不一致的情况。

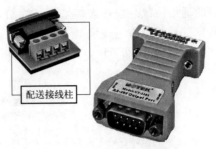

配送接线柱

图 7-6　RS-485 接口形态

表 7-4　RS-485 的引脚定义

引脚编号	引脚定义	说明
1	DATA－(A)	信号－
2	DATA＋(B)	信号＋
5	GND	地
其他	NC	未使用

7.2.2　电气特性

RS-485 总线标准规定了总线接口的电气特性标准即对于 2 个逻辑状态的定义（如表 7-5 所示）：正电平在＋2～＋6V 之间，表示一个逻辑状态；负电平在－2～－6V 之间，则表示另一个逻辑状态。

表 7-5　RS-485 电平定义范围

电平状态	电压范围
0(SPACE)	－2～－6V
1(MARK)	＋2～＋6V

数字信号采用差分传输方式，能够有效减少噪声信号的干扰，具体定义如图 7-7 所示。如果发射器输入端收到逻辑高电平（DI=1），则线路 A 电压高于线路 B（$U_{OA}>U_{OB}$）；如果发射器输入端接收到逻辑低电平（DI=0），则线路 B 电压高于线路 A（$U_{OB}>U_{OA}$）。如果接收器的输入端线路 A 电压高于线路 B（$U_{IA}-U_{IB}>200mV$），则接收器输出为逻辑高电平（RO=1）；如果接收器的输入端线路 B 电压高于线路 A（$U_{IB}-U_{IA}>200mV$），则接收器输出逻辑低电平（RO=0）。

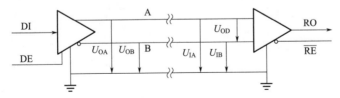

图 7-7　RS-485 发射与接收示意图

7.2.3　接口设计

RS-485 接口已被证明具有极强的鲁棒性，并且由于其多点拓扑结构而成为工业上最流行的通信协议。现在大多采用二线制，即半双工工作模式，只能在任何给定时间发送或接收数据。目前没有用于实现 RS-485 协议的特定连接器类型，但是在大多数情况下，都使用 DB-9 连接器或端子块，采用总线式拓扑结构，如图 7-8 所示。

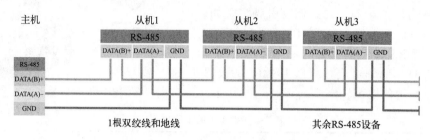

图 7-8   RS-485 总线结构连接图

实际应用中，RS-485 接口电路的主要功能是将来自微处理器的发送信号 TX 通过"发送器"转换成通信网络中的差分信号，或者将通信网络中的差分信号通过"接收器"转换成被微处理器接收的 RX 信号。任一时刻，RS-485 收发器只能够工作在"接收"或"发送"两种模式之一，因此，必须为 RS-485 接口电路增加一个收/发逻辑控制电路。另外，由于应用环境的各不相同，RS-485 接口电路的附加保护措施也是必须重点考虑的环节。下面以选用 SP485R 芯片为例，列出 RS-485 接口电路中的几种常见电路，并加以说明。

图 7-9 为一个经常被应用到的 SP485R 芯片的示范电路，可以被直接嵌入实际的 RS-485 应用电路中。微处理器的标准串行口通过 RXD 直接连接 SP485R 芯片的 RO 引脚，通过 TXD 直接连接 SP485R 芯片的 DI 引脚。由微处理器输出的 R/D 信号直接控制 SP485R 芯片的发送器/接收器使能：R/D 信号为"1"，则 SP485R 芯片的发送器有效，接收器禁止，此时微处理器可以向 RS-485 总线发送数据字节；R/D 信号为"0"，则 SP485R 芯片的发送器禁止，接收器有效，此时微处理器可以接收来自 RS-485 总线的数据字节。此电路中，任一时刻，SP485R 芯片中的"接收器"和"发送器"只能够有 1 个处于工作状态。

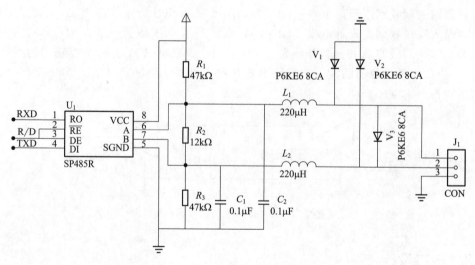

图 7-9   SP485R 连接电路图

7.3　USB 数据传输技术

通用串行总线 USB（Universal Serial Bus）为 1994 年底由英特尔、康柏、IBM、Microsoft 等多家公司联合提出的一个外部总线标准，用于规范电脑与外部设备的连接和通信，是应用在 PC 领域的接口技术。USB 接口支持设备的即插即用和热插拔功能。USB 接口可连接 127 种外设，如鼠标和键盘等。

USB 是一种常用的 PC 接口，只有 4 根线，即两根电源线（5V，地线）和两根数据线（D＋，D－）。USB 的传输速率从 USB1.0 的 1.5Mbps 到 USB4.0 的 20Gbps（如表 7-6 所示），可以满足不同的传输需求。

表 7-6　USB 的不同版本及速率

版本	理论最大传输速率	速率称号	最大输出电流	推出时间
USB1.0	1.5Mbps	低速	5V/500mA	1996 年 1 月
USB1.1	12Mbps	全速	5V/500mA	1998 年 9 月
USB2.0	480Mbps	高速	5V/500mA	2000 年 4 月
USB3.0	5Gbps	超高速	5V/500mA	2008 年 11 月/2013 年 12 月
USB3.1	10Gbps	超高速＋	20V/5A	2013 年 12 月
USB3.2	20Gbps	超高速＋＋	20V/5A	2017 年 9 月
USB4.0	40Gbps	超高速＋＋	20V/5A	2019 年 8 月

7.3.1　接口形态及引脚定义

USB 连接器接口可分为标准接口、Mini 接口、Micro 接口和 Full duplex 接口四种，从接口形态来看可分为 A、B、C 三种，其中，A、B 类又可分为 Type-A/B、Mini/Micro-A/B，如图 7-10 所示。

（1）标准接口

连接器为标准接口时只有 A、B 两种类型，从形态上来看，又分为用于 USB2.0 版和 USB3.0 版，如图 7-11 所示。

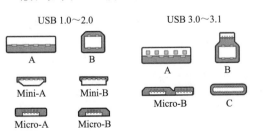

图 7-10　USB 的接口形态

（a）USB2.0版　　（b）USB3.0版

图 7-11　USB 标准接口实物图

USB2.0 版有 4 根线,其引脚排序如图 7-12 所示,分别为电源 V_{BUS}、地 GND,以及差分数据 D— 和 D+ 引脚,具体对应关系如表 7-7 所示。

表 7-7　USB2.0 版 Type-A/B 引脚定义

引脚	名称	线缆颜色	描述
1	V_{BUS}	红色或者橙色	+5V 供电
2	D—	白色或者金色	差分数据—
3	D+	绿色	差分数据+
4	GND	黑色或者蓝色	地

USB3.0 版有 9 根线,其引脚排序如图 7-13 所示,分别为供电、2.0 数据差分对、电源地、高速数据差分对-接收、信号地、高速数据差分对-发送引脚,具体对应关系如表 7-8 所示。

图 7-12　USB2.0 版标准接口引脚　　　　图 7-13　USB3.0 版标准接口引脚

表 7-8　USB3.0 版 Type-A/B 引脚定义

引脚	名称		颜色	描述
	Type-A	Type-B		
1	V_{BUS}		红色	电源
2	D—		白色	2.0 数据差分对
3	D+		绿色	
4	GND		黑色	电源地
5	StdA_SSRX—	StdB_SSTX—	蓝色	Type-A 为高速数据差分对-接收
6	StdA_SSRX+	StdB_SSTX+	黄色	Type-B 为高速数据差分对-发送
7	GND_DRAIN			信号地
8	StdB_SSTX—	StdA_SSRX—	紫色	Type-A 为高速数据差分对-发送
9	StdB_SSTX+	StdA_SSRX+	橙色	Type-B 为高速数据差分对-接收

(2) Mini 接口

连接器为 Mini 接口时有 Mini-A、Mini-B 和 Mini-AB 三种类型,但从 2007 年起,Mini-A 和 Mini-AB 接口已经不再使用,故只介绍 Mini-B 接口。如图 7-14 所示为 Mini-B 接口的实物图及引脚图。

USB Mini-B 有 5 根线,其引脚如表 7-9 所示,分别为电源、差分数据—、差分数据+、接口类型、地。

(3) Micro 接口

连接器为 Micro 接口时有 USB2.0 版的 Micro-A、Micro-B、Micro-AB 和 USB3.0 版的

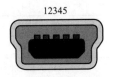

(a) USB Mini-B接口实物图　　　　(b) USB Mini-B接口引脚

图 7-14　USB Mini-B 接口

表 7-9　USB Mini-B 引脚定义

引脚	名称	线缆颜色	描述
1	V_{BUS}	红色	+5V 供电
2	D−	白色	差分数据−
3	D+	绿色	差分数据+
4	ID	—	接口类型，B 型接口，此引脚不连接
5	GND	黑色	地

Micro-B 四种类型，如图 7-15 所示为 Micro-B 接口的 USB2.0 版和 USB3.0 版实物图。图 7-16 为 Micro-B 的引脚图。

(a) USB2.0版　　　　　　(b) USB3.0版

图 7-15　Micro-B 接口实物图

　　Micro 接口的 USB2.0 版共有 5 个引脚，USB3.0 版共有 10 个引脚，如图 7-16 所示。Micro-B 接口的 USB2.0 版的引脚功能与 Mini 接口一样，具体见表 7-9，USB3.0 版的引脚如表 7-10 所示，其引脚与 USB3.0 版的标准接口相比，增加了 OTG 识别线，因此 USB3.0 版的 Micro 接口有 10 根线。

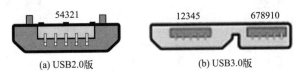

(a) USB2.0版　　　　　　　　(b) USB3.0版

图 7-16　Micro-B 接口引脚

表 7-10　USB3.0 版 Micro-B 引脚定义

引脚	名称	描述
1	V_{BUS}	电源
2	D−	2.0 数据差分对
3	D+	
4	ID	OTG 识别
5	GND	电源地

续表

引脚	名称	描述
6	MicB_SSTX−	高速数据差分对-发送
7	MicB_SSTX+	
8	GND_DRAIN	信号地
9	MicB_SSRX−	高速数据差分对-接收
10	MicB_SSRX+	

（4）Full duplex 接口

连接器为 Full duplex 接口时主要为 Type-C 接口，此接口没有正反方向的区别，可以随意插拔。其实物图及引脚图如图 7-17 所示。

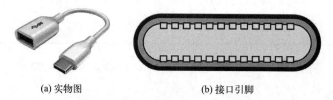

(a) 实物图   (b) 接口引脚

图 7-17   Type-C 接口

Type-C 接口的引脚定义及公头母头的序号间的关系如图 7-18 所示，通过上下对称及内部互连实现正反方向均能插拔。

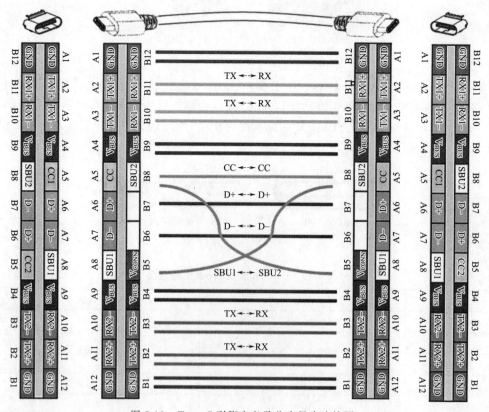

图 7-18   Type-C 引脚定义及公头母头连接图

7.3.2　电气特性

鉴于 USB 版本较多，本书以 USB2.0 为例来进行讲解，在 USB 2.0 系统中要求 USB 传输线使用屏蔽双绞线。

USB 支持"总线供电"和"自供电"两种供电模式。在总线供电模式下，设备最多可以获得 500mA 的电流。一条 USB 传输线分别由地线、电源线、D＋和 D－四根线构成（如图 7-19 所示），D＋和 D－是差分输入线。它使用的是 3.3V 的电压（与 CMOS 的 5V 电平不同），而电源线和地线可向设备提供 5V 电压，最大电流为 500mA（可以在编程中设置）。

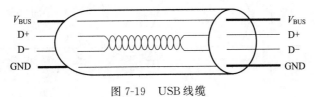

图 7-19　USB 线缆

在 USB2.0 规范中，定义了以下一些电平信号：

① 差分信号 1：D＋＞2.8V，D－＜0.3V。

② 差分信号 0：D－＞2.8V，D＋＜0.3V。

③ J 状态和 K 状态：

a. 低速下：D＋为"0"、D－为"1"是"J"状态，"K"状态相反。

b. 全速下：D＋为"1"、D－为"0"是"J"状态，"K"状态相反。

高速同全速

④ SE0 状态：D＋为"0"，D－为"0"。

⑤ Idle 状态：

a. 低速下 Idle 状态为"K"状态。

b. 全速下 Idle 状态为"J"状态。

c. 高速下 Idle 状态为"SE0"状态。

USB 可以通过在 D＋/D－线上放置上拉电阻来判断该 USB 设备为全速或低速设备，如图 7-20 所示。USB 主机端默认都是 15kΩ 下拉电阻，当外设接口 D＋引脚有 1.5kΩ 上拉电阻时导致 D＋总线电压为高电平，主机可以判断为此外设是全速设备。如果 D－上是高电平，主机则判断该设备是低速设备。

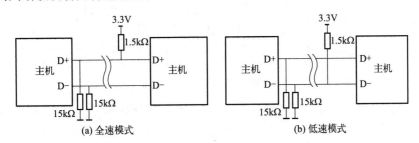

图 7-20　USB 速率模式

针对低速/全速模式，还有以下几个重要状态：

① 复位（reset）状态：主机在和设备通信之前会发送 Reset 信号来把设备配置到默认

的未配置状态。即 SE0 状态保持 10ms。

② 恢复（Resume）状态：20ms 的 K 状态＋低速 EOP，如图 7-21 所示。

a. 主机在挂起设备后可通过翻转数据线上的极性并保持 20ms 来唤醒设备，并以低速 EOP 信号结尾。

b. 带远程唤醒功能的设备还可自己发起该唤醒信号。前提是设备已进入 Idle 状态至少 5ms，然后发出唤醒 K 信号，维持 1～15ms 并由主机在 1ms 内接管来继续驱动唤醒信号。

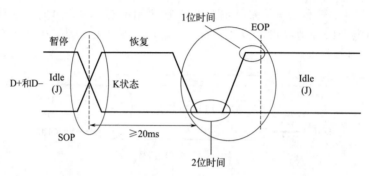

图 7-21   Resume 状态

③ 挂起（Suspend）状态：3ms 以上的 J 状态。

④ 空闲（Idle）状态：J 状态-数据发送前后总线的状态。

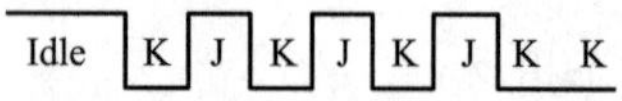

⑤ 同步（Sync）状态：3 个 KJ 状态切换，然后跟随 2 位时间的 K 状态，如图 7-22 所示。

Idle | K J K J K J K K

图 7-22   Sync 状态

⑥ 起始（Start-of-Package，SOP）状态：从空闲状态切换到 K 状态，所有的包都是从 SOP 开始的。

⑦ 结尾（End-of-Package，EOP）状态：持续 2 位时间的 SE0 信号，再跟随 1 位时间的 J 状态。

7.3.3   通信协议

数据在 USB 传输线上传送是由低位到高位发送的。USB 采用 NRZI（非归零编码）对发送的数据包进行编码（图 7-23），即：输入数据"0"，编码成"电平翻转"；输入数据"1"，编码成"电平不变"。

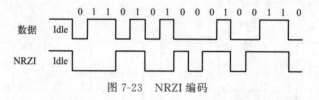

图 7-23   NRZI 编码

USB 采用不归零取反来传输数据，当传输线上的差分数据输入"0"时就取反，输入"1"时就保持原值，为确保信号发送的准确性，当在 USB 总线上发送一个包时，传输设备就要进行位插入操作（即在数据流中每连续 6 个"1"后就插入一个"0"），从而强迫 NR-ZI 码发生变化。接收方解码 NRZI 码流，识别出填充位，并丢弃它们，操作过程如图 7-24 所示。

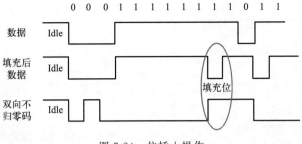

图 7-24　位插入操作

USB 数据是由二进制数字串构成的，数字串组成域，域再组成包，包再组成事务（IN、OUT、SETUP），事务组成传输（中断传输、同步传输、批量传输和控制传输）。

USB 协议规定了四种传输类型：批量传输、同步传输、中断传输和控制传输。其中，批量传输、同步传输和中断传输每传输一次数据都是一个事务。控制传输包括建立过程、状态过程和数据过程三个过程，建立过程和状态过程分别是一个事务，数据过程则可能包含多个事务。

（1）域

一个包被分为不同域，域是 USB 数据最小的单位，由若干位组成（由具体的域决定）。不同类型的包所包含的域是不一样的，但都以同步域 SYNC 开始，紧跟一个包标识符 PID，最终以包结束符 EOP 来结束这个包，如图 7-25 所示。

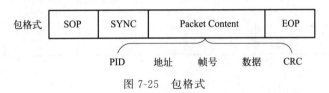

图 7-25　包格式

同步域（SYNC）：所有的 USB 包都由 SYNC 开始，高速包的 SYNC 宽度为 32bit，全速/低速包的 SYNC 宽度为 8bit。实际接收到的 SYNC 宽度由于 USB HUB 的关系，可能会小于该值。8 位的值固定为 0000 0001，用于本地时钟与输入同步。

标识域（PID）：PID 是用来标识一个包的类型的。它共有 8 位，只使用 4 位（PID0～PID3），另外 4 位是 PID0～PID3 的取反，用来校验 PID。PID 规定了四类包，即令牌包、数据包、握手包和特殊包，如表 7-11 所示。

表 7-11　PID 类型

类型	名称	PID<3：0>	解释
令牌包	OUT	0001	从主机到设备的数据传输
	IN	1001	从设备到主机的数据传输
	SOF	0101	帧的起始标记和帧号
	SETUP	1101	启动一个控制传输，用于主机对设备的初始化
数据包	DATA0	0011	偶数据包
	DATA1	1011	奇数据包
	DATA2	0111	微帧中的高速、高带宽同步事务数据包
	MDATA	1111	多种高速、高带宽同步事务数据包

类型	名称	PID<3:0>	解释
握手包	ACK	0010	接收器收到无错误的数据包
	NAK	1010	接收器无法接收数据或发送器无法发送数据
	STALL	1110	端点产生停滞的状况
	NYTE	0110	尚未收到接收器的响应
特殊包	PRE	1100	使能下游端口的 USB 总线的数据传输切换到低速的设备

地址域（ADDR）：地址共占 11 位，其中低 7 位是设备地址，高 4 位是端点地址。

① 设备地址（ADDR）：代表设备在主机上的地址，地址 000 0000 被命名为零地址，是任何设备第一次连接到主机时，在被主机配置、枚举前的默认地址，因此一个 USB 主机只能接 127 个设备。

② 端点地址（ENDP）：低速设备最多 3 个端点，全速设备和高速设备最多 16 个端点。

帧号域：占 11 位，主机每发出一个帧，帧号都会自加 1，当帧号达到 0x7FF 时，将归零重新开始计数。帧号域最大容量 0x800，对于同步传输有重要意义。

数据域：根据传输类型的不同，数据域的数据长度从 0 到 1024 字节不等。根据传输类型的不同，数据域的长度不同，如表 7-12 所示。

表 7-12　数据域最大长度

控制传输			批量传输			中断传输			同步传输		
HS	FS	LS	HS	FS	LS	HS	FS	LS	HS	FS	LS
64	64	8	512	64	—	1024	64	8	1024	1023	—

注：HS—高速；FS—全速；LS—低速。

CRC 域：CRC 校验是对令牌包和数据包中非 PID 域进行校验的一种方法，在通信中应用很泛，是一种很好的校验方法。CRC 码的除法是模 2 运算，不同于十进制中的除法。

① 对于令牌（Token）使用 5 位 CRC。涵盖了 IN、SETUP 和 OUT 令牌的 ADDR 和 ENDP 字段或 SOF 令牌的时间戳字段。生成多项式为 $G(X)=X^5+X^2+1$，表示这个多项式的二进制位模式是 00101B。如果所有令牌比特都没有错误地被接收到，则接收器处的五比特残差将是 01100B。

② 数据 CRC 是应用在数据包的数据字段上的 16 位多项式。生成多项式为 $G(X)=X^{16}+X^{15}+X^2+1$，表示这个多项式的二进制位模式是 1000000000000101B。如果接收到的所有数据和 CRC 位都没有错误，则 16 位残差将为 1000000000001101B。

（2）包

包是 USB 总线上数据传输的最小单位，不能被打断或干扰，否则会引发错误。若干个数据包组成一次事务传输，一次事务传输也不能被打断，属于一次事务传输的几个包必须连续，不能跨帧完成。一次传输由一次到多次事务传输构成，可以跨帧完成。

由域构成的包有四种类型，分别是令牌包、数据包、握手包和特殊包，前面三种是重要的包，不同包的域结构不同。

令牌包：分为输入包、输出包、设置包和帧起始包（注意这里的输入包是用于设置输入命令的，输出包是用来设置输出命令的，而不是放数据的），其中输入包、输出包和设置包的格式都是一样的。格式如表 7-13 所示。

表 7-13 令牌包格式

8 位	8 位	7 位	4 位	5 位
SYNC	PID	ADDR	ENDP	CRC5

注：若为帧起始包，则将 11 位地址换成 11 位帧号，其他不变。

数据包：分为 DATA0 包和 DATA1 包。当 USB 发送数据的时候，如果一次发送的数据长度大于相应端点的容量时，就需要把数据包分为好几个包，分批发送，DATA0 包和 DATA1 包交替发送，即如果第一个数据包是 DATA0，那第二个数据包就是 DATA1。但也有例外情况，在同步传输中所有的数据包都是 DATA0。格式如表 7-14 所示。

表 7-14 数据包格式

8 位	8 位	0～1024 字节	16 位
SYNC	PID	Data	CRC16

握手包：握手信息包是最简单的信息包类型，包括 ACK、NAK、STALL 以及 NYET 四种。格式如表 7-15 所示。

表 7-15 握手包格式

8 位	8 位
SYNC	PID

(3) 事务

在 USB 上数据信息的一次接收或发送的处理过程称为事务处理（Transaction）。事务处理的类型包括 IN 事务处理、OUT 事务处理、SETUP 事务处理。

IN 事务：表示 USB 主机从总线上的某个 USB 设备接收一个数据包的过程。

令牌包阶段——主机发送一个 PID 为 IN 的输入包给设备，通知设备要往主机发送数据；

数据包阶段——设备根据情况会作出三种反应（要注意：数据包阶段也不总是传送数据的，根据传输情况还会提前进入握手包阶段）。

① 正常的输入事务处理：设备向主机发出数据包（DATA 0 与 DATA 1 交替），如表 7-16 所示。

表 7-16 正常 IN 事务

主机→设备(令牌信息包)	SYNC	IN	ADDR	ENDP	CRC5
设备→主机(数据信息包)	SYNC	DATA0	DATA		CRC16
主机→设备(握手信息包)	SYNC	ACK			

② 设备忙时的输入事务处理：无法往主机发出数据包就发送 NAK 无效包，IN 事务提前结束，到了下一个 IN 事务才继续，如表 7-17 所示。

表 7-17 设备忙 IN 事务

主机→设备(令牌信息包)	SYNC	IN	ADDR	ENDP	CRC5
设备→主机(握手信息包)	SYNC	NAK			

③ 设备出错时的输入事务处理：发送错误包 STALL 包，事务也就提前结束了，总线进入空闲状态，如表 7-18 所示。

表 7-18   设备出错 IN 事务

| 主机→设备（令牌信息包） | SYNC | IN | ADDR | ENDP | CRC5 |
| 设备→主机（握手信息包） | SYNC | STALL | | | |

OUT 事务：表示 USB 主机把一个数据包输出到总线上的某个 USB 设备接收的过程。

令牌包阶段——主机发送一个 PID 为 OUT 的输出包给设备，通知设备要接收数据。

数据包阶段——比较简单，就是主机会往设备送数据，DATA0 与 DATA1 交替。

握手包阶段——设备根据情况会作出三种反应。

① 正常的输出事务处理：设备给主机返回 ACK，通知主机可以发送新的数据，如果数据包发生了 CRC 校验错误，将不返回任何握手信息，如表 7-19 所示。

表 7-19   正常 OUT 事务

主机→设备（令牌信息包）	SYNC	OUT	ADDR	ENDP	CRC5
主机→设备（数据信息包）	SYNC	DATA0	DATA		CRC16
设备→主机（握手信息包）	SYNC	ACK			

② 设备忙的输出事务处理：无法给主机返回 ACK，就发送 NAK 无效包，通知主机再次发送数据，如表 7-20 所示。

表 7-20   设备忙 OUT 事务

主机→设备（令牌信息包）	SYNC	OUT	ADDR	ENDP	CRC5
主机→设备（数据信息包）	SYNC	DATA0	DATA		CRC6
设备→主机（握手信息包）	SYNC	NAK			

③ 设备出错的输出事务处理：发送错误包 STALL 包，事务提前结束，总线直接进入空闲状态，如表 7-21 所示。

表 7-21   设备出错 OUT 事务

主机→设备（令牌信息包）	SYNC	OUT	ADDR	ENDP	CRC5
主机→设备（数据信息包）	SYNC	DATA0	DATA		CRC16
设备→主机（握手信息包）	SYNC	STALL			

SETUT 事务：

令牌包阶段——主机发送一个 PID 为 SETUP 的输出包给设备，通知设备要接收数据。

数据包阶段——比较简单，就是主机往设备送数据，注意，这里只有一个固定为 8 个字节的 DATA0 包，这 8 个字节的内容就是标准的 USB 设备请求命令。

握手包阶段——设备根据情况会作出三种反应。设备接收到主机的命令信息后，返回 ACK，此后总线进入空闲状态，并准备下一个传输（在 SETUP 事务后通常是一个 IN 或 OUT 事务构成的传输）。除了正常的设置事务处理外，还有设备忙、设备出错设置事务处理。

具体格式与 OUT 事务类似，区别在于数据包阶段的数据包大小不一样，且为 DATA 0 包。

7.3.4　接口设计

　　USB 为现行常用的标准接口，而在数据采集中，往往用 MCU 控制数据的采集，因此，如用 USB 将数据采集卡采集到的数据传给上位机，常常采用 CH340G 芯片实现。具体设计电路图如图 7-26 所示。

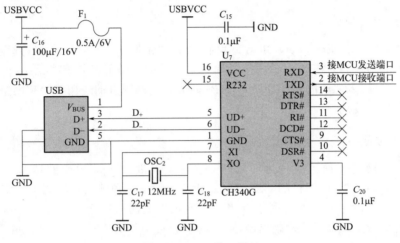

图 7-26　USB 接口设计

　　CH340G 是一个 USB 总线的转接芯片，实现 USB 转串口、USB 转 IrDA 红外或者 USB 转打印口。

7.4　以太网数据传输技术

　　以太网（Ethernet）指的是由 Xerox 公司创建并由 Xerox、Intel 和 DEC 公司联合开发的基带局域网规范，是当今现有局域网采用的最通用的通信协议标准。以太网有两类：第一类是经典以太网；第二类是交换式以太网，使用了一种称为交换机的设备连接不同的计算机。经典以太网是以太网的原始形式，运行速率从 3Mbps 到 10Mbps 不等；而交换式以太网正是广泛应用的以太网，可运行在 100Mbps、1000Mbps 和 10000Mbps 那样的高速率，分别以快速以太网、千兆以太网和万兆以太网的形式呈现。以太网不是一种具体的网络，是一种技术规范，在 IEEE 802.3 中定义了以太网的标准协议。

　　以太网的标准拓扑结构为总线型拓扑，但快速以太网（100BASE-T、1000BASE-T 标准）为了减少冲突，将能提高的网络速率和使用效率最大化，使用交换机来进行网络连接和组织。如此一来，以太网的拓扑结构就成了星形；但在逻辑上，以太网仍然使用总线型拓扑和载波多重访问/碰撞侦测（Carrier Sense Multiple Access/Collision Detection，CSMA/CD）的总线技术。

7.4.1　以太网的分类

　　以太网按速率可以分为标准以太网、快速以太网、千兆以太网和万兆以太网四种。

（1）标准以太网

最开始以太网只有 10Mbps 的吞吐量，它所使用的是 CSMA/CD（带有冲突检测的载波侦听多路访问）的访问控制方法，通常把这种最早期的 10Mbps 以太网称为标准以太网。在 IEEE 802.3 标准中规定，如 10Base-T 表示：第 1 个数字表示传输速率，单位为"Mbps"，Base 表示"基带"的意思，T 表示使用双绞线电缆。

（2）快速以太网

快速以太网（Fast Ethernet）也就是我们常说的百兆以太网，它在保持帧格式、MAC（介质存取控制）机制和 MTU（最大传送单元）质量的前提下，其速率比 10Base-T 的以太网增加了 10 倍。二者之间的相似性使得 10Base-T 以太网现有的应用程序和网络管理工具能够在快速以太网上使用。

（3）千兆以太网

千兆位以太网是一种新型高速局域网，它可以提供 1Gbps 的通信带宽，采用和传统 10Mbps、100Mbps 以太网同样的 CSMA/CD 协议、帧格式和帧长，因此可以实现在原有低速以太网基础上平滑、连续性的网络升级。千兆位以太网只用于点对点（Point to Point），连接介质以光纤为主，最大传输距离已达到 80km，可用于 MAN（城域网）的建设。

（4）万兆以太网

万兆以太网技术与千兆以太网类似，仍然保留了以太网帧结构。通过不同的编码方式或波分复用提供 10Gbps 传输速率，所以就其本质而言，10Gbps 以太网仍是以太网的一种类型。

7.4.2　接口形态及引脚定义

以太网常采用一种叫"水晶头"的接口（如图 7-27 所示），专业术语为 RJ-45 连接器，属于双绞线以太网接口类型。RJ-45 插头只能沿固定方向插入，设有一个塑料弹片与 RJ-45 插槽卡住以防止脱落。这种接口在 10Base-T 以太网、100Base-TX 以太网、1000Base-TX 以太网中都可以使用，传输介质都是双绞线，不过根据带宽的不同对介质也有不同的要求，特别是 1000Base-TX 千兆以太网连接时，至少要使用超五类线，要保证稳定高速的话还要使用六类线。

RJ-45 插头与双绞线端接有 T568A 或 T568B 两种结构。在 T568A 中，与之相连的 8 根线分别定义为：白绿、绿，白橙、蓝，白蓝、橙，白棕、棕。在 T568B 中，与之相连的 8 根线分别定义为：白橙、橙，白绿、蓝，白蓝、绿，白棕、棕。其中定义的差分传输线分别是白橙色和橙色线缆、白绿色和绿色线缆、白蓝色和蓝色线缆、白棕色和棕色线缆，因此，双绞线中的 8 根线，只用了其中 4 根，具体引脚定义如表 7-22 所示。

若双绞线两端分别用 T568A 和 T568B 两种接法，则为交叉线，若双绞线两端都用相同的线序接，则为直通线，为达到最佳兼容性，制作直通线时一般采用 T568B 标准。RJ-45 水晶头针顺序号按照如下方法进行编号：将 RJ-45 插头正面（有铜针的一面）朝自己，有铜针一头朝上方，连接线缆的一头朝下方，从左至右将 8 个铜针依次编号为 1～8，如图 7-28 所示。

表 7-22　RJ-45 引脚定义

序号	名称	含义	序号	名称	含义
1	TX+	发信号+	5	N/C	未用
2	TX−	发信号−	6	RX−	收信号−
3	RX+	收信号+	7	N/C	未用
4	N/C	未用	8	N/C	未用

图 7-27　水晶头实物图

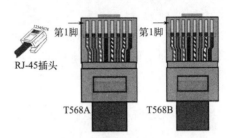

图 7-28　RJ-45 线序图

7.4.3　通信协议

按照 TCP/IP 协议的分层，以太网属于数据链路层，在数据链路层传输的协议数据单元为帧，因此，对于以太网来说，常称为以太网帧或者 MAC 帧，帧格式如图 7-29 所示。

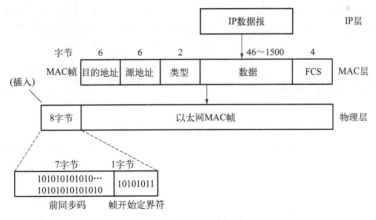

图 7-29　MAC 帧格式

以太网将网络层的 IP 数据报按 DIX Ethernet V2 标准添加上帧头和帧尾后交给物理层，物理层在发送时，由硬件自动添加 7 字节的前同步码和 1 字节的帧开始定界符，或者是将从物理层收到的数据经校验无误后去掉帧头帧尾交给网络层。

（1）前同步码

以太网标准中规定前导码为 10101010 10101010 10101010 10101010 10101010 10101010 10101010（二进制），共 7 字节。

（2）帧开始定界符

帧开始定界符为 10101011，共 1 字节。

（3）目的地址

目的地址为 6 字节的 MAC（物理）地址，指此数据应发往的目的地。

（4）源地址

源地址为 6 字节的 MAC（物理）地址，指此数据的源地址。

（5）类型

占 2 字节，用来标志上一层使用的是什么协议，以便把收到的 MAC 帧的数据上交给上一层的这个协议。例如，当类型字段的值是 0x0800 时，就表示上层使用的是 IP 数据报。

（6）数据

数据字段，即此 MAC 帧要发送的数据，其长度在 46～1500 字节之间。

（7）FCS

FCS 即帧检验序列，占 4 字节，采用 CRC 检验。

这里需要指出，因数据字段的长度可变（46～1500 字节），而在帧格式中并没有一个帧长度的字段，那么，MAC 子层又怎样知道从接收到的以太网帧中取出多少字节的数据交给上一层协议呢？主要是因为以太网曼彻斯特编码（每一个码元的正中间一定有一次电压从高到低或者从低到高的转换），当发送方把一个以太网帧发送完毕后，就不再发送其他码元，发送方的网络适配器的接口上的电压也就不再变化。这样，接收方就可以很容易地找到以太网帧的结束位置，在这个位置往前数 4 字节，就能确定数据字段的结束位置。

7.5 无线数据传输技术

无线数据传输技术分为短距离无线通信技术和长距离无线通信技术，其中短距离无线通信技术主要包括蓝牙、ZigBee、无线局域网、RFID、IrDA、近场通信技术等。

7.5.1 蓝牙技术

"蓝牙"（Bluetooth）一词源于十世纪的一位国王 Harald Bluetooth 的绰号。以此为蓝牙命名的想法最初是 Jim Kardach 于 1997 年提出的，意指蓝牙将把通信协议统一为全球标准。

2015 年 1 月，蓝牙技术联盟发布蓝牙核心规格 Bluetooth 4.2，其三大特性是：实现物联网、更智能、更快速。蓝牙 4.2 的最大改进是支持灵活的互联网连接选项 6LowPAN，即基于 IPv6 协议的低功耗无线个人局域网技术。这一技术允许多个蓝牙设备通过一个终端接入互联网或局域网。另一改进表现在隐私方面，现在蓝牙设备只会连接受信任的终端，在与陌生终端连接之前会请求用户许可，这一改进可以避免用户无意间暴露自己的位置或留下自己的记录。在传输性能方面，蓝牙 4.2 标准将数据传输速度提高了 2.5 倍，主要是因为蓝牙智能数据包的容量相比此前提高了 10 倍，同时降低了传输错误率。

2016 年 6 月，蓝牙技术联盟发布蓝牙核心规格 Bluetooth 5.0。蓝牙 5.0 针对低功耗设备，有着更广的覆盖范围和四倍（相较于蓝牙 4.2）的速度提升。蓝牙 5.0 会加入室内定位辅助功能，结合 WiFi 可以实现精度小于 1m 的室内定位。低功耗模式传输速度上限为 2Mbps，是之前蓝牙 4.2 版本的两倍。有效工作距离可达 300m，是之前蓝牙 4.2 版本的 4 倍。（空旷环境下的理论数据）添加导航功能，可以实现 1m 的室内定位。为应对移动客户端的需求，其功耗更低，且兼容老的版本。

2020 年 1 月，蓝牙技术联盟发布蓝牙核心规格 Bluetooth 5.2。蓝牙 5.2 相比于蓝牙 5.0 新增了三个功能，包括 LE 同步信道（LE Sync Channel）、增强版 ATT（Enhanced ATT）及 LE 功率控制（LE Power Control）。而且蓝牙 5.2 的传输速度更快、距离更远、功耗更低。

（1）蓝牙技术的组成

蓝牙的关键特性是健壮性、低复杂性、低功耗和低成本。蓝牙系统由无线部分、链路控制部分、链路管理支持部分和主终端接口组成，如图 7-30 所示。

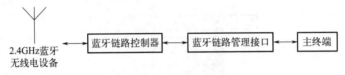

图 7-30　蓝牙系统的组成

蓝牙系统提供点对点连接方式或一对多连接方式（如图 7-31 所示），在一对多连接方式中，多个蓝牙单元之间共享一条信道。共享同一信道的两个或两个以上的单元形成一个微微网，其中，一个蓝牙单元作为微微网的主单元，其余则为从单元。一个微微网中最多有 7 个活动从单元，另外其他更多的从单元可被锁定于某一主单元，该状态称为休眠状态。在该信道中，不能激活这些处于休眠状态的从单元，但仍可使之与主单元之间保持同步。对处于激活或休眠状态的从单元而言，信道访问都是由主单元进行控制的。

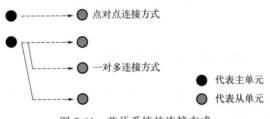

图 7-31　蓝牙系统的连接方式

（2）蓝牙协议体系结构

蓝牙协议（如图 7-32 所示）的体系结构采用分层结构，是按最大限度地重用已有通信协议的原则进行设计的，所以保证了蓝牙协议与已有协议的兼容性，简化了遗留系统的移植。蓝牙协议的体系结构分为四层，分别为：

① 核心协议：Baseband、LMP、L2CAP、SDP；

② 电缆替代协议：RFCOMM；

③ 电话传送控制协议：TCS BIN、AT Commands；

④ 选用协议：PPP、UDP/TCP/IP、DBEX、WAP、vCard、vCal、WAE。

除上述协议层外，规范还定义了主机控制器接口（HCI），它为基带控制器、连接管理器、硬件状态和控制寄存器提供命令接口。HCI 位于 L2CAP 的下层，但 HCI 也可位于 L2CAP 的上层。

蓝牙核心协议由 SIG 制定的蓝牙专用协议组成。绝大部分蓝牙设备都需要核心协议（加上无线部分），而其他协议则根据应用的需要而定。总之，电缆替代协议、电话传送控制协议和被采用的协议在核心协议基础上构成了面向应用的协议。

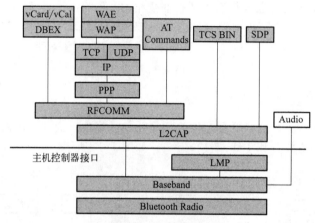

图 7-32　蓝牙协议

（3）蓝牙技术的应用

蓝牙技术的应用大体上可以划分为：替代线缆（Cable Replacement）、因特网桥（Internet Bridge）、临时组网（Ad hoc Network）。

① 替代线缆　与其他短距离无线技术不同，蓝牙从一开始就定位于结合语音和数据应用的基本传输技术。最简单的一种应用就是点对点的替代线缆，例如耳机和移动电话、笔记本电脑和移动电话、PC 和 PDA（数据同步）、数码相机和掌上电脑（PDA），以及蓝牙电子笔和电话之间的无线连接。

② 因特网桥　蓝牙定义了"网络接入点"（Network Access Point）的概念，它允许一台设备通过此网络接入点来访问网络资源，如访问 LAN、Intranet、Internet 和基于 LAN 的文件服务和打印设备。

建立这样一个安全和灵活的蓝牙网络需要以下 3 部分软件和硬件设施组成：

一是蓝牙接入点（Bluetooth Access Point，BAP），它们可以安装在提供蓝牙网络服务的公共、个人或商业性建筑物上，目前大多数接入点只能在 LAN 和蓝牙设备之间提供数据业务服务，而少数高档次的系统可以提供无线语音连接。

二是本地网络服务器（Local Network Server），此设备是蓝牙网络的核心，它提供基本的共享式网络服务，如接入 Internet、Intranet 和连接基于 PBX 的语音系统等。

三是网络管理软件（Network Management Software），此软件也是网络的核心，集中式管理的形式能够提供诸如网络会员管理、业务浏览、本地业务服务、语音呼叫路由、漫游和计费等功能。

③ 临时组网　蓝牙标准还定义了基于无网络基础设施（Infrastructure-less Network）的"散射网"（Scatternet）的概念，意在建立完全对等（P2P）的 Ad hoc Network。所谓的 Ad hoc Network 是一个临时组建的网络，其中没有固定的路由设备，网络中所有的节点都

可以自由移动，并以任意方式动态连接（随时都有节点加入或离开），网络中的一些节点客串路由器来发现和维持与网络其他节点间的路由。Ad hoc Network 应用于紧急搜索和救援行动中、会议和大会进行中及参加人员希望快速共享信息的场合。

（4）蓝牙技术的发展

目前蓝牙技术几乎代表着最低功耗的无线传输技术，在对功耗要求极高的应用场景，比如医疗植入式传感器、免充电式传感器等领域，蓝牙传输技术是最佳的选择。另外，蓝牙也不断向微型化发展，并且目前主流的 MCU 厂家均在其芯片内部嵌套低功耗蓝牙模块（BLE），比如 nRF52840、CC2640 等。

蓝牙技术的应用非常广泛而且极具潜力。它可以应用于无线设备（如 PDA、手机、智能电话、无绳电话）、图像处理设备（照相机、打印机、扫描仪）、安全产品（智能卡、身份识别、票据管理、安全检查）、消费娱乐（耳机、MP3、游戏）、汽车产品（GPS、ABS、动力系统、安全气袋）、家用电器（电视机、电冰箱、电烤箱、微波炉、音响、录像机）、医疗健身、建筑、玩具等领域。

7.5.2 ZigBee 技术

大批工蜂出巢采蜜前先派出"侦察蜂"去寻找蜜源。这些"侦察员"一旦发现了有利的采蜜地点或新的优质蜜源植物，它们就会变成采集蜂，并飞回蜂巢跳上一支圆圈舞蹈或"8"

字形舞蹈来指出食物的所在地，并以舞蹈的速度表示蜂巢到蜜源之间的距离，还以附在身上的花粉的味道告知食物的种类，通知大家一块儿去采蜜，如图 7-33 所示，这种"蜜蜂的舞蹈"成了它们特有的语言。

ZigBee 是一项新型的无线通信技术，适用于传输范围小、数据传输速率低的一系列电子元器件设备之间。ZigBee 无线通信技术可在数以千计的微小传感器之间依托专门的无线电标准达成相互协调通信，因而该项技术常被称为 Home RF Lite 无线技术、FireFly 无线技术。ZigBee 无线通信技术还可应用于小范围的基于无线通信的控制及自动化等领域，可省去计算机设备、一系列

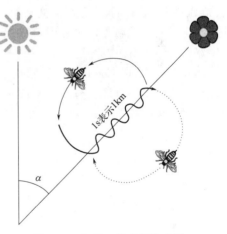

图 7-33 ZigBee 技术名称来源

数字设备相互间的有线电缆，更能够实现多种不同数字设备相互间的无线组网，使它们实现相互通信，或者接入因特网。

（1）ZigBee 技术的发展

2000 年 12 月成立了 IEEE 802.15.4 工作组：IEEE 802.15.4 是一种经济、高效、低数据速率（小于 250kbps）、工作频段为 2.4GHz 和 868MHz/928MHz 的无线通信技术标准。2002 年英国 Inwensys 公司、日本三菱电气公司、美国摩托罗拉公司和荷兰飞利浦半导体公司共同组成"ZigBee 联盟"。

ZigBee 联盟是一个全球企业联盟，旨在合作实现基于全球开放标准、可靠、低成本、低功耗的无线联网监控产品，主要负责制定网络层、安全管理及应用界面规范，于 2004 年

12月通过了1.0版规范（它是 ZigBee 的第一个规范），后来陆续通过了 ZigBee 2006、Zig-Bee PRO、ZigBee RF4CE 等规范。

ZigBee 3.0 于 2015 年第四季度获批，它让用于家庭自动化、连接照明和节能等领域的设备具备通信和互操作性，因此产品开发商和服务提供商可以打造出更加多样化、完全可互操作的解决方案。

（2）ZigBee 技术的特点

ZigBee 作为一项新型的无线通信技术，其具有传统网络通信技术所不可比拟的优势，既能够实现近距离操作，又可降低能源的消耗。又如，相较于蓝牙等无线通信技术，ZigBee 无线通信技术可有效降低使用成本。即便数据处理的速率并不高，然而值得肯定的是，Zig-Bee 无线通信技术更为便利，可作为众多用户的理想选择。对于 ZigBee 无线通信技术的特征而言，主要表现为：

其一，ZigBee 能源消耗显著低于其他无线通信技术。通常而言，ZigBee 开展传输处理过程中对应需求的功率为1MW。倘若 ZigBee 进入休眠状态，则其所需的功率将更低。通俗来讲，通过为装置有 ZigBee 的设备配备两节5号电池，该设备便可持续运行超过6个月的时间。

其二，ZigBee 研发及使用所需投入的成本偏低。现阶段，应用 ZigBee 时普遍无须交付专利费。通常情况下，应用 ZigBee 的过程中仅需交付最初的6美元，后续的实际操作便不会产生更高的费用。由此表明，ZigBee 的研发及使用成本可被广大用户所接受。

其三，ZigBee 具有较高的安全可靠性。ZigBee 可实现十分完备的检测功能，同时在应用 ZigBee 时需要进行反复的检验流程。如此一来，切实确保了 ZigBee 的安全可靠性。另外，ZigBee 在传输数据的过程中可确保数据流的相对平行性，换而言之，ZigBee 可为数据提供宽广的传输空间。

如表 7-23 所示，ZigBee 与蓝牙的主要特征相差不大，不是 ZigBee 要和蓝牙竞争，而是要补充蓝牙技术的盲区。另外，ZigBee 和蓝牙虽然都工作在 2.4GHz 的频率上，但它们之间的互相干扰却微乎其微。

表 7-23　ZigBee 与蓝牙主要特征对比表

特征	ZigBee	蓝牙
响应速度	极快，适合实时性强的应用	较慢
新从属设备入网时间	约 30ms	≥3s
休眠设备激活时间	约 15ms	约 3s
活跃设备信道接入时间	约 15ms	约 2ms
链路状态模式	活跃/休眠	活跃/呼吸/保持/休眠
业务类型	分组交换	电路交换/分组交换
IEEE 标准	802.15.4	802.15.1
应用领域	静态网络、大量设备、不频繁地使用、小数据包	静态网络、大量设备、不频繁地使用、小数据包

（3）ZigBee 协议栈

协议栈由高层应用层、应用汇聚层、网络层、数据链路层和物理层组成（图 7-34）。ZigBee 提供两种物理层的选择（868MHz/915MHz 和 2.4GHz）。其中，2.4GHz 物理层的数据传输速率为 250kbps，适用于较高速率和较高的数据吞吐量、低延时或低作业周期的场合。868MHz/915MHz 物理层的数据传输速率分别是 20kbps、40kbps，低速率换取了较好的灵敏度 [－85 dBm/2.4GHz，－92dBm/(868MHz/915MHz)] 和较大的覆盖面积，从而减少了覆盖给定物理区域所需的节点数。在 ZigBee 无线传感器网络设置中，应根据不同的应用场景和使用需求选择合适的物理层。

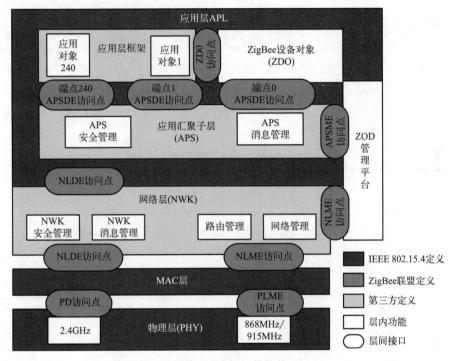

图 7-34　ZigBee 协议栈

（4）ZigBee 技术面临的难点

① 使用电池驱动难以保证网络节点的正常运行　ZigBee 的每个网络节点除了充当信息采集点，执行来自中心的命令外，还随时承担来自网络的数据传输任务。这样，网络节点的收发器必须随时处于收发状态，其最低功耗至少为 20mA。使用放大器的远程网络节点，功耗一般在 150mA 左右，因此使用电池驱动来保证网络节点的正常运行还是存在困难的。

② ZigBee 技术成本和工作量难以降低　由于 ZigBee 中的每个节点都参与自动组网和动态路由的工作，每个网络节点的 MCU 都变得非常复杂，成本也相应会增加，而对于成本敏感、节点众多的智能家居来说，成本就更显得尴尬。此外，基于 ZigBee 网络的具体应用的开发工作量也更大。

虽然 ZigBee 技术还有很多难点并未攻克，但这并不影响 ZigBee 在未来市场的发展前景，更不能掩盖 ZigBee 技术的优势。

7.5.3　无线局域网通信技术

无线局域网（Wireless Local Area Network，WLAN）是指以无线信道作传输媒介的计算机局域网。它是无线通信、计算机网络技术相结合的产物，是有线联网方式的重要补充和延伸，并逐渐成为计算机网络中一个至关重要的组成部分。由于 WLAN 是基于计算机网络与无线通信技术的，在计算机网络结构中，逻辑链路控制层（LLC）及其之上的应用层对不同物理层的要求可以是相同的，也可以是不同的，因此 WLAN 标准主要是针对物理层（PHY）和媒体访问控制层（MAC），涉及所使用的无线频率范围、空中接口通信协议技术规范与技术标准。

（1）WLAN 技术标准

WLAN 中主要的协议标准有 802.11 系列、HiperLAN、HomeRF 等。802.11 系列协议是由 IEEE 制定的目前居于主导地位的无线局域网标准。

802.11 系列包括：IEEE 802.11、IEEE 802.11b、IEEE 802.11a、IEEE 801.11g、IEEE 802.11n、IEEE 802.11i、IEEE 802.11e/f/h 和 IEEE 802.11ac。表 7-24 为常用版本的主要参数对比，具体各版本介绍如下。

表 7-24　WLAN 常用版本的主要参数对比

标准类型	频率范围	数据率
802.11b	2.4GHz	最高为 11Mbps
802.11a	5GHz	最高为 54Mbps
802.11g	2.4GHz	最高为 54Mbps
802.11n	2.4～5GHz	最高为 540Mbps
802.11ac	5GHz	最高为 1300Mbps

① IEEE 802.11　IEEE 802.11 也称为无线保真（Wireless Fidelity，WiFi），是在 1997 年 6 月由大量的局域网以及计算机专家审定通过的标准，该标准定义物理层（PHY）和媒体访问控制层（MAC）规范。物理层定义了数据传输的信号特征和调制，定义了两个射频（RF）传输方法和一个红外线传输方法。RF 传输标准是跳频扩频和直接序列扩频，工作在 2.4000～2.4835GHz 频段，速率最高只能达到 2Mbps。

② IEEE 802.11b　1999 年，IEEE820.11b 被正式批准，工作频段为 2.4～2.4835GHz，数据传输速率达到 11Mbps，传输距离控制在 50～150ft（<50m）。IEEE820.11b 是对 IEEE 802.11 的一个补充，采用补偿编码键控调制（CCK）方式，采用点对点模式和基本模式两种运作模式，在数据传输速率方面可以根据实际情况在不同速率间自动切换（11Mbps、5.5Mbps、2Mbps、1Mbps），是当前主流的 WLAN 标准。

③ IEEE 802.11a　工作频段为 5.15～8.825GHz（需要执照），数据传输速率达到 54Mbps/72Mbps（Turbo），传输距离控制在 10～100 m。IEEE 802.11a 扩充了标准的物理层，采用正交频分复用（OFDM）的独特扩频技术，采用正交相移键控（Quadrature Phase Shift Keying，QFSK）调制方式，可提供 25Mbps 的无线异步传输（Asynchronous Transfer Mode，ATM）接口和 10Mbps 的以太网无线帧结构接口。

④ IEEE 801.11g　IEEE 801.11g 拥有 IEEE 802.11a 的传输速率（54Mbps/72Mbps），同时安全性比 IEEE 802.11b 好，并且可以与 802.11a 和 802.11b 兼容，是一种被运营商高度认可的协议。

⑤ IEEE 802.11n　2004 年 1 月，IEEE 宣布组成一个新的单位来发展新的 802.11 标准，即 IEEE 802.11n。它是在 802.11g 和 802.11a 之上发展起来的，理论上最高传输速度可达 600Mbps，可工作在 2.4～2.4835GHz 和 5.18～8.825GHz 两个频段，采用智能天线技

术，覆盖范围广，抗干扰性强，当下众多路由器厂家选择该技术。

⑥ IEEE 802.11i　IEEE 802.11i 改善了 WLAN 的安全性。IEEE 802.11i 是 IEEE 为了弥补 802.11 脆弱的安全加密功能而制定的修正案，于 2004 年 7 月完成。其中定义了基于 AES 的全新加密协议 CCMP（CTR with CBC-MAC Protocol）。IEEE 802.11i 标准是结合 IEEE 802.1x 中的用户端口身份验证和设备验证，对 WLAN 的 MAC 层进行修改与整合，定义了严格的加密格式和鉴权机制。IEEE 802.11i 标准在 WLAN 网络建设中是相当重要的，数据的安全性是 WLAN 设备制造商和 WLAN 网络运营商应该首先考虑的头等工作。

⑦ IEEE 802.11e/f/h　IEEE 802.11e 对 WLAN MAC 层协议提出了改进，以支持多媒体传输，支持所有 WLAN 无线广播接口的服务质量保证 QoS 机制。IEEE 802.11f 定义了访问节点之间的通信，支持 IEEE 802.11 的接入点互操作协议（IAPP）。IEEE 802.11h 用于 802.11a 的频谱管理技术。

⑧ IEEE 802.11ac　2013 年 12 月，IEEE 802.11ac 被正式获批，该标准规定 WLAN 工作频段在 5GHz 频段，数据传输速率为 422Mbps/867Mbps。该标准核心技术主要基于 802.11a 继续工作在 5.0GHz 频段上，以保证向下兼容，但在通道的设置上，802.11ac 沿用 802.11node MIMO 技术，802.11ac 的数据传输通道大大扩充，在当前 20MHz 的基础上增至 40MGz 或者 80MHz，甚至有可能达到 160MHz，再加上大约 10% 的实际频率调制效率提升，最终理论传输速度将由 802.11n 最高的 600Mbps 跃升至 1Gbps。

（2）WLAN 的技术特点

与有线网络相比，WLAN 具有以下优点：

① 安装便捷　减去或者减少了网络布线的工作量。

② 使用灵活　一旦 WLAN 建成后，在无线网的信号覆盖区域内任何一个位置都可以接入网络。

③ 经济节约　由于有线网络缺少灵活性，这就要求网络规划者尽可能地考虑未来发展的需要，这就往往导致预设大量利用率较低的信息点。而一旦网络的发展超出了设计规划，又要花费较多费用进行网络改造。WLAN 可以避免或减少以上情况的发生。

④ 易于扩展　WLAN 有多种配置方式，能够根据需要灵活选择。这样，WLAN 就能胜任从只有几个用户的小型局域网到上千用户的大型网络，并且能够提供像"漫游（Roaming）"等有线网络无法提供的功能。

⑤ 安全性　在安全性方面，无线扩频通信本身就起源于军事上的防窃听（Anti-eavesdrop）技术，而有线链路沿线均可能遭搭线窃听。

（3）WLAN 的拓扑结构

① 端对端模式（Peer-to-Peer，P2P）/对等模式　如图 7-35 所示，端对端模式无中心拓扑结构，由无线工作站组成，用于一台无线工作站和另一台或多台其他无线工作站的直接通信。该网络无法接入有线网络中，只能独立使用。不需要无线接入点（AP），安全由各个客

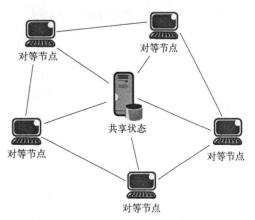

图 7-35　WLAN 的 P2P 模式

户端自行维护。端对端模式中的一个节点必须能同时"看"到网络中的其他节点，否则就认为网络中断，因此对等网络只能用于少数用户的组网环境，比如 4~8 个用户。P2P 在网络隐私要求高和文件共享领域中得到了广泛的应用。使用纯 P2P 技术的网络系统有比特币、Gnutella 等。

② 基础架构模式（Infrastructure）　由无线接入点 AP、无线工作站 STA 以及分布式系统 DSS 构成，覆盖区域称为基本服务区 BSS，如图 7-36 所示。无线接入点 AP 用于在无线 STA 和有线网络之间接收、缓存和转发数据，所有无线通信都经过 AP 完成，是有中心拓扑结构。AP 通常能覆盖几十至几百用户，覆盖半径达上百米。AP 可连接有线网络，实现无线网络和有线网络的互连。

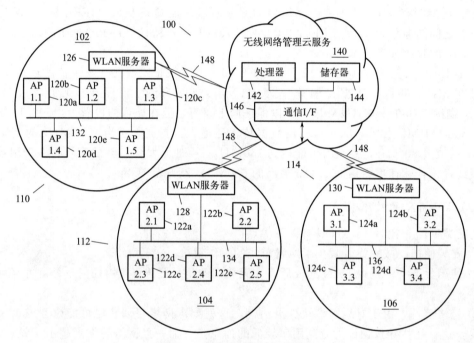

图 7-36　WLAN 基础架构模式

③ 多 AP 模式　指由多个 AP 以及连接它们的分布式系统 DSS 组成的基础架构模式网络，也称为扩展服务区 ESS。扩展服务区内的每个 AP 都是一个独立的无线网络基本服务区 BSS，所有 AP 共享同一个扩展服务区标示符（ESSID）。相同 ESSID 的无线网络间可以进行漫游，不同 ESSID 的无线网络形成逻辑子网。多 AP 模式有时也称为多蜂窝结构，蜂窝之间建议有 15% 的重叠，以便于无线工作站在不同的蜂窝之间做无缝漫游。

④ 无线网桥模式　利用一对无线网桥连接两个有线或者无线局域网网段。如选放大器和定向天线连用，传输距离可达 50km。

⑤ 无线中继器模式　无线中继器用来在通信路径的中间转发数据，从而延伸系统的覆盖范围。

⑥ AP Client 客户端模式　在此模式下工作的 AP 会被主 AP（中心 AP）看作一台无线客户端，其地位和无线网卡等同。这种模式的好处在于方便网管统一管理子网络。

⑦ Mesh 结构　无线 Mesh 网（Wireless Mesh Network，WMN）即无线网状网或无线多跳网。传统的无线网络必须先访问无线 AP，称为单跳网络。无线 Mesh 网络的核心思想是让网络中的每个节点都可以发送和接收信号，称为多跳网络。该网络可以增加无线系统的

覆盖范围，提高无线系统的带宽容量以及通信可靠性。基于 Mesh 结构的 WLAN 网络仅需要部分 AP 与有线网络相连，AP 与 AP 之间采用端对端方式通过无线中继链路互连，实现逻辑上每个 AP 与有线网络的连接，摆脱有线网络受地域限制的不利因素。

7.5.4 RFID 技术

RFID 是 Radio Frequency Identification（射频识别）的缩写，最早物联网概念的提出，即通过 RFID 实现物品身份识别，从而实现智能入库和出库管理。其原理为阅读器与标签之间进行非接触式的数据通信，达到识别目标的目的。RFID 的应用非常广泛，典型应用有动物晶片、汽车晶片防盗器、门禁管制、停车场管制、生产线自动化、物料管理。

标签进入磁场后，会接收到读写器发出的射频信号，凭借感应电流所获得的能量发送出存储在芯片中的产品信息（Passive Tag，无源标签或被动标签），或者主动发送某一频率的信号（Active Tag，有源标签或主动标签）；读写器读取信息并解码后，送至中央信息系统进行有关数据处理。在射频识别系统中，射频标签与读写器之间，通过两者的天线架起空间电磁波传输的通道，通过电感耦合或电磁耦合的方式，实现能量和数据信息的传输。这两种方式采用的频率不同，工作原理也不同。低频和高频 RFID 的工作波长较长，基本上都采用电感耦合识别方式，电子标签处于读写器天线的近区，电子标签与读写器之间通过感应而不是通过辐射获得信号和能量；微波波段 RFID 的工作波长较短，电子标签基本处于读写器天线的远区，电子标签与读写器之间通过辐射获得信号和能量。

RFID 系统由标签（Tag）、读写器（Reader）、天线（Antenna）三部分组成，如图 7-37～图 7-39 所示。

图 7-37　RFID 的标签

图 7-38　RFID 的读写器

图 7-39　RFID 的天线

标签：由耦合元件及芯片组成。每个标签具有唯一的电子编码，附着在物体上标识目标对象。每个标签都有一个全球唯一的 ID 号——UID，UID 是在制作芯片时放在 ROM 中的，无法修改。

RFID 标签一般分为被动标签和主动标签两种。按照存储的信息是否被改写，标签也被分为只读式标签和可读写标签。

① 主动标签：自身带有电池供电，与被动标签相比成本更高，也称为有源标签，一般具有较远的阅读距离。不足之处是电池不能长久使用，能量耗尽后需更换电池。

② 被动标签：在接收到读写器（读出装置）发出的微波信号后，将部分微波能量转化为直流电供自己工作，一般可做到免维护，成本很低并具有很长的使用寿命，比主动标签更小也更轻，读写距离则较近，也称为无源标签。

③ 只读式标签：标签内的信息在集成电路生产时即将信息写入，以后不能修改，只能被专门设备读取。

④ 可读写标签：将保存的信息写入其内部的存储区，需要改写时也可以采用专门的编程或写入设备擦写。一般将信息写入电子标签所花费的时间远大于读取电子标签信息所花费的时间，写入所花费的时间为秒级，阅读花费的时间为毫秒级。

读写器：读取（有时还可以写入）标签信息的设备，可设计为手持式或固定式。读写器可无接触地读取并识别电子标签中所保存的电子数据，从而达到自动识别物体的目的。通常读写器与电脑相连，所读取的标签信息被传送到计算机进行下一步处理。

天线：在标签和读写器间传递射频信号。

在以上基本配置之外，还应包括相应的应用软件。

7.5.5　IrDA 通信技术

IrDA 红外连接技术由红外数据协会（Infrared Data Association，IrDA）提出，其目的在于建立通用的、低功率电源的、半双工红外串行数据互连标准、支持近距离、点到点、设备适应性广的用户模式。

IrDA 的发送端将基带二进制信号调制为一系列的脉冲串信号，通过红外发射管发射红外信号；接收端将接收到的光脉冲转换成电信号，再经过放大、滤波等处理后送给解调电路进行解调，还原为二进制数字信号后输出。其中常用的调制方法有两种：通过脉冲宽度来实现信号调制的脉宽调制（PWM）和通过脉冲串之间的时间间隔来实现信号调制的脉时调制（PPM）。

IrDA 的传播介质是红外线，限定所用红外波长为 850～900nm，红外线的波长较短，对障碍物的衍射能力差，适合点对点的短距直线数据传输。小型化和低成本能适应不同的操作系统和大范围的传输速率，避免了因线缆和连接器磨损和断裂造成的检修。

（1）IrDA 技术的主要特点

通过数据电脉冲和红外光脉冲之间的相互转换实现无线的数据收发，主要是用来取代点对点的线缆连接。能够在短距离内实现点对点的、小角度（现在已经扩展到120°）的直线数据传输，且保密性强。其特点为：

① 传输速率较高。

② 不透光材料的阻隔性，可分隔性，限定物理使用性，方便集群使用。

③ 无频道资源占用，安全特性高。

④ 优秀的互换性，通用性。因为采用了光传输，且限定物理使用空间，红外线发射和接收设备在同一频率的条件下可以相互使用。

⑤ 无有害辐射，绿色产品特性。科学实验证明，红外线是一种对人体有益的光谱，所以红外线产品是一种真正的绿色产品。

IrDA 的不足：

① IrDA 是一种视距传输技术，也就是说两个具有 IrDA 端口的设备之间如果传输数据，中间就不能有阻挡物，这在两个设备之间是容易实现的，但在多个电子设备间就必须彼此调整位置和角度等；

② IrDA 设备中的核心部件——红外线 LED 不是一种十分耐用的器件。对于不经常使用的扫描仪、数码相机等设备虽然游刃有余，但如果经常用装配 IrDA 端口的手机上网，可能很快就不堪重负了。

（2）IrDA 的技术标准

IrDA1.0：简称为 SIR（Serial Infrared，串行红外协议），数据传输速率最高为 115.2kbps，是采用 3/16ENDEC 编/解码机制，基于 HP-SIR 开发出来的一种异步的、半双工的红外通信方式。以系统的异步通信收发器（UART）为依托，通过对串行数据脉冲的波形压缩和对所接收的光信号电脉冲的波形扩展这一编/解码过程实现红外数据传输。

IrDA1.1：简称为 FIR（Fast Infrared，快速红外协议）。由于 FIR 不再依托 UART，其最高数据传输速率可达 4Mbps。采用 4PPM（脉冲相位调制）编译码机制。

IrDA1.2：定义了最高速率为 115.2kbps 的低功耗选择。

IrDA1.3：将低功耗选择功能推广到 1.152Mbps 和 4Mbps。

VFIR：特速红外协议（Very Fast Infrared），最高通信速率达 16Mbps。

（3）IrDA 协议栈

IrDA 是一套层叠的专门针对点对点红外通信的协议，图 7-40 是 IrDA 协议栈的结构图。

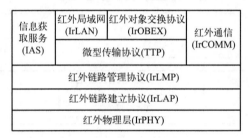

图 7-40　IrDA 协议栈

IrDA 协议栈的核心协议包括：

① 红外物理层（Infrared Physical Layer，IrPHY）　定义硬件要求和低级数据帧结构，以及帧传送速度；

② 红外链路建立协议（Infrared Link Access Protocol，IrLAP）　在自动协商好的参数基础上提供可靠的、无故障的数据交换；

③ 红外链路管理协议（Infrared Link Management Protocol，IrLMP）　提供建立在 IrLAP 连接上的多路复用及数据链路管理；

④ 信息获取服务（Information Access Service，IAS）　提供一个设备所拥有的相关服务检索表。

除了核心协议之外，用户可根据各种特殊应用需求选配如下协议：

① 微型传输协议（Tiny Transport Protocol，TTP）　对每通道加入流控制来保持传输顺畅；

② 红外对象交换协议（Infrared Object Exchange，IrOBEX）　文件和其他数据对象的交换服务；

③ 红外通信（Infrared Communication，IrCOMM）　串、并行口仿真，使当前的应用能够在 IrDA 平台上使用串、并行口通信，而不必进行转换；

④ 红外局域网（Infrared Local Area Net Word，IrLAN）　能为笔记本电脑和其他设备开启 IR 局域网通道。

栈中各层被集成到一个嵌入式系统中时，其结构如图 7-41 所示。从图中可以看出，在嵌入式应用环境下，拥有三种操作模式——用户模式、驱动模式、中断模式，各模式之间的衔接是通过应用编程接口（Application Programming Interface，API）来实现的。

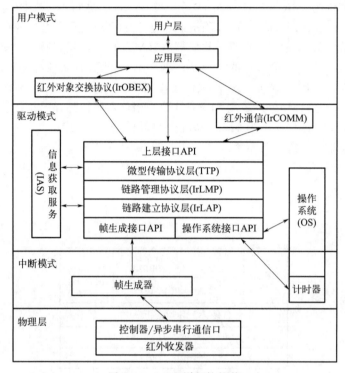

图 7-41   IrDA 详细协议栈

（4）IrDA 的应用

在多媒体方面，由于 Internet 的迅猛发展和图形文件的逐渐增多，红外通信用在需要高速率传输的扫描仪（图 7-42）和数码相机等图形处理设备中，可以使扫描仪、照相机等灵活地以无线方式接入网络，并接收和发送信息。

在网络应用方面，红外通信可以实现点到点调制/解调器的连接。

在移动办公系统应用方面，现在大部分笔记本电脑和部分打印机等都配有红外通信接口设备。

在红外无线数据传送中，室内环境的光源干扰对系统的传输有很大的影响。

图 7-42   IrDA 扫描仪

7.5.6   近场通信技术

近场通信（Near Field Communication，NFC）技术是一种短距离的高频无线通信技术，允许电子设备之间进行非接触式点对点数据传输和数据交换。NFC 技术是在无线射频识别技术（RFID）和互连技术二者整合的基础上发展而来的，只要任意两个设备靠近而不需要线缆接插，就可以实现相互间的通信。术语"近场"是指无线电波的邻近电磁场。电磁场在从发射天线传播到接收天线的过程中相互交换能量并相互增强，这样的电磁场称为远场。而在 10 个波长以内，电磁场是相互独立的，即为近场，近场内电场没有较大意义，但磁场可用于短距离通信。

与 RFID 一样，近场通信信息也是通过频谱中无线频率部分的电磁感应耦合方式传递的。但是近场通信的传输范围比 RFID 小，RFID 的传输范围可以达到 0～1 m，这是由于 NFC 采取了独特的信号衰减技术。相对于 RFID 来说，近场通信具有成本低、带宽高、能耗低等特点，所以 RFID 更多地被应用在生产、物流、跟踪、资产管理上，而近场通信则在门禁、公交、手机支付等领域内发挥着巨大的作用。另外，与 RFID 不同的是，NFC 具有双向连接和识别的特点，工作频率为 13.56 MHz，作用距离为 10 cm 左右。

（1）近场通信技术的原理

在一对一的通信中，根据设备在建立连接中的角色，把主动发起连接的一方称为发起设备，另一方称为目标设备。发起和目标设备都支持主动和被动两种通信模式。

主动模式：每台设备要向另一台设备发送数据时，都必须产生自己的射频场（RF Field）。在主动模式下，通信双方收发器加电后，任何一方都可以采用"发送前侦听"协议来发起一个半双工通信。在一个以上 NFC 设备试图访问一个阅读器时这个功能可以防止冲突，其中一个设备是发起者，而其他设备则是目标，如图 7-43 所示。

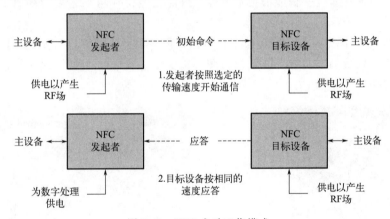

图 7-43　NFC 主动工作模式

被动模式：启动 NFC 通信的设备，也称为 NFC 发起设备（主设备），在整个通信过程中提供射频场，如图 7-44 所示。另一台设备称为 NFC 目标设备（从设备），不必产生射频场，而使用负载调制（Load Modulation）技术，即可以相同的速度将数据传回发起设备。

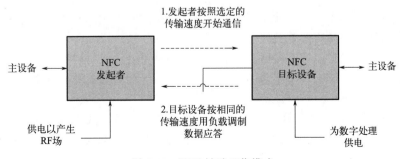

图 7-44　NFC 被动工作模式

移动设备主要以被动模式操作，这样可以大幅降低功耗，延长电池寿命。在一个具体应用过程中，NFC 设备可以在发起设备和目标设备之间转换自己的角色，利用这项功能，电池电量较低的设备可以要求以被动模式充当目标设备，而不是发起设备。

（2）近场通信技术的特点

NFC 芯片装在手机上，手机就可以实现小额电子支付和读取其他 NFC 设备或标签的信息。NFC 的短距离交互大大简化了整个认证识别过程，使电子设备间的互相访问更直接、更安全和更清楚。通过 NFC，计算机、数码相机、手机、PDA 等多个设备之间可以很方便快捷地进行无线连接，进而实现数据交换和服务。

NFC 不一定非要在两个手持设备之间进行，它还可以在移动设备和某些目标上工作。例如，商店收银台的销售终端系统、内置有近场通信芯片的标签、商标标签、海报、印花或者卡片。对于这些简单的目标，近场通信芯片无须电池支持。相反，芯片处于被动状态，可通过另一个设备产生无线射频场进行激活。

与其他短距离无线通信技术相比，NFC 更安全，反应时间更短，因此非常适合作为无线传输环境下的电子钱包技术，交易快速且具有安全性。

由于 NFC 与现有非接触智能卡技术兼容，目前已经得到越来越多的厂商支持并成为正式标准。

除了支付功能（图 7-45），NFC 技术还可以提供各种设备间轻松、安全、迅速且自动的通信。如 NFC 可以帮助人们在不同的设备间传输文字、音乐、照片、视频等信息，还可以购买新的信息内容（图 7-46）。

图 7-45　NFC 金融支付

图 7-46　NFC 键盘终端

（3）NFC 工作模式

① 卡模拟模式　就是将具有 NFC 功能的设备模拟成一张非接触卡，如门禁卡、银行卡等。

卡模拟模式主要用于商场、交通等非接触移动支付应用中，用户只要将手机靠近读卡器，并输入密码确认交易或者直接接收交易即可。

在此种方式下，卡片通过非接触读卡器的 RF 域来供电，即使 NFC 设备没电也可以工作。在该应用模式中，NFC 识读设备从具备 Tag 能力的 NFC 手机中采集数据，然后将数据传送到应用处理系统进行处理（图 7-47）。

② 点对点模式　即将两个具备 NFC 功能的设备进行连接，实现点对点数据传输。基于该模式，多个具有 NFC 功能的数字相机、PDA、计算机、手机之间都可以进行无线互连，实现数据交换，后续的关联应用既可以是本地应用，也可以是网络应用（图 7-48）。该模式的典型应用有协助快速建立蓝牙连接、交换手机名片和数据通信等。

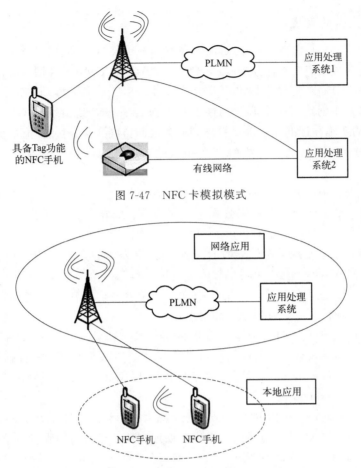

图 7-47 NFC 卡模拟模式

图 7-48 NFC 点对点模式

③ 读卡器模式 即作为非接触读卡器使用，比如从海报或者展览信息电子标签上读取相关信息（图 7-49）。在该模式中，具备读写功能的 NFC 手机可从标签中采集数据，然后根据应用的要求进行处理。有些应用可以直接在本地完成，而有些应用则需要通过与网络交互才能完成。基于该模型的典型应用包括电子广告读取和车票、电影院门票售卖等。

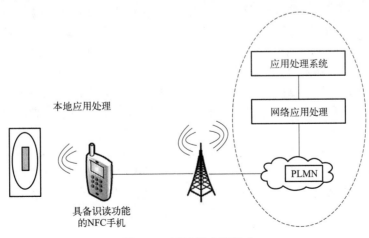

图 7-49 NFC 读卡器模式

（4）NFC 技术的发展

近场通信（NFC）是由 NXP（恩智浦，飞利浦的子公司）和索尼公司在 2002 年共同联合开发的新一代无线通信技术，并被欧洲电脑厂商协会（ECMA）和国际标准化组织与国际电工委员会（ISO/IEC）接收为标准。2004 年 3 月 18 日，为了推动 NFC 的发展和普及，NXP、索尼和诺基亚创建了一个非营利性的行业协会——NFC 论坛（NFC Forum），旨在促进 NFC 技术的实施和标准化，确保设备和服务之间协同合作。NFC 论坛负责制定模块式 NFC 设备架构的标准，以及兼容数据交换和除设备以外的服务、设备恢复和设备功能的协议。

目前，NFC 论坛在全球拥有超过 140 个成员，包括全球各关键行业的领军企业，如万事达卡国际组织、松下电子工业有限公司、微软公司、摩托罗拉公司、NEC 公司、瑞萨科技公司、三星公司、德州仪器制造公司和 VISA 国际组织等。

2006 年 7 月，上海复旦微电子集团股份有限公司成为首家加入 NFC 联盟的中国企业，之后，北京清华同方微电子有限公司也加入了 NFC 论坛。

NFC 技术最初只是 RFID 技术和网络技术的简单合并，现在已经演变成一种具有相应标准的短距离无线通信技术，发展态势相当迅速。

由于近场通信具有天然的安全性，因此，NFC 技术被认为在手机支付、移动（电子）票务、数据共享等领域具有很大的应用前景。2007 年，诺基亚推出了其首款具备 NFC 技术的商务手机。随后，Google 和 NXP 把 NFC 技术用于 Android 2.3 系统和 Nexus S 等手机上，微软 Windows Phone 8 也宣布支持 NFC 功能。

从 2005 年 12 月起，在美国的佐治亚州的亚特兰大菲利浦斯球馆，VISA 和飞利浦就开始合作进行主要的 NFC 测试。球迷们可以很轻松地在特许经营店和服装店里买东西。另外，将具有 NFC 功能的手机放在嵌有 NFC 标签的海报前，他们还可以下载电影内容，比如手机铃声、壁纸、屏保和最喜欢的明星及艺术家的剪报。

欧洲各大移动运营商也在积极推广移动支付业务，2005 年 10 月，在法国诺曼底的卡昂，飞利浦同法国电信、Orange、三星、LaSer 零售集团以及 Vinci 公园合作进行了主要的多应用 NFC 测试。在芬兰，2004 年 5 月起，芬兰国家铁路局在全国推广电子火车票，乘客不仅可以通过国家铁路局网站购买车票，还可以通过手机短信订购电子火车票。

在中国，2006 年 6 月，NXP、诺基亚、中国移动厦门分公司与"厦门易通卡"在厦门展开 NFC 测试，该项合作是中国首次对 NFC 手机支付的测试。2006 年 8 月，诺基亚与银联商务公司宣布在上海启动新的 NFC 测试，这是继厦门之后在中国的第 2 个 NFC 试点项目，也是全球范围内首次进行的 NFC 空中下载试验。2007 年 8 月开始，内置 NFC 芯片的诺基亚 6131i 在包括北京、厦门、广州在内的数个城市公开发售。这款手机预下载了一个可以在市政交通系统使用的交通卡，使用该手机，用户只需开设一个预付费账户就可以购买车票和在某些商场购物了。

2013 年 12 月，中国移动依托 NFC 技术推出的手机钱包业务取名为"和包"。中国移动和包（NFC）业务是将日常生活中使用的各种卡片应用（如银行卡、公交卡、校园/企业一卡通、会员卡等）装载在具有 NFC 功能的手机中，这样可以随时随地刷手机消费，实现手机变钱包的功能。这种消费方式与当前流行的支付宝、微信等第三方支付有着本质的区别，其安全性也更高。

与传统的短距通信相比，NFC 具有天然的安全性，以及连接建立的快速性（表 7-25）。

表 7-25　NFC 与其他通信技术的比较

项目	NFC	蓝牙	红外
网络类型	点对点	单点对多点（WPAN）	点对点
频率	13.56MHz	2.4～2.5GHz	红外波段
使用距离	＜0.2m	约为 10m 低能耗模式时约为 1m	≤1m
速度	106kbps、212kbps、424kbps 规划速率可达 1Mbps 左右	2.1Mbps 低能模式时约为 1.0Mbps	约为 1.0Mbps
建立时间	＜0.1s	6s 低能耗模式时为 1s	0.5s
安全性	具备，硬件实现	具备，软件实现	不具备，使用 IRFM 时除外

习　　题

1. 日常生活中，常见的通信接口种类有哪些？
2. RS-232 的特点是什么？
3. USB 连接器接口可分为哪几种？
4. USB 协议规定了哪四种传输类型？
5. 以太网的可分为哪几类？
6. 简单描述以太网的接口形态及引脚定义。
7. RS-485 通信相对 RS-232 通信具有什么优点？
8. 无线数据传输技术有哪些？各有什么特点？

第 8 章

采样数据处理与分析

数据处理是对数据进行采集、存储、检索等，从而把数据转换为信息的过程，即数据的分析和加工技术过程。数据分析是用统计分析方法对采集到的数据进行分析，将它们加以汇总、理解和消化，以确保最大化地开发数据的功能，发挥数据的作用。其主要目的在于通过对数据的详细研究和概括总结，提取其中的有用信息并形成结论。

在数据采集系统中，温度、压力、流量等被采集到的物理量经传感器转换成电信号、数字量或者开关量，再经过信号放大、采样、量化、编码或读取等环节之后，被系统中的计算机所采集，但采集到的数据仅仅是以电压或数字量的形式表现。它虽然含有被采集物理量变化规律的信息，但由于没有明确的物理意义，因此不便于处理和使用，必须通过标度变换把它还原成原来对应的物理量。

在数据的采集、传送和转换过程中，系统内外部干扰及噪声的存在使得采集到的数据中通常混有干扰信号，因此必须采用剔除奇异项、滤波等方法最大限度地消除干扰，以保证数据采集系统的精度。分析计算数据的内在特征，对采集到的数据进行变换加工或者在有关联的数据之间进行某些相互的运算，从而得到能表达该数据内在特征的二次数据。把隐藏在一大批看起来杂乱无章的数据中的信息集中萃取和提炼出来，以找出研究对象的内在规律或特征。

8.1 采样数据的标度变换

不同的物理量有不同的单位和数值。例如，压力的单位为 Pa，流量的单位为 m^3/h，温度的单位为℃。这些物理量经过传感器和 A/D 转换后会变成一系列数字量，把 A/D 转换的数字量变换为带有工程单位的数字量，这种变换称为标度变换，也叫作工程变换。标度变换过程体现了被测量与 A/D 转换的数字量之间的映射关系，标度变换的形式多种多样，主要取决于被测物理量所用的传感器或变送器的类型。

经传感器和 A/D 转换后的数字量的变换范围取决于 A/D 转换的位数。例如，一个 8 位 A/D 转换器输出的数字量只能是 0～255，下面以一个例子来说明。例如，被测温度为 50～

100℃，采用 4～20mA 电流输出的温度变送器传送温度模拟信号，用 8 位 A/D 转换器转换成数字量，温度变送器的输出电流、A/D 转换器的输出值和温度值三者之间的关系如图 8-1 所示。由图可见，当温度为 50℃时，A/D 转换器的输出为 51，而当温度为 100℃时，A/D 转换器的输出为 255。若直接显示 A/D 转换器输出的数字量则不便于操作者理解，因此必须把 A/D 转换的数字量变换为带有工程单位的数字量（十进制）。采样数据的标度变换方法分为线性参数的标度变换和非线性参数的标度变换，其中非线性参数的标度变换包括公式变换法、多项式变换法和表格法。

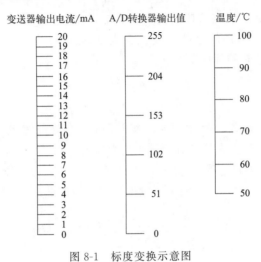

图 8-1　标度变换示意图

8.1.1　线性参数的标度变换

当被测物理量与传感器或仪表的输出之间呈线性关系时，采用线性变换。变换公式为：

$$Y = Y_0 + \frac{Y_m - Y_0}{N_m - N_0}(X - N_0) \tag{8-1}$$

式中，Y_0 为被测量量程的下限；Y_m 为被测量量程的上限；Y 为标度变换后的数值；N_0 为 Y_0 对应的 A/D 转换后的数字量；N_m 为 Y_m 对应的 A/D 转换后的数字量；X 为 Y 所对应的 A/D 转换后的数字量。

例如，在图 8-1 中，$Y_0 = 50$，$Y_m = 100$，$N_0 = 51$，$N_m = 255$，$X = 102$，则有：

$$Y = 50 + \frac{100 - 50}{255 - 51}(102 - 51) = 62.5(℃) \tag{8-2}$$

在数据采集与处理系统中，为了实现上述变换，可把式（8-2）设计成专门的子程序，把各个不同被测量所对应的 Y_0、Y_m、N_0、N_m 存放在存储器中，然后当某一个被测量需要进行标度变换时，可调用标度变换子程序。

8.1.2　非线性参数的标度变换

当被测物理量与传感器或仪表的输出之间呈非线性关系时，则上述线性变换式均不适用，需建立新的标度变换公式，然后再进行变换。

（1）公式变换法

公式变换法常用于被测信号与 A/D 转换数字量之间存在明确的公式表达的情况，各转换环节之间有明确的解析表达关系，公式推导及表达有明确的物理意义，这样就可以通过解析式来推导出所需要的参量，这一类参量称为导出参量。

例如，在压差法测流量中，节流装置前后的差压 ΔP 与流体流量 Q 呈平方根关系，即

$$Q = K\sqrt{\Delta P} \tag{8-3}$$

式中，K 为刻度系数，它与流体的性质和节流装置的尺寸有关。

根据式（8-3）可知，流体的流量 Q 与被测流体流过节流装置时前后压力差的平方根成正比，于是得到测量流量时的标度变换公式为：

$$\frac{Y-Q_0}{Q_m-Q_0} = \frac{K\sqrt{X}-K\sqrt{N_0}}{K\sqrt{N_m}-K\sqrt{N_0}} \tag{8-4}$$

式中，Y 为被测量的流量经标度变换的实际值；Q_m 为被测流量量程的上限值；Q_0 为被测流量量程的下限值；N_m 为被测流量量程的上限 Q_m 对应的 A/D 转换后的数字量；N_0 为被测流量量程的下限 Q_0 对应的 A/D 转换后的数字量；X 为被测流量实际值 Y 所对应的 A/D 转换后的数字量。式（8-5）为流量测量中标度变换的通用表达式。

$$Y = \frac{\sqrt{X}-\sqrt{N_0}}{\sqrt{N_m}-\sqrt{N_0}}(Q_m-Q_0)+Q_0 \tag{8-5}$$

（2）多项式变换法

当传感器或变送器输出的信号与被测参数之间的关系无法用解析式表达，或解析式过于复杂难以直接计算时，则可使用多项式变换法来进行标度变换。多项式变换法的依据是对于任意物理可实现的输入输出关系，都可以利用多项式进行描述，其实质在于用项数足够多的多项式可以以足够的精度逼近某个确定的映射关系。寻找多项式的方法有多种，如最小二乘法、代数插值法等。本节介绍代数插值法。

已知被测量 $y = f(x)$ 与传感器的输出值 x 在 $n+1$ 个相异点 $a = x_0 < x_1 < x_2 < \cdots < x_n = b$ 处的函数值为：

$$f(x_0) = y_0, f(x_1) = y_1, \cdots, f(x_n) = y_n \tag{8-6}$$

用一个次数不超过 n 的代数多项式

$$P_n(x) = a_n x^n + a_{n-1} x^{n-1} + \cdots + a_1 x^1 + a_0 \tag{8-7}$$

去逼近函数 $y = f(x)$，使 $P_n(x)$ 在点 x_i 处满足：

$$P_n(x_i) = f(x_i) = y_i \tag{8-8}$$

由于式（8-7）中的待定系数 a_0、a_1、$\cdots$、a_n 共有 $n+1$ 个，而它应满足的方程式（8-8）也有 $n+1$ 个，因此，可以得到以下方程组：

$$\begin{cases} a_n x_0^n + a_{n-1} x_0^{n-1} + \cdots + a_1 x_0 + a_0 = y_0 \\ a_n x_1^n + a_{n-1} x_1^{n-1} + \cdots + a_1 x_1 + a_0 = y_1 \\ \vdots \qquad\qquad \vdots \qquad\qquad \vdots \quad \vdots \\ a_n x_n^n + a_{n-1} x_n^{n-1} + \cdots + a_1 x_n + a_0 = y_n \end{cases} \tag{8-9}$$

这是一个含有 $n+1$ 个待定系数 a_0、a_1、$\cdots$、a_n 的线性方程组，它的行列式为：

$$V(x_0, x_1, \cdots, x_n) = \begin{vmatrix} 1 & x_0 & x_0{}^2 & \cdots & x_0{}^n \\ 1 & x_1 & x_1{}^2 & \cdots & x_1{}^n \\ \vdots & & \vdots & & \\ 1 & x_n & x_n{}^2 & \cdots & x_n{}^n \end{vmatrix} \tag{8-10}$$

式（8-10）称为范德蒙行列式，可以证明当 x_0、x_1、$\cdots$、x_n 互异时，$V(x_0, x_1, \cdots, x_n)$ 的值不等于零，所以方程组（8-9）有唯一的一组解，这样，只要对已知的 x_i 和 y_i $(i = 0,1,2,\cdots,n)$ 去解方程组（8-9），就可以得到多项式 $P_n(x)$。在满足一定精度的前提下，被测量 $y = f(x)$ 就可以用 $y = P_n(x)$ 来计算。

插值点的选择对于逼近的精度有很大的影响。一般来说，在函数 $y = f(x)$ 曲线上曲率较大的地方应适当加密插值点，这样可以得到比较高的精度，但是将增加多项式的阶次，从而增加计算多项式的时间，影响数据采集与处理系统的速度。为了避免增加计算时间，经常采用表格法对非线性参数做标度变换。

（3）**表格法**

所谓"表格法"是指在已知的被测量与传感器输出的关系曲线上（见图 8-2）选取若干个样点并以表格形式存储在计算机中，即把关系曲线分成若干段。对每一个需要做标度变换的数据 y 分别查表一次，找出数据 y 所在的区间，然后用该区间的线性插值公式进行计算，即可完成对 A/D 转换数字量所做的标度变换。插值公式如式（8-11）所示。

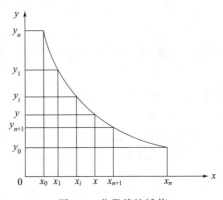

图 8-2　分段线性插值

$$y = y_i + k_i(x - x_i) \tag{8-11}$$

其中
$$k_i = \frac{y_{i+1} - y_i}{x_{i+1} - x_i} \tag{8-12}$$

具体执行过程如下：

① 用实验法测出被测量与传感器输出信号之间的关系曲线，要反复测量多次，以便于求出一条比较精确的关系曲线。

② 将上述曲线进行分段，选取各个插值样点，为了使样点的选取更合理，可根据曲线的形状采用不同的方法进行分段。主要有两种方法：

a. 等距分段法。等距分段法就是沿着关系曲线的自变量 x 轴对曲线等距离选取插值样点。这种方法的主要优点是使公式中的 $x_{i+1} - x_i$ = 常数，从而使计算变得简单，并节省内存。但是该方法的缺点是，当关系曲线的曲率和斜率变化较大时将会产生较大的误差。要减少这种误差就必须选取更多的样点，这样势必占用更多的内存并使计算时间加长。

b. 非等距分段法。这种方法的特点是插值样点的选取不是等距的，而是根据关系曲线的形状及其曲率变化的大小随时修正样点的选取距离，如图 8-2 所示。曲率变化大时，样点距离取小一点，反之，可将样点距离增大。这种方法的优点是可以提高精度和速度，但非等距选取样点比较复杂。

③ 确定并计算相邻样点之间拟合直线的斜率 k_i，并将分段后的 $n+1$ 组数据 $x_i y_i$ $(i = 0,1,2,\cdots,n)$ 和对应各段的斜率 k_i 以表格形式存放在存储器中。

④ 每当接收到一个数据 x 时，就查一次表，找出 x 所在区间 (x_i, x_{i+1})，并取出对应

该区间的斜率点 k_i。

⑤ 计算 $y = y_i + k_i(x - x_i)$ 得出 A/D 转换数字量的标度变换值 y。

8.2 采样数据去误差处理

测量误差可以分为系统误差、随机误差和粗大误差。

① 系统误差：系统误差是指在重复条件下，用同一物理量无限多次测量结果的平均值减去该被测量的真值。其大小、方向恒定一致或按一定规律变化。

② 随机误差：随机误差是测量示值减去在重复条件下同一被测量无限多次测量的平均值。随机误差具有抵偿特性。

③ 粗大误差：粗大误差指的是明显超出规定条件下预期的误差，它是统计异常值。应剔除含有粗大误差的测量值。

8.2.1 系统误差的消除

根据不同的测量目的，对测量仪器、仪表、测量条件、测量方法及步骤等进行全面分析，以发现系统误差，然后采用相应的措施来消除或减弱它。

① 从产生的来源上消除：仪器、环境、方法、人员素质等。

② 利用修正的方法来消除：通过资料、理论推导或者实验获取系统误差的修正值，最终测量值＝测量读数＋修正值。

③ 采用特殊方法消除，有以下几种方法：

a.特代法：如利用电桥测电阻；

b.差值法：求取被测量与标准量的差值；

c.对称观测法：合理设计测量步骤和数据处理程序，消除误差影响；

d.正负误差补偿法：如消除外磁场对安培表示数的影响；

e.迭代自校法：逆变换 $y_1 = y_0 + (y_0 - y_0')$。

8.2.2 随机误差的处理

（1）平均值的计算

当测量次数 n 充分大时，对 n 次测量值取平均值，其数学期望为：

$$\overline{X} = E(X) = \lim_{a \atop \infty} \frac{1}{n} \sum_{i=1}^{n} X_i \tag{8-13}$$

被测样品的真实值是当测量次数 n 为无穷大时的统计期望值。算术平均值的标准误差为：

$$\sigma(\overline{X}) = \sigma(X)/\sqrt{n} \tag{8-14}$$

由式（8-14）可见：测量值算术平均值的标准误差 $\sigma(\overline{X})$ 只是各测量值标准误差 $\sigma(X)$ 的 $1/\sqrt{n}$。因此，以算术平均值作为检测结果，测量精度将随着测量次数 n 的增加而提高。但在实际测量中，只能是随着测量次数 n 的增加，所得算术平均值逐渐接近被测样品的真值。有限次测量所得的算术平均值是一个具有随机性质的在真值附近左右摆动的近似数值。

（2）平均值处理方法

在计算系统示值时，先对直接检测到的值进行算数平均，再按函数关系求测量结果显示值，比先对多个采样信号按函数关系计算出每次采样结果，再求采样结果的算术平均值的效果好。

设
$$X = f(V) \tag{8-15}$$

再设
$$\overline{X}_a = f\left(\sum_{i=1}^{n} \frac{V_i}{n}\right), \ \overline{X}_b = \frac{\sum_{i=1}^{n} f(V_i)}{n} \tag{8-16}$$

将上式在真值 V_0 附近展开泰勒级数，保留到二次项得：

$$\overline{X}_a = f(V_0) + \frac{\mathrm{d}f}{\mathrm{d}V}\bigg|_{V_0} (\overline{V} - V_0) + \frac{1}{2} \times \frac{\mathrm{d}^2 f}{\mathrm{d}V^2}\bigg|_{V_0} (\overline{V} - V_0)^2 \tag{8-17}$$

$$\overline{X}_b = f(V_0) + \frac{\mathrm{d}f}{\mathrm{d}V}\bigg|_{V_0} (\overline{V} - V_0) + \frac{1}{2} \times \frac{\mathrm{d}^2 f}{\mathrm{d}V^2}\bigg|_{V_0} \sum_{i=1}^{n} \frac{(\overline{V} - V_0)^2}{n} \tag{8-18}$$

当测量次数 n 较大时，可以认为 $\overline{V} \to V_0$，但 $\sum_{i=1}^{n} \frac{(\overline{V} - V_0)^2}{n}$ 不可能为零。

当采样次数 n 不受限制时，可以认为平均值 $\overline{X}_a$ 比 $\overline{X}_b$ 更接近 $f(V_0)$，即理论真值 μ，因此应采用 $\overline{X}_a = f\left(\sum_{i=1}^{n} \frac{V_i}{n}\right)$。

直接采样信号的平均值就是系统对检测信号的最佳估计值，可用平均值代表其相对真值。如果被测量与直接采样信号的函数关系明确，将各直接量的最佳估计值代入该函数，所求出值即为被测量的最佳估计值。

（3）测量次数 n 的确定

① 当 n 足够大时可得到标准误差 σ，但由于实际测量中只能进行有限次测量，因此可用贝塞尔公式来计算测量数据的标准误差；
② 实际测量中的有限次测量只能得到标准误差的近似值 σ'；
③ 采用测量序列的剩余误差通过贝塞尔公式求标准误差的近似值 σ'；
④ 采用近似值 σ' 通过谢波尔德公式确定测量次数 n。

8.2.3 粗大误差的剔除

粗大误差指的是明显不符合事实的误差，它是对测量结果的严重歪曲。产生这种误差的原因主要是失误、系统过度疲劳、偶然故障、外界突发性干扰或系统内常故障等。剔除方式主要有以下几种：
① 莱特准则。
② 格罗贝斯准则。
③ 分布图法。

8.3 采样数据去干扰

8.3.1 剔除奇异项

采样数据中的奇异项是指采样数据序列中有明显错误（丢失或粗大）的个别数据。奇异项的存在对数据处理的结果有极大的影响。例如，某一被测物理量在 $t_1 \sim t_4$ 时刻的取值分别为 10、12、14、16，则其平均值应为 13。假设 t_2 时刻的取值丢失，即出现了奇异项。那么，这 4 个点的平均值就由 13 变成了 10，从而产生均值误差。均值误差是由奇异项引起的，为了减少数据处理后的误差，必须剔除采样数据中的奇异项。

采样数据序列中奇异项的确定，需根据具体的被测物理过程和数据采集系统的精度而定。例如，被采集量是工业加热炉加热过程中的炉温，采集到的数据如图 8-3 所示。众所周知，任何一个物理量总是从小到大或从大到小平滑地变化。由于炉子热容量很大而加热源功率有限，炉温只能缓慢地上升，不可能发生突变，如图中曲线所示。因此，所采集的数据应落在曲线两侧的附近，相邻两个数据的差小于某一给定的误差限 W，如图 8-3 中的黑点。但个别的数据受到偶然强干扰的影响，会大大偏离其正常值，如图 8-3 中的 1、2 点，即它们与相邻点的差远大于误差限 W。这些数据就是奇异项，应予以剔除，然后根据一定的值差规律，人为补上一些数据，如图 8-3 中的小空心圆圈。

剔除采样数据中奇异项的方法，一般可选用一阶差分法、多项式逼近法和最小二乘法。三者的区别仅仅在于所选的算法上，其他考虑方法大致相同，这里将讲解用一阶差分法检查奇异项的过程。

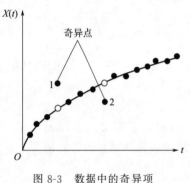

图 8-3 数据中的奇异项

（1）判断奇异项及替代值的选择

在判断某时刻的采样数据是否为奇异项时，是依据以下准则进行判断的。

判断奇异项的准则是：给定一个误差限 W，若 t 时刻的采样值为 x_t，预测值为 x'_t，当 $|x_t - x'_t| > W$ 时，则认为此采样值 x_t 是奇异项，应予以剔除，而以预测值 x'_t 取代采样值 x_t。由此可知，x'_t 的算法推算和误差限 W 的选择尤为重要。

预测值 x'_t 可用一阶差分方程推算，如式（8-19）所示。

$$x'_t = x_{t-1} + (x_{t-1} - x_{t-2}) \tag{8-19}$$

式中，x'_t 为在 t 时刻的预测值；x_{t-1} 为 t 时刻前 1 个采样点的值；x_{t-2} 为 t 时刻前 2 个采样点的值。

由式（8-19）可知，t 时刻的预测值可以用 $t-1$ 和 $t-2$ 时刻的采样值来推算，当采样频率大于物理量变化的最高频率时，这种预测方法有足够的精度。

误差限 W 的大小则需根据数据采集系统的采样速率、被测物理量的变化特性来决定。

（2）确定连续替代的方法

在连续检测出若干个奇异项，并用预测值代替后，必须重新选择新的 x_{t-1} 和 x_{t-2} 的值，否则将造成数据偏离正常值的趋势。对一阶差分法而言，在连续剔除并替换两个奇异项之后，应重新选择新的起始点作为 x_{t-1} 和 x_{t-2}。但在实际测量中，常会发生连续两个以上的点均为干扰点的现象，这样就会造成所选的初始值 x_{t-1} 和 x_{t-2} 本身就不是正常值，从而产生错误的预测值 x_t'。为此，在连续替代两个奇异项之后，对以后的点均要再加以判断，看是否满足式（8-20）：

$$\begin{cases} W_2 > |x_t - x_t'| > W \\ W_2 = KW \end{cases} \tag{8-20}$$

式中，K 的值由具体情况而定，经验证明，一般取 $K=5$ 较好。如果满足式（8-20），则不剔除该点而沿用原来的数据，如果该点满足式（8-21）：

$$|x_t - x_t'| \geqslant W_2 \tag{8-21}$$

则认为该点必然是干扰点，继续用 x_t' 取代 x_t。一旦找到 $|x_t - x_t'| \leqslant W$ 的点，就应该自动选择新的起点，再次重复上述过程。如果找不到这一点，只要连续处理的点数已达到 6 个点，就会自动选择新的起点，再次重复上述过程。

（3）起始点的寻找

在应用中存在一种可能，就是起始点恰恰是被干扰产生的奇异点，因此，一开始就必须先去寻找满足一阶差分预测关系的三个连续点，即满足式（8-22）：

$$|x_t - x_{t-1} - x_{t-1} + x_{t-2}| \leqslant W \tag{8-22}$$

这时所找到的三个点子 x_{t-1}、x_{t-2} 和 x_t 可以作为正确的起始点。以 x_{t-1} 和 x_{t-2} 为起始点，往 x_1 方向预测 x_{t-3}'，即

$$x_{t-3}' = x_{t-2} + x_{t-2} - x_{t-1} \tag{8-23}$$

然后依据准则，判断采样值 x_{t-3} 是否为奇异项。若是奇异项且非连续替代两次以上，则用预测值 x_{t-3}' 替代 x_{t-3}，若是奇异项且连续替代两次以上，则按式（8-20）、式（8-21）决定是否替代；若不是奇异项则不替代。

当判断完 x_1 之后，再返回到 x_{t-1} 和 x_t 处，以这两点为起始点，往 x_n 方向预测 x_{t+1}'，即

$$x_{t+1}' = x_t + x_t - x_{t-1} \tag{8-24}$$

再依据准则，判断采样值 x_{t+1} 是否为奇异项。若是奇异项且非连续替代两次以上，则用预测值 x_{t+1}' 替代 x_{t+1}，若是奇异项且连续替代两次以上，则按式（8-20）、式（8-21）决定是否替代；若不是奇异项则不替代。

如果 x_1、x_2、x_3 就是满足关系的三个连续点，则直接选 x_2 和 x_3 为起点，往 x_n 方向判别。

8.3.2 采样数据数字滤波

由于工业生产和科学实验现场的环境比较复杂，存在较多的干扰源，为了减少对采样数据的干扰，提高系统的性能，在数据处理之前需先对采样数据进行数字滤波。

所谓"数字滤波"，就是通过一定的计算或判断程序，减少干扰信号在有用信号中的比重，故实质上是一种程序滤波。数字滤波器克服了模拟滤波器的不足，它与模拟滤波器相比具有以下几个优点：

① 由于数字滤波是用程序实现的，因而不需要增加硬件设备，可以多个输入通道"共

用"一个滤波程序。

② 由于数字滤波不需要硬件设备，因而可靠性高、稳定性好，各回路之间不存在阻抗匹配等问题。

③ 数字滤波可以对频率很低（如 0.01Hz）的信号实现滤波，克服了模拟滤波器使用的元器件多、电路复杂、电路参数改变滤波器也要跟着改变的缺陷。数字滤波器电路简单，可以通过改变参数实现不同的滤波方法，比模拟滤波器灵活方便。

综上所述理由，数字滤波受到了相当的重视，得到了广泛的应用。

数字滤波的方法各种各样，读者可以根据不同类型的数据处理进行选择，下面介绍几种常用的数字滤波方法。

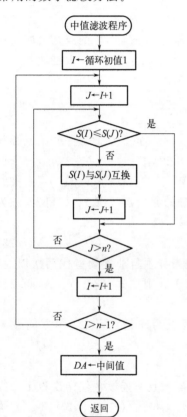

图 8-4　中值滤波程序流程图

（1）中值滤波法

所谓"中值滤波"，就是对某一个被测量连续采样 n 次（n 一般取奇数），然后把 n 个采样值从小到大（或从大到小）排序，再取中值作为本次采样值。

程序流程图如图 8-4 所示。

入口条件：n 次采样值存在一维数组 $S(n)$ 中。

出口条件：滤波后的采样值存于 DA 变量中。

中值滤波法对于去掉脉动性质的干扰比较有效，但是，对快速变化过程的参数（如流量）则不宜采用。

程序只需改变外循环次数 n，即可推广到对任意次数采样值进行中值滤波。一般来说，n 的值不宜太大，否则滤波效果不好，且总的采样时间会增长，所以，n 值一般取 3 即可。

（2）算术平均值

算术平均值法是寻找这样一个 $\overline{Y}$ 作为本次采样的平均值，使该值与本次各采样值间误差的平方和最小，即

$$E = \min\left[\sum_{i=1}^{N} e_i^2\right] = \min\left[\sum_{i=1}^{N} (\overline{Y} - X_i)^2\right] \quad (8\text{-}25)$$

由一元函数求极值原理得：

$$\overline{Y} = \frac{1}{N}\sum_{i=1}^{N} X_i \quad (8\text{-}26)$$

式中，$\overline{Y}$ 为 N 次采样值的算术平均值；X_i 为第 i 次采样值；N 为采样次数。

入口条件：N 次采样值已存于一维数组 $X(N)$ 中。

出口条件：算术平均值存于 Y 变量中。

算术平均值法适用于对具有随机干扰的信号（如压力、流量等）进行处理。这类信号的特点是有一个平均值，信号在某一数值范围附近做上下波动。在这种情况下，仅取一个采样值作为依据显然是不准确的。算术平均法对信号的平滑程度完全取决于 N：当 N 较大时，平滑度高，但灵敏度低；当 N 较小时，平滑度低，但灵敏度高。应视具体情况选取 N，既减少计算时间，又达到最好的效果。对于流量，通常取 $N=12$；对于压力，则取 $N=4$；温度如无噪声可以不平均。

（3）加权递推平均法

从式（8-26）中可以看出，算术平均值法对每次采样值给出相同的加权系数，即$\frac{1}{N}$，实际上有些场合需要用加权递推平均法，即用式（8-27）求平均值：

$$\bar{Y}=a_0 x_0+a_1 x_1+a_2 x_2+\cdots+a_N x_N \tag{8-27}$$

式中，a_0、a_1、$\cdots$、a_n 均为常数且应满足下式：

$$\begin{cases}0<a_0<a_1<\cdots<a_N \\ a_0+a_1+a_2+\cdots+a_N=1\end{cases} \tag{8-28}$$

常数 a_0、a_1、$\cdots$、a_n 的选取方法是多种多样的，其中常用的是加权系数法，即

$$a_0=\frac{1}{\Delta}$$

$$a_1=e^{-\tau}/\Delta$$

$$\vdots$$

$$a_N=e^{-N\tau}/\Delta \tag{8-29}$$

式中，$\Delta=1+e^{-\tau}+e^{-2\tau}+\cdots+e^{-N\tau}$；$\tau$ 为控制对象的纯滞后时间。

加权递推平均法适用于系统纯滞后时间常数 τ 较大、采样周期较短的过程，它对以不同采样时间得到的采样值分别给予不同的权系数，以便能迅速反映系统当前所受干扰的严重程度。但采用加权递推平均法需要测试不同过程的纯滞后时间 τ 并输入计算机，同时要不断计算各系数，故会导致过多地调用乘、除、加子程序，增加了计算量，降低了处理速度，因而它的实际应用不如算术平均值法广泛。

（4）一阶滞后滤波法（惯性滤波法）

在模拟量输入通道中，常用一阶低通 RC 滤波器（见图 8-5）来削弱干扰。但不宜用这种方法对低频干扰进行滤波，原因在于大的时间常数及高精度的 RC 网络不易制作，因为时间常数 τ 越大，必然要求 R 值越大，且漏电流也随之增大。而惯性滤波法是一种以数字形式实现低通滤波的动态滤波方法，它能很好地克服上述缺点，在滤波常数要求大的场合，这种方法尤为实用。

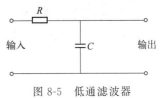

图 8-5　低通滤波器

惯性滤波的表达式为：

$$\bar{Y}_n=(1-\alpha)\bar{X}_n+\alpha\bar{Y}_{n-1} \tag{8-30}$$

式中，$\bar{X}_n$ 为第 n 次采样值；$\bar{Y}_{n-1}$ 为上次滤波结果输出值；$\bar{Y}_n$ 为第 n 次采样后滤波结果输出值；α 为滤波平滑系数，$\alpha=\frac{\tau}{\tau+T_s}$；$\tau$ 为滤波环节的时间常数；T_s 为采样周期。

通常采样周期 T_s 远小于滤波环节的时间常数 τ，也就是输入信号的频率高，而滤波器的时间常数相对较大。τ、T_s 的选择可根据具体情况确定，只要使被滤波的信号不产生明显的纹波即可。另外，可以采用双字节计算，以提高运算精度。

惯性滤波法适用于波动频繁的被测量的滤波，它能很好地消除周期性干扰，但也带来了相位滞后，滞后角的大小与 α 的选择有关。

（5）防脉冲干扰复合滤波法

前面讨论了算术平均值法和中值滤波法，两者各有一些缺陷。前者不易消除由于脉冲干

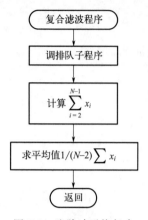

图 8-6 防脉冲干扰复合
滤波法流程图

扰而引起的采样偏差，而后者由于采样点数的限制，其应用范围缩小。如果将这两种方法合二为一，即先用中值滤波法滤除由于脉冲干扰而有偏差的采样值，然后把滤波过的采样值再做算术平均，就形成了防脉冲干扰复合滤波法。其原理可用式（8-32）表示。

若　　　　　　　$x_1 \leqslant x_2 \leqslant \cdots \leqslant x_N (3 \leqslant N \leqslant 5)$　　　　（8-31）

则　　　　　　　$Y = (x_2 + x_3 + \cdots + x_{N-1}) / (N-2)$　　　　（8-32）

根据以上公式可以得出防脉冲干扰复合滤波法流程图，如图 8-6 所示。

可以肯定，这种方法兼容了算术平均值法和中值滤波法的优点。它既可以去掉脉冲干扰，又可对采样值进行平滑处理。在高、低速数据采集系统中，它都能削弱干扰，提高数据处理质量。当采样点数为 3 时，它便是中值滤波法。

（6）程序判断滤波法

当采样信号由于随机干扰、误检测或变送器不稳定引起严重失真时，可采用程序判断滤波算法。该算法的基本原理是根据生产经验，确定出相邻采样输入信号可能的最大偏差 ΔT，若超过此偏差值，则表明该输入信号是干扰信号，应该去掉，若小于或等于此偏差值则作为此次采样值。

① 限幅滤波　限幅滤波是把两次相邻的采集值进行相减，取其差值的绝对值 ΔT 作为比较依据，如果小于或等于 ΔT，则取此次采样值，如果大于 ΔT，则取前次采样值，如式（8-33）所示：

$$T = \begin{cases} T_n, & |T_n - T_{n-1}| \leqslant \Delta T \\ T_{n-1}, & |T_n - T_{n-1}| > \Delta T \end{cases}$$　　　（8-33）

② 限速滤波　限速滤波是把当前采样值 T_n 与前两次采样值 T_{n-1}、T_{n-2} 进行综合比较，取差值的绝对值 ΔT 作为比较依据取得结果值 T，如式（8-34）所示：

$$T = \begin{cases} T_{n-1} & |T_{n-1} - T_{n-2}| \leqslant \Delta T \\ T_n, & |T_{n-1} - T_{n-2}| > \Delta T \text{ 且 } |T_n - T_{n-1}| \leqslant \Delta T \\ (T_{n-1} - T_n)/2, & |T_{n-1} - T_{n-2}| > \Delta T \text{ 且 } |T_n - T_{n-1}| > \Delta T \end{cases}$$　（8-34）

（7）递推平均滤波法

上述几种滤波方法，每取得一个有效采样值，需要若干个采样点，因此，当采样速度较慢或模拟信号变化较快时，很难满足系统的实时性要求，而递推平均滤波法能较好地解决此类问题。

递推平均滤波法将连续取 N 个采样值看成一个数据队列，数据队列的长度固定为 N，每采集到一个新数据，则把它放入队尾，并去掉原来队首的一个数据（先进先出原则），把数据队列中的 N 个数据进行算术平均运算，即可获得新的滤波结果。由于新的数据队列与旧的数据队列相比，只有一个数据不同，所以递推平均滤波的结果数据的产生速度与采样速度相同，实时性大大优于普通算法。该算法对周期性干扰有良好的抑制作用，平滑度高，适用于高频振荡系统。但灵敏度低，对偶然出现的脉冲性干扰的抑制作用较差，不易消除由于脉冲干扰所引起的采样值偏差，不适用于脉冲干扰比较严重的场合。

以上介绍了几种常用的数字滤波方法，每种方法都有其各自的特点，可根据具体的被测量选用。在考虑滤波效果的前提下，尽量采用计算时间较短的方法。如果计算时间允许，则可以采用复合滤波法。值得说明的是，数字滤波固然是消除干扰的好方法，但并不是任何一个系统都需要进行数字滤波。有时采用不恰当的数字滤波反而会适得其反，造成不良影响。如在自动调节系统中，采用数字滤波会把偏差值滤掉，使系统失去调节作用，因此，在设计数据采集与处理系统时，采用哪一种滤波方法，或者要不要进行数字滤波，都必须根据实验来确定。

8.4　采样数据处理方法

8.4.1　傅里叶变换

（1）傅里叶变换的概念

傅里叶变换（Fourier Transform，FT）常用于数字信号处理，它的目的是将时域信号转变为频域信号，其主要作用就是把非正余弦周期函数转化为无限个规则的正余弦函数。研究领域不同，傅里叶变换的变体形式不同，如连续傅里叶变换和离散傅里叶变换。

① 连续傅里叶变换　设信号 $x(t)$ 满足：

$$\int_{-\infty}^{+\gamma} |x(t)| \mathrm{d}t < \infty [即 x(t) 绝对可积] \tag{8-35}$$

$$x(\omega) = \int_{-\infty}^{+\infty} x(t) \mathrm{e}^{-\mathrm{j}\omega t} \mathrm{d}t \tag{8-36}$$

则有

$$X(t) = \frac{1}{2\pi} \int_{-\infty}^{+\infty} X(\omega) \mathrm{e}^{\mathrm{j}\omega t} \mathrm{d}\omega \tag{8-37}$$

式中，$\omega = 2\pi f$。通常把 $x(\omega)$ 称为 $x(t)$ 的傅里叶变换，$x(t)$ 称为 $x(\omega)$ 的逆傅里叶变换，$x(\omega)$ 也可记为：

$$X(\omega) = |X(\omega)| \mathrm{e}^{\mathrm{j}\arg X(\omega)} \tag{8-38}$$

把 $|x(\omega)|$ 叫作振幅谱，$\arg X(\omega)$ 叫作相位谱，如图 8-7 所示。

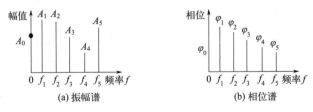

（a）振幅谱　　　　（b）相位谱

图 8-7　振幅谱和相位谱

② 离散傅里叶变换　设 $x(n)$ 是一个长度为 M 的有限长序列，则定义 $\tilde{x}(n)$ 的 N 点离散傅里叶变换为（$N \geqslant M$）：

$$\tilde{X}(k) = DFT[\tilde{x}(n)] = \sum_{n=0}^{N-1} \tilde{x}(n) \mathrm{e}^{-\mathrm{j}\frac{2\pi}{N}nk} = \sum_{n=0}^{N-1} \tilde{x}(n) W_N^{nk} \tag{8-39}$$

$\tilde{x}(k)$ 的离散傅里叶逆变换为：

$$\tilde{x}(n) = IDFT\left[\tilde{X}(k)\right] = \frac{1}{N}\sum_{n=0}^{N-1}\tilde{X}(k)e^{j\frac{2\pi}{N}nk} = \frac{1}{N}\sum_{n=0}^{N-1}\tilde{X}(k)W_N^{-nk} \tag{8-40}$$

傅里叶变换在信号处理发展中起到了突破性作用，它的应用领域极其广泛，如物理学、信号分析、图像处理、概率、统计、光学、声学等。但由于其不具备任何时域信号，且它是对数据段的平均分析，对非平稳、非线性信号缺乏局域性信息，不能有效给出某频率成分发生的具体时间段，也不能对信号做局部分析。

（2）傅里叶变换的应用

① 图像压缩　图像压缩可直接利用傅里叶系数对数据进行压缩。傅里叶变换后图像信号能量会在空间重新分布，重新分布后低频成分占主要部分，高频成分占次要部分，能量分布集中，这就为数字图像在频率域的压缩编码提供了理论依据，使得图像的有效传输和存储变为可能。

② 信号分析　在对原始信号进行分析时，很多时候都难以得到想要的结果，此时可以对其进行傅里叶变换，将其分解为若干正弦曲线的信号，这样就使得信号的分析变得非常容易。傅里叶变换对于信号处理的主要作用就是将信号从时域图像转换到频域图像，进而对其频域图像进行分析。

③ 抽样技术　在通信系统中，利用已有的数字技术处理模拟信号，不仅能简化模拟信号的传输，还能保证传输的准确性，但在使用该技术之前需要先利用抽样将模拟信号数字化。通过傅里叶变换可知：一定条件下，一个连续时间信号或离散序列均可唯一地用其等间隔的样本值来表示，这种表示是完全和充分的。换言之，原信号或序列的全部信息都包含在这组等间隔的样本值中，且原信号可以由这组样本值完全恢复出来。

（3）傅里叶变换在井下钻柱振动信号分析中的应用

钻井是石油天然气勘探开发的关键环节，钻柱作为钻井的重要工具，是地面能量向井底钻头传递的主要通道。在钻井过程中，钻柱往往要承受拉、压、弯、扭等静态载荷，加之地层非均质性及钻压和转矩动态特性的影响，其在井下的受力情况非常复杂，往往伴随着各种振动（轴向振动、横向振动和扭转振动）。

当钻至井深 5720.70m 时，测得近钻头位置处的 x、y 和 z 三轴瞬时加速度如图 8-8 左图所示，其均值、峰值和均方根值曲线如图 8-8 右图所示。由图可知，三轴的加速度呈同步周期性变化，且表现为剧烈振动与弱振动交替变换的周期性特征，为典型的黏滑运动特征，其黏滑周期为 10s。

由上述分析可知，井下钻柱振动信号的时域分析仅能判断钻柱的振动特征，要想确定钻柱振动信号在频带上的分布情况、各频率成分能量的强弱及随时间的变化规律，还须进行频域分析。采用 FFT 方法对所测信号进行频谱分析，得到频率为 $0\sim60$Hz 的三轴加速度频谱图，此处只给出频率为 $0\sim1$Hz 的频谱图，如图 8-9 所示。由图可知，三轴加速度频谱中的主要频率成分均为 0.1Hz 和 0.2Hz，根据黏滑周期可推断钻柱的黏滑频率为 0.1Hz，0.2Hz 为其 2 倍。此外，对比三轴加速度主频成分所对应幅值可知，y 轴最大，x 轴次之，z 轴最小，表明发生黏滑运动时，转速骤增或骤降导致向心力作用显著；同时也表明，黏滑运动时扭转振动能量最大，横向振动能量次之，轴向振动能量最小。

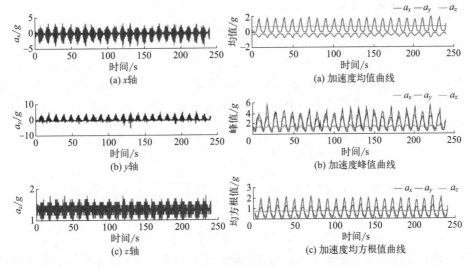

图 8-8　井深 5720.70m 处的三轴瞬时加速度曲线（左），以及井深 5720.70m 处的
三轴加速度均值、峰值和均方根值曲线（右）

8.4.2　短时傅里叶变换

为弥补全局傅里叶变换不考虑各频率分量发生时刻这一缺点，Dennis Gabor 于 20 世纪中期引进了短时傅里叶变换（Short-Time Fourier Transform，STFT）。它的基本思路是：把信号划分成很多个小的时间间隔，用傅里叶变换分析每一个时间间隔从而确定该时间间隔存在的频率。

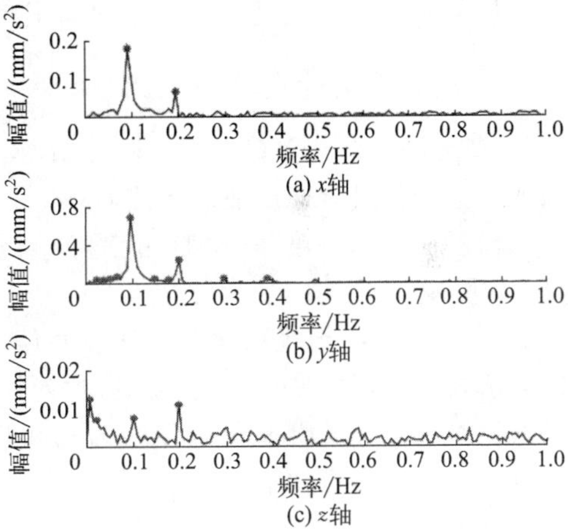

（1）短时傅里叶变换的概念

短时傅里叶变换是和傅里叶变换相关的一

图 8-9　井深 5720.70m 处的三轴加速度频谱图

种数学变换，用以确定时变信号其局部区域正弦波的频率与相位。短时傅里叶变换主要用于研究非平稳信号，其基本思想是：选择一个时频局部化的窗函数，假定分析窗函数 $g(t)$ 在一个短时间间隔内是平稳（伪平稳）的，移动窗函数，使 $f(t)g(t)$ 在不同的有限时间宽度内是平稳信号，从而计算出各个不同时刻的功率谱。

STFT 的数学处理方法是对信号 $x(t)$ 施加一个滑动窗函数 $\omega(t-\tau)$（反映滑动窗的位置）后，再做傅里叶变换，即

$$STFT_x(\omega,\tau) = \int x(t)w(t-\tau)\mathrm{e}^{-\mathrm{j}\omega t}\,\mathrm{d}t \tag{8-41}$$

它也可以看作是 $x(t)$ 与调频信号 $g(t)=\omega(t-\tau)\mathrm{e}^{\mathrm{j}\omega t}$ 的内积，其中 τ 是移位因子，ω 是角频率。在这个变换中，$\omega(t)$ 起时限作用，随着时间 τ 的变化，$\omega(t)$ 所确定的"时间窗"在 t 轴上移动，"逐渐"对 $x(t)$ 进行分析，因此 $STFT_x(\omega,\tau)$ 大致反映了信号 $x(t)$ 在时刻 τ 含有频率成分为 ω 的相对含量，信号在滑动窗上展开就可以表示为在 $[\tau-\Delta t/2,\tau+\Delta t/2]$、$[\omega-\Delta\omega/2,\omega+\Delta\omega/2]$ 这一时频区域内的状态。通常把时频区域称为窗口，Δt 和 $\Delta\omega$ 分别

称为窗口的时宽和频宽，它们表示时频分析的分辨力（图 8-10）。

在实际应用中，希望窗函数 $\omega(t)$ 是一个"窄"的时间函数，以便于细致观察 $x(t)$ 时宽 Δt 内的变化状况；基于同样的理由，希望 $\omega(t)$ 的频带 $\Delta\omega$ 也很窄，以便于仔细观察 $x(t)$ 在频带 $\Delta\omega$ 区间内的频谱。时频窗口的宽度愈小，利用 STFT 对信号进行分析的分辨力愈高，但维尔纳·海森堡（Werner Heisenberg）的测不准原理（Uncertainty Principle）指出，Δt 和 $\Delta\omega$ 是相互制约的，两者不可能都任意小。事实上，窗口的面积＝$\Delta t \times \Delta\omega \geqslant 1/2$，且仅当 $\omega(t)$ 为高斯函数时，等号才成立。

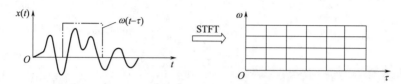

图 8-10   短时傅里叶变换的时频特点

STFT 已广泛应用于多普勒分析、干扰消除、噪声过滤、信号参数估计、信号特征提取等许多科学技术领域。STFT 的优点是简单易用且对平稳信号和一些缓变非平稳信号可以获得比较满意的结果，适用于多分量信号分析；但同时它也存在明显的缺陷，即它的窗函数的大小和形状固定，不随时间和频率的变化而变化。

（2）短时傅里叶变换的应用

① 多普勒分析   多普勒分析在动目标检测方面有着重要的作用，基于短时傅里叶变换的多普勒谱分析具有速度快、算法简单、易实现等特点。基于短时傅里叶变换的一般方法是利用加窗新信号的幅度谱（即原信号的频谱图）直接计算瞬时带宽，作为多普勒谱展宽的估计。

② 干扰消除   干扰消除是雷达、通信等领域需要解决的一个共同问题。相对于常用的线性方法，基于短时傅里叶变换的方法对消除由瞬时频率表征的调频干扰更合适。其基本思想是通过对含干扰的接收信号做短时傅里叶变换，在时频域将干扰消除，再重构出真实信号。其具体实现步骤如下：

a.重构公式；

b.依阶递归傅里叶变换；

c.频谱图的时频聚集性准则；

d.窗函数参数选择；

e.数值结果。

③ 信号分析   傅里叶变换对频谱的描绘是"全局性"的，不能够反映时间维度局部区域上的特征，而短时傅里叶变换的信号分析就弥补了这一缺点。短时傅里叶变换能够对信号进行逐段分析得到信号的局部频谱，即信号在时域内的每一瞬间的频谱，这就使得信号的分析更加精密。

（3）短时傅里叶变换在飞行器故障振动信号分析中的应用

振动信号是飞行器飞行时的主要测量参数之一，主要用于检验飞行环境是否满足事先给定的环境试验条件要求，以及辨识飞行器的固有特性。飞行器在飞行过程中的振动信号非常复杂，包括了气动噪声、发动机声腔振动和不稳定燃烧等各种振动激励因素，这些振动信号有着明显的非平稳特征。

以某飞行器飞行时的振动信号为研究对象，测量从飞行器起飞至发动机关机的振动数据。两次飞行试验飞行器内壁同一位置的测量数据如图 8-11 所示。由图可知，无论是否出现飞行故障，振动量级均随时间发生明显变化，振动信号具有明显的非平稳特性。从振动信号中可看出发动机点火时的冲击，振动量级随飞行动压的变化规律等。此外，正常振动信号在发动机点火之后，振动量级随时间先增大后减小，符合振动量级随动压变化的规律；但出现故障时的振动信号，在某个时刻点振动量级突然剧烈增大，没有反映出振动量级随动压变化的规律，与正常飞行时的振动信号差异较大。

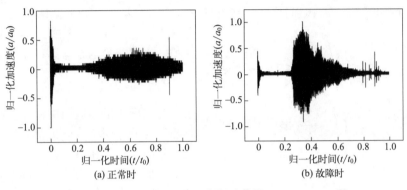

图 8-11　飞行振动信号

利用 STFT 对飞行器正常和故障时的振动信号进行时频分析，其短时傅里叶变换谱如图 8-12 所示。正常振动信号表现的特征为飞行初期飞行器受到的外激励较小，各频段响应均较小；飞行中后期飞行器受到的外激励为高频段的宽频激励，各频段内的响应相差不大。故障振动信号在飞行初期的表现与正常振动信号相同，但在飞行中期出现某一频率及其倍频的突出响应，且这些响应的频率随时间逐渐增大，飞行后期这些倍频响应逐渐消失。可见飞行故障振动信号与正常振动信号的主要不同之处在于飞行中期出现某一频率及其倍频的突出响应。

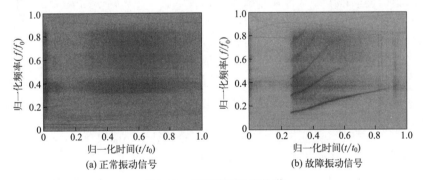

图 8-12　短时傅里叶变换谱

8.4.3　小波变换

（1）小波变换的概念

小波变换（Wavelet Transform，WT）是一种新的变换分析方法，它继承和发展了短时傅里叶变换局部化的思想，同时又克服了窗口大小不随频率变化等缺点，能够提供一个随频率改变的"时间-频率"窗口，是进行信号时频分析和处理的理想工具。

称满足 $\int_{-\infty}^{\infty}|\hat{\psi}(\omega)|^2|\omega|^{-1}\mathrm{d}\omega<\infty$ 的平方可积函数 $\psi(t)$ [即 $x(t)\in L^2(R)$] 为一个基本小波或母小波函数，则其小波变换定义为：

$$W_f(\alpha,b)=\frac{1}{\sqrt{|\alpha|}}\int_{-\infty}^{\infty}f(t)\overline{\psi\left(\frac{t-b}{\alpha}\right)}\mathrm{d}t=<f,\psi_{\alpha,b}> \tag{8-42}$$

式中，$\psi_{\alpha,b}(t)=\frac{1}{\sqrt{\alpha}}\psi\left(\frac{t-b}{\alpha}\right)$ 是基本小波的位移和尺度伸缩，也称为 $\psi(t)$ 的生成小波；$\alpha>0$，称为尺度因子；b 反映时间位移，其值可正可负；符号 $<\cdot>$ 表示内积。t、α 和 b 均为连续变量，因此式（8-39）称为连续的小波变换。小波变换的粗略解释如图 8-13 所示。

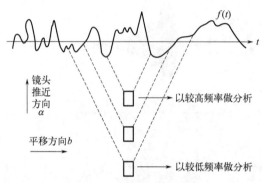

图 8-13　小波变换的粗略解释

（2）小波变换的应用

在实际生活和应用中，绝大多数信号都是非稳定的，而小波分析就特别适用于非稳定信号的分析。在信号检测分析中，小波变换最主要的应用就是信噪分离、提取弱信号和提取突变点特征。

① 信噪分离　由于小波多分辨率分解能够将信号在不同的尺度上展开，把一个信号分解为不同频段的信号，因而具有对信号按频带进行处理的能力，可以使信号中的有效成分和干扰噪声分离开来。这对于分析特定频段上信号的细节、建立表征识别故障信号的特征以及清除信号的干扰与噪声等方面具有十分重要的意义。

② 提取弱信号　在信号分析中，很多时候都需要提取弱信号。例如，在机器故障监测与诊断系统中，由于机器内部各零部件的结构不同，在正常运转时，会产生一定频率的振动信号；如果机器内部的某个零部件发生故障，就会导致其振动频率范围发生变化，这种变化混合在其他零部件的运行振动信号和随机噪声中，很难被有效提取。应用小波的多分辨率分解可以把信号分解为各个频段的信号，再根据信号频段的先验知识选取故障零件，从而查找机器的故障源，实现了弱信号的有效提取。这是傅里叶分析所达不到的。

③ 提取突变点特征　信号的突变点或剧变点是它们最主要的特征，包含了最丰富的信息资源。如在图像中个人的轮廓边缘是突变点，它勾勒了一个人的主要特征；在血压采集信号中的突变点表征了人体的高低血压值等。

（3）小波变换在雷达生命信号提取中的应用

雷达非接触式检测生命信号受到环境噪声和被测对象微动等因素影响严重，而且这些干扰引起的多普勒信号的非平稳性，使其呼吸信号和心跳信号等有用的生命信号无法用数字滤波、快速傅里叶变换等一般的信号处理方法提取出来。

将一名 30 岁左右的健康男性作为实验对象，用常规方法测量其呼吸和心跳信号，呼吸为 15 次/分，心跳为 66 次/分。利用雷达系统对其进行测量，测量信号的时域图和快速傅里叶变换图如图 8-14(a)、(b) 所示。

从图 8-14(a) 所示时域图中无法观察到与人的呼吸和心跳有关的信息，因此可判断有用信号淹没在了噪声中。利用 dB3 小波基函数对测量信号进行 8 尺度分解，再对其低频和高频分量进行重构，重构图如图 8-15(a)、(b) 所示。从图中可知，第七层低频系数重构图和第六层高频系数重构图均出现了周期性的缓慢变化趋势，最后对这两层信号进行 FFT 变换，得到频率-幅值谱的频域图如图 8-15(c)、(d) 所示。可获得其能量集中点的频率为 0.29297Hz、1.0742Hz，即为 15.5782 次/分、64.452 次/分，该数据与用传统测量方法得到的结果基本一致。由此可知，dB3 小波基函数能有效地将淹没在噪声中的生命信号提取出来。

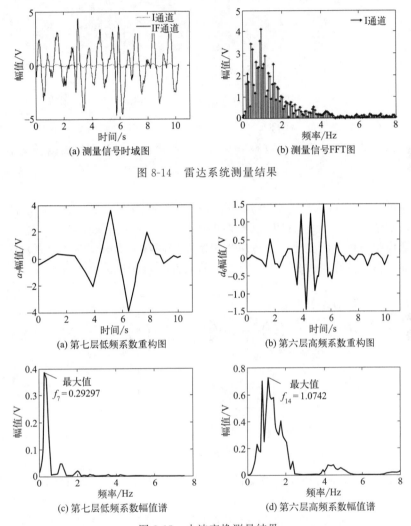

(a) 测量信号时域图　　　　　(b) 测量信号FFT图

图 8-14　雷达系统测量结果

(a) 第七层低频系数重构图　　　　　(b) 第六层高频系数重构图

(c) 第七层低频系数幅值谱　　　　　(d) 第六层高频系数幅值谱

图 8-15　小波变换测量结果

8.4.4　自适应滤波

(1) 自适应滤波的概念

自适应滤波器是指根据环境的改变，使用自适应算法来改变滤波器的参数和结构的滤波器，它能够根据输入信号自动调整性能进行数字信号处理，其作用是对随机信号的当前值提供某种意义上的一个最好预测。对于一些应用来说，由于事先并不知道所需要进行操作的参数，例如一些噪声信号的特性，所以要求使用自适应的系数进行处理。在这种情况下，通常使用自适应滤波器,自适应滤波器使用反馈来调整滤波器系数以及频率响应。自适应滤波的关键在于能够通过某种算法,自动地调整各加权系数,以达到某种准则的最佳过滤的目的,其原理图如图8-16所示。

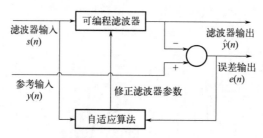

图 8-16　自适应滤波器的原理图

随着数字信号处理器性能的增强,自适应滤波器的应用越来越常见,时至今日,已经广泛地用于手机以及其他通信设备、数码录像机和数码照相机以及医疗监测设备中。

（2）自适应滤波器的应用

① 噪声消除　自适应噪声消除器（Adaptive Noise Canceller,ANC）是自适应滤波器的典型应用,如图8-17所示。ANC以噪声的干扰源信号为输入信号,通过调整滤波器参数,动态地适应噪声信号的变化。自适应噪声消除器调整干扰源（参考噪声）信号的幅值和相位,使其逼近信号的噪声成分,对干扰信号进行滤波,实现去噪声效果。

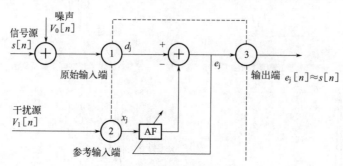

图 8-17　自适应噪声消除器

② 谱估计　谱估计是自适应滤波器的一个潜在应用领域,它是对随机信号序列进行功率谱密度估计算法的总称。可以把谱估计问题分成两大类:一类属于参数建模方法,另一类属于非参数方法。广泛应用于宽带信号分析的傅里叶分析法就是非参数方法的一个例子。谱估计理论和技术广泛应用于各个领域,如自动控制、通信、雷达、机器人、计算机视觉、语音和图像处理等。

（3）自适应滤波在超声信号噪声消除中的应用

电磁超声技术以其非接触、高灵敏度、不需要耦合剂等优势被广泛应用于无损检测领域,但由于其接收到的信号通常存在信噪比低、特征信号难以辨别的问题,常规电磁超声信号处理方法无法高效、精确地提取特征信号,因此提出了自适应滤波算法来进行降噪处理和提高信噪比。

为验证自适应算法的降噪效果,将采集处理后的数据和传入数据处理模块前的信号进行对比,如图8-18所示。图8-18（a）为输入超声信号,其特征信号波包被噪声淹没,难以辨别；图 8-18（b）为自适应算法状态 1 采集到的实验波形，控制算法稳定性和算法收敛速度的步长 μ 相对较大，估计误差为 0.05；图 8-18（c）为滤除杂波后获得的信号，且估计误差为 0.025 时采集到的波形，降噪后的特征信号明显，信噪比较高。随着自适应反馈调节滤波器的系数、滤波器自相关性逐渐增强，所实现的降噪效果也会越来越明显。

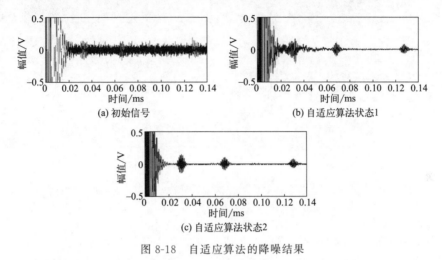

图 8-18　自适应算法的降噪结果

习　　题

1. 数据分析的概念和主要内容是什么？
2. 典型的数据类型有哪几种？
3. 数据预处理的方法是什么？
4. 测量误差的分类是哪几种？
5. 如何进行信号去误差处理？
6. 什么叫数字处理？

第9章

数据采集板卡

数据采集板卡是在一块印刷电路板上集成了模拟多路开关、程控放大器、采样/保持器、A/D转换器等芯片而构成的器件。随着技术的发展，数据采集板卡是一种将PC机转化成可以用来测量或控制工业现场的计算机扩展板卡，其可以通过USB、PXI、PCI、PCI Express、ISA、各种无线网络等总线接口接入计算机，方便快捷地构建成一个数据采集与处理系统。一个典型的数据采集板卡的功能有模拟输入、模拟输出、数字I/O、计数器/计时器等，这些功能分别由相应的电路来实现。本章将分别从板卡总线和板卡处理信号的角度介绍数据采集板卡的分类，然后详细介绍几款具有代表性的数据采集板卡的产品特性、安装方式、引脚分布等，最后为数据采集板卡的选型提供一些方式指导。

9.1 数据采集板卡的分类

9.1.1 基于板卡总线分类

根据总线的不同，数据采集板卡可分为ISA板卡、PCI/PCI Express板卡、CPCI/CPCI Express板卡、PXI/PXI Express板卡和USB板卡等。现在市面上较为流行的板卡大都是基于PCI/PCI Express总线和USB总线设计的。

（1）ISA总线板卡

ISA是工业标准体系结构（Industry Standard Architecture）的缩写，是一种在原始IBM PC中引入的8位总线结构，1984年在IBM PC/AT中将其扩展到16位。ISA是现代个人计算机的基础，是目前市场上大多数PC系统采用的主要体系结构。ISA总线由于兼容性好，在20世纪80年代是使用最广泛的系统总线，不过其弱点也是显而易见的，比如传输速率过低、CPU占用率高、占用硬件中断资源等。后来在PC-98规范中，开始放弃ISA总线，而Intel从I810芯片组开始，也不再提供对ISA接口的支持。

ISA 总线板卡的外观和插槽如图 9-1 和图 9-2 所示。ISA 总线扩展插槽由两部分组成：一部分有 62 个引脚，其信号分布及名称与 PC/XT 总线的扩展槽基本相同，仅有很小的差异；另一部分是 AT 机的添加部分，由 36 个引脚组成，这 36 个引脚分成两列，分别称为 C 列和 D 列。ISA 是技术相对比较老旧的总线形式，目前市面上很少有公司还在生产 ISA 总线板卡。

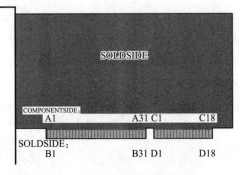

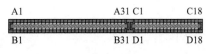

图 9-1　ISA 总线板卡的外观　　　　　　　图 9-2　ISA 总线插槽

（2）PCI /PCIE 总线板卡

PCI 是外设部件互连标准（Peripheral Component Interconnect）的缩写，是由 PCISIG（PCI Special Interest Group）推出的一种局部并行总线标准。PCI 总线是一种高性能局部总线，是为了满足外设间以及外设与主机间高速数据传输而提出来的。PCI 总线以其速度高、可靠性强、成本低及兼容性好等性能，在各种总线标准中占主导地位。

PCI 总线插槽是基于 PCI 局部总线元件扩展接口的扩展插槽。插槽位宽为 32 位或 64 位，工作频率为 33MHz/66MHz，最大数据传输速率为 132MB/s（32 位，33MHz）至 528MB/s（64 位，66MHz）。PCI 插槽是主板的主要扩展插槽，通过插接不同的扩展卡可以获得电脑能实现的几乎所有功能，是名副其实的"万用"扩展插槽，可插接声卡、网卡、内置 Modem、内置 ADSL Modem、USB2.0 卡、IEEE1394 卡、IDE 接口卡、RAID 卡、电视卡、视频采集卡，以及其他种类繁多的扩展卡。

为了满足不断增长的带宽需求，2001 年，Intel 公司提出了一种高速串行计算机扩展总线标准"3GIO"，后来交由 PCI-SIG（PCI 特殊兴趣组织）认证发布后改名为 PCI Express（简称为 PCIE）总线。它最初的设计用于实现高速音频、视频流传输。至今，PCI Express 总线已经实现了 30 倍于传统 PCI 总线的数据传输速率。

相比于 PCI，PCIE 最显著的优势在于点对点的总线拓扑。PCIE 将 PCI 上的共享总线替换为共享开关，每台设备均可以通过专用通道直接与总线相连。与 PCI 总线上的设备共享带宽不同，PCIE 为每台设备提供专用的数据通道。数据封装成包后以成对的发送信号和接收信号方式串行传输，称之为信道，PCIE1.x 每条信道的单向带宽为 250 MB/s。多条信道可组合成 x1（"单条"）、x2、x4、x8、x12 及 x16 的信道带宽，从而增加每条槽的带宽，最高可达 4 GB/s 的总吞吐量。

目前，PCIE 规范已经发展出 5 个大版本，每一代 PCIE 的速度几乎是前一代的两倍。但是不同版本其插槽的结构却基本维持一致，同样通道数的 PCIE 插槽，我们无法从外观判定其对应的是哪个版本的 PCIE 规范。表 9-1 总结了 PCIE 四种主流通道数的插槽规范，对应的板卡接口引脚如图 9-3 所示。

表 9-1　PCIE 插槽规范

传输通道	引脚总数	主接口引脚(负责传输数据)	总长度/mm
x1	36	14	25
x4	64	42	39
x8	98	76	56
x16	164	142	89

如图 9-4 所示的主板上同时集成了六个总线插槽，包括 2 个 PCI 总线插槽、1 个 PCIE 2.0x1 插槽、1 个 PCIE 2.0x4 插槽和 2 个 PCIE 2.0x16 插槽。从图中我们可以看出，PCI 和 PCIE 的插槽，以及 PCIE 不同通道数的插槽之间的外观差别。

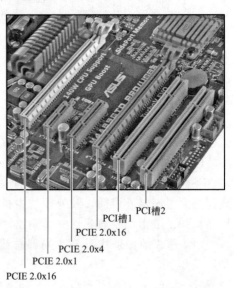

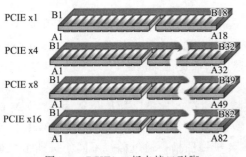

图 9-3　PCIE2.0 板卡接口引脚

图 9-4　PCI 和 PCIE2.0 总线插槽图片

（3）CPCI /CPCIE 总线板卡

Compact PCI 简称 CPCI，中文又称为紧凑型 PCI，是国际工业计算机制造者联合会 (PCI Industrial Computer Manufacturer's Group，简称 PICMG) 于 1999 年提出来的一种总线接口标准。CPCI 的 CPU 及外设同标准 PCI 是相同的，是标准 PCI 总线的高性能工业版本。与传统 PCI 总线不同的是，CPCI 采用了抗振的 Eurocard（欧卡）机械封装（根据 IEEE 1101.1 机械标准），改善了散热条件，提高了抗振动冲击能力，符合电磁兼容性要求；采用了 HD（高密度）2mm 引脚与插座连接器（IEC 认可），具有气密性、防腐性，进一步提高了可靠性，并增加了负载能力。如图 9-5 所示为北京阿尔泰科技（Art Technology）一款在售的 CPCI 数据采集板卡，采用了高密度气密式针孔连接器和欧卡 3U 封装标准。

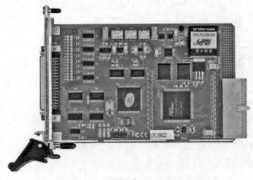

图 9-5　阿尔泰 CPCI8622

CPCIE 即 Compact PCI Express 的简称。

2005 年 6 月，国际组织 PICMG 把 Compact PCI 标准扩展至 PCIE 总线，制定了 Compact PCI Express 的标准，定义了可以同时涵盖 PCI 与 PCIE 总线的物理结构。

（4）PXI/PXIE 总线板卡

PXI（PCI Extensions for Instrumentation，中文又称为面向仪器系统的 PCI 扩展）是一种由美国国家仪器公司（National Instrument，NI）发布的坚固的基于 PC 的测量和自动化平台。PXI 结合了 PCI 的电气总线特性与 CPCI 的坚固性、模块化及欧卡机械封装的特性发展成适合于试验、测量与数据采集场合应用的机械、电气和软件规范。

PXI 系统由三个主要硬件组成：机箱、控制器和模块。系统软件是可重新配置且可定制的。NI 提供了超过 600 种模块（包含数据采集板卡），可用于采集数据、触发和同步设备、生成和路由信号，以及进行从直流到毫米波等不同频率的各种测量。

PXI 标准在板卡设计上沿用了 CPCI 所定义的 3U 和 6U 模块适用的机械尺寸和连接器形式，如图 9-6 所示。3U 模块外形尺寸为 100mm×160mm，并具有两个接口连接器 J1 和 J2。J1 携带 32 位 PCI 本地总线所需的信号，J2 携带用于 64 位 PCI 传输的信号和用于实现 PXI 电气特征的信号。3U 模块在模块底部安装有一个助拔手柄。在顶部和底部通过螺钉固定，底部的固定螺钉部分隐藏在助拔手柄中。占用超过一个槽位的模块可以使用超过两个螺钉来固定。6U 模块外形尺寸为 233.35mm×160mm，并预留了一个连接器位置用于未来 PXI 扩展。

PXI Express，简称为 PXIE，是由 PXI 系统联盟（PXI Systems Alliance，简称 PXISA）将 PCI Express 信令集成到 PXI 标准中所提出的。PXIE 在大大提升传输效率的同时也可向下兼容 PXI 总线。

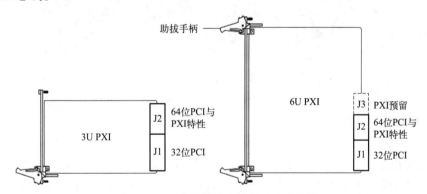

图 9-6　PXI 外接模块机械尺寸和连接器

（5）USB 总线板卡

通用串行总线 USB（Universal Serial Bus）是在 1994 年底由 Intel、Compaq、Digital、IBM、Microsoft、NEC、Northern Telecom 等 7 家世界著名的计算机和通信公司共同提出的一种新型接口标准。自 1996 年推出后，已经成功替代了串口和并口，成为当今个人电脑和大量智能设备的必备接口之一。它基于通用连接技术，实现外设的简单快速连接，达到方便用户、降低成本、扩展 PC 连接外设范围的目的。USB 接口位于 PS/2 接口和串并口之间，允许外设在开机状态下热插拔，最多可串接 127 个外设。它可以向低压设备提供 5V 电源，同时可以减少 PC 机 I/O 接口的数量。

USB 接口可以分为 Type-A、Type-B、Type-C 等。其中标准版 USB 接口（即 USB Type-A）支持 USB 2.0/3.0/3.1/3.2 协议，主要用于电脑、充电器、键盘和 U 盘等设备。

USB Type-B 支持 USB 2.0/3.0 协议，是打印机、扫描仪等设备常用接口。USB Type-C 引脚达到了 24 个，支持 USB 2.0/3.0/3.1/3.2/4.0 以及 DP、雷电等协议，不仅能够进行数据传输，还支持传输视频、声音信号等功能，广泛用于智能手机、轻薄笔记本电脑上。此外，Type-A 和 Type-B 还有 Mini 尺寸和 Micro 尺寸等。目前市面上的 USB 数据采集板卡主要支持 USB 2.0 高速协议，然而不同厂家生产的板卡采用的 I/O 连接器接头不尽相同。例如，NI 出品的 USB-600x 系列板卡采用 USB Micro-B 型接头，凌华科技（Adlink）出品的 USB-190x 系列板卡采用 USB Mini-B 型接头，阿尔泰科技出品的 USB3155/3156 板卡采用 USB Type-A 型接头，分别如图 9-7 所示。

另外，快速是 USB 技术的突出特点之一。随着版本的更迭，USB 的传输速率也成倍增加。USB1.0 出现在 1996 年，速度只有 1.5Mbps。1998 年升级为 USB1.1，速度也提升到了 12Mbps＝1.5MB/s，称为全速。USB2.0 规范是由 USB1.1 规范演变而来的。它的传输速率达到了 480Mbps＝60MB/s，称为高速。USB3.0 提供了 10 倍于 USB2.0 的传输速度 5Gbps＝640MB/s 和更高的节能效率，被称为超速。而最新的 USB4.0 理论带宽则为 40Gbps＝5GB/s。

在实时性要求特别高的场合，需要采用智能 CAN 接口板卡完成 CAN-bus 产品开发和 CAN-bus 数据分析。智能 CAN 接口板卡通常采用 USB 总线将 PC 连接至 CAN-bus 网络，从而构成现场总线实验室、工业控制、智能小区、汽车电子网络等 CAN-bus 网络领域中数据处理、数据采集的 CAN-bus 网络控制节点。

Micro-B　　　　　　　Mini-B　　　　　　　Type-A

图 9-7　数据采集板卡常用 USB 接口

9.1.2　基于板卡处理信号分类

数据采集板卡按照板卡处理信号的不同可以分为模拟量输入板卡（A/D 卡）、模拟量输出板卡（D/A 卡）、开关量输入板卡、开关量输出板卡、脉冲量输入板卡、多通道中断控制板卡、多功能板卡等。其中多功能板卡可以集成多个功能，如数字量输入/输出板卡将模拟量输入和数字量输入/输出集成在同一张卡上。

根据板卡处理信号的不同，表 9-2 列出了部分常见数据采集板卡的种类和用途。

表 9-2　数据采集板卡的种类和用途

输入、输出信息来源及用途	信息种类	相配套的接口板卡产品
温度、压力、位移、转速、流量等来自现场设备运行状态的模拟电信号	模拟量输入信息	模拟量输入板卡
限位开关状态、数字装置的输出数码、接点通断状态、"0""1"电平变化	数字量输入信息	数字量输入板卡
执行机构的测控执行、记录等(模拟电流/电压)	模拟量输出信息	模拟量输出板卡
执行机构的驱动执行、报警显示蜂鸣器及其他(数字)	数字量输出信息	数字量输出板卡

续表

输入、输出信息来源及用途	信息种类	相配套的接口板卡产品
流量计算、电功率计算、转速、长度测量等脉冲形式输入信号	脉冲量输入信息	脉冲计数/处理板卡
操作中断、事故中断、报警中断及其他需要中断的输入信号	中断输入信息	多通道中断控制板卡
前进驱动机构的驱动控制信号输出	间断信号输出	步进马达测控板卡
串行/并行通信信号	通信收发信息	多口 RS-232/RS-422 通信板卡
远距离输入/输出模拟(数字)信号	模拟/数字量远端信息	远程 I/O 板卡(模块)

下面介绍几种常用数据采集板卡的代表性产品，包括研华科技（Advantech）的 PCI-1730U、PCIE-1816H 和美国国家仪器（NI）的 USB-6002。

9.2　PCI-1730U 数字量输入/输出板卡

PCI-1730U 是台湾研华科技推出的一款基于 PCI 总线的数据采集板卡，如图 9-8 所示。PCI-1730U 能够提供 32 路隔离数字量输入和输出通道，隔离保护电压可达到 2500V DC。它是要求采取高电压隔离工业应用的理想选择。此外，所有输出通道都提供高电压保护。同系列的产品还有 PCI-1733（32 路隔离数字量输入卡）和 PCI-1734（32 路隔离数字量输出卡），除了在通道定义上有所不同外，它们的产品特性和 PCI-1730U 基本相同。用户可以根据自身功能需求选择不同的板卡型号。

图 9-8　研华科技 PCI-1730U 数据采集板卡

9.2.1　主要技术指标

PCI-1730U 板卡的主要技术指标如下：

① 32 路隔离 DIO（数字量输入输出）通道（16 路输入和 16 路输出）。

② 32 路 TTL 电平 DIO 通道（16 路输入和 16 路输出）。

③ 高输出驱动能力。

④ 隔离 I/O 通道高电压隔离（2500V DC）。PCI-1730U 非常适合需要高电压隔离保护的工业场所，能够承受高达 2500V DC 的电压，保护用户的系统免受意外损坏。

⑤ 中断处理能力。

⑥ 2 个 20 针接口用于隔离数字量 I/O 通道，另外 2 个接口用于 TTL 数字量 I/O 通道。

⑦ 用于隔离输入和输出通道的 D 形接口。

⑧ 输出状态回读。

⑨ 系统热重启动后保持数字输出值。当系统热重启动（不关闭系统电源）时，PCI-1730U 根据卡上的跳线设置，能够保持每个通道的输出值，或返回到它们打开状态的默认配置。该功能能够避免在系统意外重启动过程中的误操作给系统带来的危险。

⑩ 高 ESD 保护（2000V DC）。如果连接到具有浪涌保护的外部输入源，PCI-1730U 可以提供最大 2000V DC 的 ESD（静电释放）保护。

⑪ 高过载保护（70V DC）。即使输入电压上升到 70V DC，PCI-1730U 仍然可以正常工作一段时间。

⑫ 宽输入范围（5～30V DC）。PCI-1730 适合于很多供电电源为 12V DC 和 24V DC 的工业应用场合。

⑬ 即插即用。PCI-1730U 为即插即用设备，完全符合 PCI 规格 Rev2.2 标准。安装板卡时，用户无须设置跳线或 DIP 开关。所有与总线相关的配置，如基地址、中断等，均通过即插即用功能自动完成。

⑭ 板卡 ID。PCI-1730U 带有一个 DIP 拨码开关，当 PC 机箱中安装了多块 PCI-1730U 采集卡时，可使用此开关来定义每块卡的 ID。当用户使用多块 PCI-1730U 采集卡构建自己的系统时，ID 设置功能极为有用。如果采集卡的设置正确，用户可以很方便地在硬件配置和软件编程过程中区分和访问每块采集卡。

9.2.2　软件的安装

研华 DAQNavi 软件开发工具包是研华科技提供的一体化软件包，包括了驱动、软件开发工具包、配件和工具。该工具包支持研华旗下的几乎所有板卡，其主要特点如下：

① 全新的操作系统支持：Win7、Win10 和 Linux。

② 支持多种编程语言：C/C++、Visual Basic、C#、VB.NET 和 LabVIEW。

③ 保证多线程编程的可靠执行。

研华科技的官方网站上提供最新版本的用于 Linux 和 Windows 系统的 DAQNavi 软件安装包。DAQNavi 软件开发工具包安装步骤如下：

① 点击 PCI-1730U 板卡页面的"技术资料下载"进入资料下载页面，下载安装包 XNavi。

② 解压安装包并运行安装程序"XNavi.exe"，将看到安装界面如图 9-9 所示。此处可选择只安装"DAQ series"（DAQ 系列软件包），也可同时安装"COM/CAN series"（COM/CAN 系列软件包）。后者主要用于支持 CAN 通信板卡。

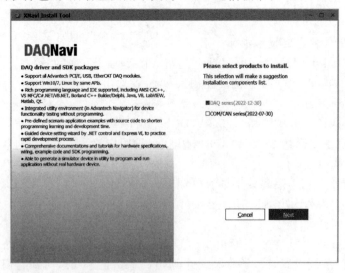

图 9-9　研华科技 XNavi 安装工具首页

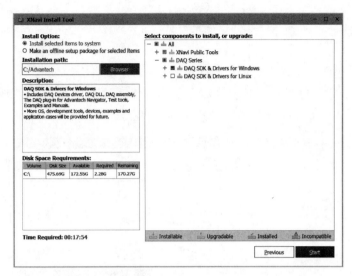

图 9-10　研华科技 DAQ 系列软件包安装选择界面

③ 选择 "DAQ series"，点击 "Next" 进入选择界面，如图 9-10 所示。可点击 "Browser" 选择自己想要的安装路径。示例中的安装路径为 "C:/Advantech"。界面右侧勾选 "DAQ SDK&Drivers for Windows"，点击右下角 "Start"，便开始安装 Windows 版本工具包。同理，如果是 Linux 操作系统，则选择 "DAQ SDK&Drivers for Linux"。

④ 安装完成后，点击右下角 "Finish"，即完成安装。

安装完成后，用户可以从桌面的 "Navigator" 图标进入 DAQNavi 软件开发工具包查看已安装的驱动，进行软件开发以及使用 DAQNavi 工具等。建议用户先安装工具包，再在系统中安装 PCI-1730U 卡，这样安装步骤会比较顺利。

9.2.3　硬件的安装

设备驱动安装完成后，用户即可将 PCI-1730U 卡插入计算机的任一 PCI 插槽。若有任何疑问，可参考计算机的用户手册或其他相关文档。按照以下步骤安装板卡。

① 关闭计算机，拔下电源线和其他电缆。安装或移除计算机上的组件之前，应先关闭计算机。

② 移除计算机盖。

③ 移除后面板上的插槽盖。

④ 接触计算机表面的金属部分来移除身体的静电。

⑤ 将 PCI-1730U 板卡插入 PCI 插槽。只抓住卡的边缘，将卡与插槽对齐，然后插入插槽。应避免用力过大，否则也许会损坏卡。

⑥ 将 PCI 卡托架固定在计算机后面板上。

⑦ 将需要的附件连接至 PCI 卡。

⑧ 放回计算机盖。重新连接步骤①中断开的电缆。

⑨ 插上电源线并开启计算机。

⑩ 检查板卡是否安装正确：鼠标右击 "我的电脑"，点击 "属性" 项，弹出 "系统属性" 对话框，选中 "硬件" 项，点击 "设备管理器" 按钮，进入 "设备管理器" 画面，若板卡安装成功后会在设备管理器列表中出现 PCI-1730U 的设备信息。

9.2.4　配置板卡

用 Navigator 程序来设置、配置和调试安装好的板卡设备。

① 要为板卡安装 I/O 设备，必须首先运行 Navigator 程序，如图 9-11 所示（访问路径：C：\ Advantech \ public \ Navigator \ navigator. exe）。

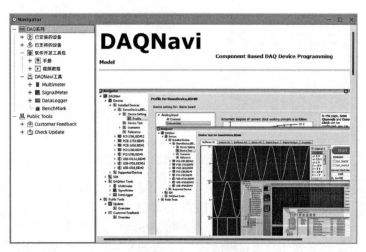

图 9-11　Navigator 使用界面

② 在已安装的设备列表框中查看系统上已安装的设备（如果有）。如果软件和硬件安装完成，将在已安装的设备列表中看到 PCI-1730U。如图 9-12 所示，程序默认已安装的设备为"DemoDevice，BID#0"。

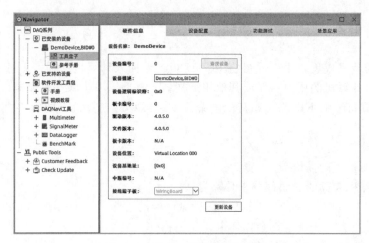

图 9-12　板卡工具硬件信息界面

③ 进入已安装设备的工具盒子，可以查看设备的硬件信息，并进行设备配置。

④ 正确安装和配置板卡后，可以转到功能测试页面，使用提供的测试实用程序来测试配置的硬件。

⑤ 最新版本的 Navigator 增添了场景应用模块，通过不同的场景演示帮助用户了解此功能的应用场景，如图 9-13 所示。

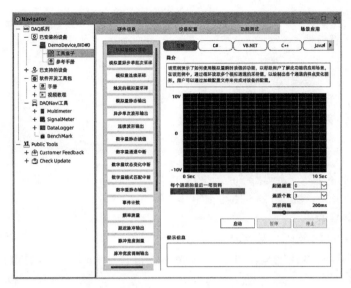

图 9-13　板卡工具场景应用界面

9.2.5　引脚和信号说明

PCI-1730U 的 I/O 连接器包含了 2 个用于隔离数字量 I/O 通道的 20 针接口（CN1、CN2）、2 个用于 TTL 数字量 I/O 通道的 20 针接口（CN3、CN4）、为 IDO 连接提供两个 EGND 引脚的 CN5，以及用于隔离输入和输出通道的 D 形接口（CN6），如图 9-14 所示。

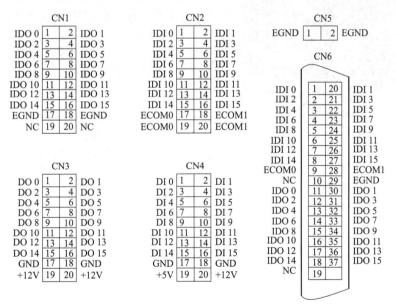

图 9-14　PCI-1730U I/O 连接器引脚分配

（1）引脚使用说明

IDIn（$n=0\sim15$）：隔离数字量输入。

IDOn（$n=0\sim15$）：隔离数字量输出。

ECOMn（$n=0\sim1$）：IDI V_{cc}/GND 隔离地。

EGND：IDO 隔离地。

NC：无连接。

DIn（$n=0\sim15$）：数字量输入。

DOn（$n=0\sim15$）：数字量输出。

GND：数字量接地。

（2）隔离数字量输入

16 路隔离数字量输入通道均支持 5～30V 电压。每 8 路输入通道共用 1 个外部电源（通道 0～7 使用 ECOM0，通道 8～15 使用 ECOM1）。

（3）隔离数字量输出

PCI-1730U 提供 16 路隔离数字量输出通道。若外部电压（5～40V）连接至每个隔离输出通道（IDO）且其隔离数字输出开启（每路通道最大 300mA），卡的电流将灌入外部电压源。

9.3　PCIE-1816H 多功能数据采集板卡

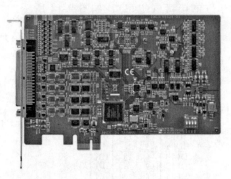

研华科技于 2014 年新推出的新一代多功能 PCIE 数据采集板卡 1800 系列，不仅得到了总线上的提升，更重要的是性能的提升。PCIE-1800 系列突破了技术上的难题，打破了传统僵局，使业界低成本卡达到了高成本卡的高级功能。

其中 PCIE-1816H（如图 9-15 所示）是一款 16 通道（传输速度最高为 5MS/s）多功能 DAQ 卡，具有集成的数字 I/O、模拟 I/O 和计数器功能。PCIE-1816H 还具有模拟和数字触发支持、具有波形生成功能的 2 通道 16 位模拟输出、24 通道可编程数字 I/O 线和两个 32 位通用定时器/计数器。PCIE-1816H 以其低成本、高功能广受业界的肯定与支持。

图 9-15　研华科技 PCIE-1816H 多功能
数据采集板卡

9.3.1　主要技术指标

除了最高输入速率方面，PCIE-1816H 相比于 PCIE-1816 有所提升，其他性能两者相同。板卡的主要技术指标如下：

① 16 路模拟输入，PCIE-1816 的传输速度高达 1MS/s（兆点/秒），PCIE-1816H 的传输速度高达 5MS/s，16 位分辨率。

② 2 路模拟量输出，传输速度高达 3MS/s，16 位分辨率。

③ 模拟量输入操作。PCIE-1816H 可以测量单极性和双极性模拟输入信号。单极性信号的范围为 0～10V FSR（满量程范围），而双极性信号的范围为 ±10V FSR。

④ 模拟量输出操作。PCIE-1816H 提供两个 16 位模拟输出通道，这两个通道都可以在内部配置为在 $0\sim5V$、$0\sim10V$、$\pm5V$、$\pm10V$ 输出电压范围内适用。否则，用户可以使用外部参考电压施加 $0\sim xV$ 或 $\pm xV$ 输出范围，其中 x 的值是 $-10\sim+10$。

⑤ 模拟量输出支持波形生成。

⑥ 24 路可编程数字 I/O 通道。可以通过配置相应的参数将每个字节用作输入端口或输出端口。字节的所有四个通道具有相同的配置。

⑦ 2 个 32 位可编程计数器/定时器。可以执行事件计数、频率测量和脉冲宽度测量。

⑧ 板载 FIFO 存储器（4K 采样）。

9.3.2　软件的安装

由于 PCIE-1816H 和 PCI-1730U 同属于研华科技出品，因此该板卡软件的安装可参照 9.2.2。

9.3.3　硬件的安装

在完成了软件的安装后，就可以将 PCIE-1816H 板卡安装到计算机上了。如果有任何疑问，建议参考计算机的用户手册或相关文档。安装步骤如下。

① 关闭计算机并拔下电源线和电缆。注意，在计算机上安装或卸下任何组件之前，先关闭计算机。

② 取下计算机机箱盖。

③ 取下计算机后面板上的插槽盖。

④ 触摸计算机表面的金属部分以中和可能存在于身上的静电。

⑤ 将 PCIE-1816H 卡插入 PCI Express 接口。握住卡的边缘并小心地将其与插槽对齐。将卡牢固地插入到位。避免过度用力，否则，卡可能会损坏。

⑥ 将适当的配件（68 针 SCSI 屏蔽电缆、接线端子等，如有必要）连接到卡上。

⑦ 装回计算机机箱盖。重新连接移除的电缆。

⑧ 插入电源线并打开计算机。

⑨ 检查板卡是否安装正确：鼠标右击"我的电脑"，点击"属性"项，弹出"系统属性"对话框，选中"硬件"项，点击"设备管理器"按钮，进入"设备管理器"画面，若板卡安装成功后会在设备管理器列表中出现 PCIE-1816H 的设备信息。

9.3.4　配置板卡

用 Navigator 程序来设置、配置和调试安装好的板卡设备，其基本步骤可参照 9.2.4。

① 首先运行 Navigator 程序。

② 可以在已安装的设备列表框中查看系统上已安装的设备（如果有）。如果软件和硬件安装完成，将在已安装的设备列表中看到 PCIE-1816H。

③ 进入已安装设备的工具盒子，可以查看设备的硬件信息，并进行设备配置。这里不仅可以配置 PCIE-1816H 的模拟输入/输出，还可以配置数字输入/输出。

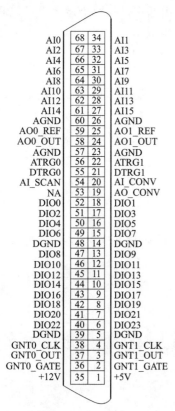

图 9-16　PCIE-1816H I/O 连接器
引脚分配

④ 正确安装和配置板卡后，可以转到功能测试页面，使用提供的测试实用程序来测试配置的硬件。也可使用场景应用进行功能演示。

9.3.5　引脚和信号说明

PCIE-1816H 的 I/O 连接器是一个 68 引脚连接器，图 9-16 是 PCIE-1816H 上 68 针 I/O 连接器的引脚分配。表 9-3 显示了它的 I/O 连接器信号描述。

A/D 硬件转换结构包括四个主要部分：

① 自动扫描复用器：将模拟输入信号按软件定义的顺序通过通道路由到 A/D 转换器中。

② PGIA（可编程增益仪表放大器）：对输入范围进行整流，放大或减小输入信号，以匹配 A/D 转换器的输入范围。

③ A/D 转换器：将 PGIA 的整流电压转换成相应的数字数据格式。

④ 触发/时钟控制逻辑：启用/禁用整个过程，并确定采集数据的时间间隔。

PCIE-1816H 可以测量单极和双极模拟输入信号。单极信号的量程为 $0 \sim 10V$ FSR（全量程），双极信号的量程为 $\pm 10V$ FSR。PCIE-1816H 提供了不同的可编程增益电平，并且允许每个通道单独设置自己的输入范围。

表 9-3　I/O 连接器信号描述

信号名称	参考	方向	说明信息
AI$<0\cdots15>$	AIGND	输入	AI 输入通道 $0 \sim 15$。每个通道对 AI$<i, i+1>$（$i=0,2,4,\cdots,14$），可以设置为两个单端输入或一个差分输入
AGND	—	—	模拟量接地。这些引脚是单端测量的参考点和差分测量的偏置电流返回点。两个接地参考（AGND 和 DGND）一起连接至 PCIE-1816H 板卡
ATRG0 ATRG1	AGND	输入	模拟量阈值触发。这些引脚为模拟量输入阈值触发输入
DTRG0 DTRG1	DGND	输入	数字量触发。这些引脚为数字量输入。其余的引脚用于开始或停止数据采集。模拟量阈值触发和数字量触发用于执行一个特定的数据采集模式（包括一个或多个扫描）。然后当引脚用于停止功能时，数据采集行为需要一个停止触发信号。开始和停止功能的边沿可通过编程设置为上升或下降
AI_SCAN	DGND	输入	AI 扫描时钟。该引脚用于初始化一组数据采集。板卡采集扫描列表中每个通道的 AI 信号用于每个 AI 扫描时钟
AI_CONV	DGND	输入	AI 转换时钟。该引脚用于初始化单个通道上的一个 AI 转换。一个扫描（由 AI 扫描时钟控制）包括一个或多个转换
AO0_REF AO1_REF	AGND	输入	AO 通道 0/1 外部参考。这是模拟量输出通道 0/1 的外部参考输入
AO0_OUT AO1_OUT	AGND	输出	AO 通道 0/1。该引脚提供模拟量输出通道 0/1 所需的电压输出

续表

信号名称	参考	方向	说明信息
AO_CONV	DGND	输入	AO 转换时钟。该引脚用于初始化 AO 转换。每个采样更新所有 DAC 的输出。用户可指定 AO 转换时钟的内部源或外部源
DIO[23:0]	DGND	输入/输出	数字量输入/输出通道[23:0]。这些引脚为数字量输入/输出,可配置为普通数字量输入或输出
DGND	—	—	数字量接地。该引脚为 I/O 接口和＋5V 与＋12V DC 电源提供数字量通道的参考。两个接地参考(AGND 和 DGND)一起连接至 PCIE-1816H
CNT0. CLK CNT1. CLK	DGND	输入	计数器 0/1 外部时钟输入。计数器的时钟输入可为外部输入(最高可达 10 MHz)或内部输入(最高可达 20 MHz),通过软件设置
CNT0. OUT CNT1. OUT	DGND	输出	计数器 0/1 输出
CNT0. GATE CNT1. GATE	DGND	输入	计数器 0/1 门控信号
＋12V	DGND	输出	＋12V DC 电源。该引脚为＋12V DC 电源输入,适合外部使用(最大 0.1A)
＋5V	DGND	输出	＋5V DC 电源。该引脚为＋5V DC 电源输入,适合外部使用(最大 0.3A)

9.4　USB-6002 多功能数据采集板卡

　　USB-6002 是一款低成本的基于 USB 接口的多功能数据采集板卡,如图 9-17 所示。它提供了模拟 I/O、数字 I/O 和一个 32 位计数器。USB-6002 为简单的数据记录、便携式测量和院校实验室实验等应用提供基本的数据采集功能。该设备具有轻便的机械外壳,采用总线供电,非常便于携带。我们可以通过螺栓端子接口轻松地将传感器和信号连接到 USB-6002。随附的 NI-DAQmx 驱动程序和配置实用程序简化了配置和测量。

9.4.1　主要技术指标

　　USB-6002 的主要技术指标如下。

图 9-17　NI USB-6002 多功能数据采集设备

　　(1)　模拟输入

　　通道数:差分 4 通道,单端 8 通道。

　　ADC 分辨率:16 位。

　　最大采样率(总计):50kS/s。

　　转换器类型:逐次逼近。

　　AI FIFO:2047 个采样。

　　触发源:软件、PFI 0 和 PFI 1。

输入量程：±10V。

工作电压：±10V。

过压保护：上电±30V，掉电±20V。

输入阻抗：>1GΩ。

输入偏置电流：±200pA。

绝对精度：全量程时常规值 6mV；非常规温度，全量程时最大值 26mV；系统噪声 0.4mVrms。

DNL：16 位，无丢失代码。

INL：±1.8 LSB。

CMRR：56 dB（DC 至 5kHz）。

带宽：300kHz。

（2）模拟输出

模拟输出：2。

DAC 分辨率：16 位。

输出范围：±10V。

最大更新速率：5kS/s 同步/通道，硬件定时。

AO FIFO：2047 个采样。

触发源：软件、PFI0 和 PFI1。

输出驱动电流：±5mA。

短路电流：±11mA。

边沿斜率：3V/μs。

输出阻抗：0.2Ω。

绝对精度（无负载）：全量程时常规值 8.6mV；非常规温度，全量程时最大值 32mV。

DNL：16 位，无丢失代码。

INL：±4LSB。

上电状态：0V。

启动毛刺：-7V，10μs。

（3）数字 I/O

13 条数字线：

端口 0——8 线。

端口 1——4 线。

端口 2——1 线。

功能：

P0.<0…7>——静态数字输入/输出。

P1.0——静态数字输入/输出。

P1.1/PFI1——静态数字输入/输出，计数器源或数字触发器。

P1.<2…3>——静态数字输入/输出。

P2.0/PFI0——静态数字输入/输出，计数器源或数字触发器。

方向控制：每个通道可通过编程独立配置为输入或输出。

输出驱动类型：每个通道可通过编程独立配置为有源驱动或集电极开路。

绝对最大电压范围：$-0.3 \sim 5.5\mathrm{V}$，相对数字地电压。

下拉电阻：$47.5\mathrm{k}\Omega$ 至数字地。

上电状态：输入。

9.4.2　软件的安装

USB-6002 的安装相比于 PCIE 接口板卡更加便捷，主要包括软件和硬件两部分。软件安装主要是安装 NI 的配套应用软件 NI-DAQmx。NI-DAQmx 9-9 及其后续版本支持 NI USB-6001/6002/6003 设备。弹出 NI 产品注册向导时，可选择注册产品。软件随附在设备套件的 DVD 光盘中，也可以登录 ni.com/support 下载。

9.4.3　硬件的安装

硬件的安装分为两步。首先，将螺栓端子连接器插入设备的连接器插口。然后，高速 Micro USB 线缆带有两个连接器，将较小的连接器插入设备，将较大的连接器插入已安装 NI-DAQmx 的计算机的 USB 端口。更多详细说明可查询 USB-6002 的官方用户指南。

9.4.4　工作原理

图 9-18 为 NI DAQ 设备的主要功能部件框图。

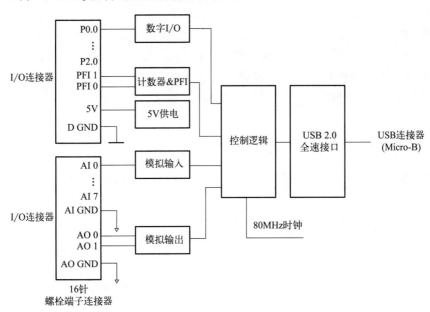

图 9-18　NI DAQ 设备的主要功能件框图

（1）模拟输入

AI 0～AI 7 可用作 8 个单端模拟输入（AI）通道或被配置为 4 个差分通道。

① 差分模式：在 DIFF 模式下，NI DAQ 设备测量 2 个 AI 信号间的差分电压。

② 参考单端模式：在 RSE 模式下，NI DAQ 设备测量 AI 信号相对于 AI GND 的电压。

（2）模拟输出

设备包含 2 个模拟输出（AO）通道 AO 0 和 AO 1。模拟输出信号以 AO GND 为参考。在 AO 0/AO 1 至 AO GND 间连接负载。

执行模拟输出操作时，可执行软件定时或硬件定时生成：

① 软件定时生成：通过软件控制数据生成的速率。软件发送独立的命令至硬件，初始化每个 NI DAQ 转换。在 DAQmx 中，软件定时生成被称为按要求定时。软件定时生成也称为即时或静态操作，通常用于写出一个值，例如直流电压常量。

② 硬件定时生成：数字硬件信号控制生成速率。信号在设备内部生成。与软件定时生成相比，硬件定时生成使采样定时间隔大幅缩短，且采样定时间隔是可确定的。

（3）计数器和 PFI

PFI 用作计数器源：PFI 0 或 PFI 1 可被配置为数字边沿计数的源。在该模式下，通过 32 位计数器实现上升沿或下降沿计数。

使用 PFI 触发模拟输入采集：配置模拟输入任务在开始采集前，等待 PFI 0 或 PFI 1 边沿。配置 AI 开始触发源为 PFI 0 或 PFI 1，并指定上升沿或下降沿触发实现上述操作。

使用 PFI 触发模拟输出生成：配置模拟输出任务在开始采集前，等待 PFI 0 或 PFI 1 边沿。配置 AO 开始触发源为 PFI 0 或 PFI 1，并指定上升沿或下降沿触发实现上述操作。

值得注意的是，向上边沿计数仅支持由零或初始值（例如，1、2、3…或 1001、1002、1003）开始计数，不支持向下计数。用户不能设置初始值为 100 并向下计数 99、98、97…

（4）数字 I/O

NI 出品的 USB-6002 具有 13 条数字线：P0.<0…7>，P1.<0…3>，P2.0，D GND 为数字 I/O 的接地参考信号。每条线可被独立编程为输入或输出。全部数字输入和数字输出更新和采样均为软件定时。

9.4.5　引脚和信号说明

图 9-19 为 USB-6002 设备引脚说明。关于每个信号的详细说明见表 9-4。

表 9-4　引脚信号描述

信号名称	参考	方向	说明信息
AI GND	—	—	模拟输入地。单端模拟输入测量的参考地
AI <0…7>	AI GND	输入	模拟输入通道 0～7。对于单端测量,每个信号均对应一个模拟输入电压通道。对于差分测量,AI 0 和 AI 4 分别为差分模拟输入通道 0 的正负输入端。下列信号组也分别对应相应的差分输入通道:AI<1,5>、AI<2,6>和 AI <3,7>
AO GND	—	—	模拟输出地。模拟输出的参考地
AO <0,1>	AO GND	输出	模拟输出通道 0 和 1。提供 AO 通道的电压输出
P0.<0…7>	D GND	输入或输出	端口 0 信号 I/O 通道 0～7。可分别将每个信号配置为输入或输出
P1.<0…3>	D GND	输入或输出	端口 1 信号 I/O 通道 0～3。可分别将每个信号配置为输入或输出
P2.0	D GND	输入或输出	端口 2 信号 I/O 通道 0。可分别将每个信号配置为输入或输出

续表

信号名称	参考	方向	说明信息
PFI<0,1>	D GND	输入	可编程函数接口或数字 I/O 通道。边沿计数器输入或数字触发器输出
D GND	—	—	数字地。数字信号的参考地
+5V	D GND	输出	+5V 电源。提供 +5V 电压,驱动能力可达 150mA

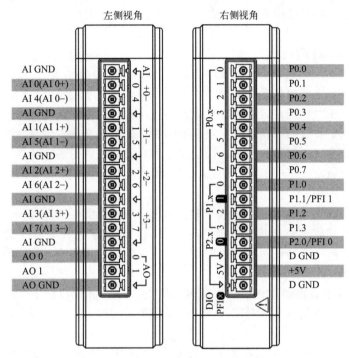

图 9-19   USB-6002 引脚示意图

9.5　数据采集板卡的选型

数据采集板卡在实际工程应用中可以避免繁杂的研发测试过程,但是针对不同的工况,数据采集板卡的选择会直接影响数据采集的效果。因此,一定要根据相应的实际情况有针对性地进行选择。数据采集板卡的选型可以从接口方式和输入/输出指标两个方面来考虑。

9.5.1　接口方式

数据采集板卡的接口方式是指该数据采集板卡与 PC 连接的总线方式或该卡提供的接口方式。常见的接口方式有前文介绍的 ISA、PCI/PCIE、CPCI/CPCIE、PXI/PXIE 和 USB 等。随着信息传输的方式增多,也出现了例如无线传输、网卡这类新的数据传输方式。

从数据传输可靠性与速度的角度来看,选择 PCI 总线接口方式是最佳选择。在诸多可靠性要求较高的行业,CPCI 总线接口方式可以满足更进一步的需求。PXI 兼具了 PCI 和

CPCI 的特性和优点，通常使用成本也更高。

　　USB 总线由于支持即插即用、传输速度快且携带方便等优点，成为数据采集的主流板卡。

　　无线技术的快速发展、数据传输速度的不断提升给无线数据采集板卡带来了新的发展空间，例如蓝牙（Bluetooth）、WiFi、NFC 等数据传输方式为工业物联网的发展打下了基础。

　　总的来讲，接口方式的多样化是为了迎合整个信息时代的发展。用户根据系统规模、测试环境、经费预算等，选择合适的接口总线。例如，实验室环境可选择 PCI、USB 总线等，而工业现场、试验现场可选择 CPCI、PXI 等。

9.5.2　输入/输出指标

　　数据采集板卡采集的信号根据其分类以及物理特性判断其选用的输入信号是何种形式。对于常见的温度、压力、位移等来自现场设备运行状态的数据采用的是模拟量输入方式，而对于限位开关、数字装置的输出数码、接点通断状态、电平变化等信息则是采用数字量输入方式。同时针对检测到的信号，为了通过反馈达到自己预期的目的，数据采集板卡也分为模拟量输出与数字量输出。不同的场合根据自己不同的需求选择相应的输入输出方式是选择数据采集板卡的重要一环。

　　此外，目前市场流通的各系列数据采集板卡价格从十几元至上万元不等，造成价格差异如此大的主要因素是数据采集板卡性能指标的不同。数据采集板卡的性能指标主要有通道数、采样频率、分辨率、精度、量程、增益等。在这些性能指标中，决定数据采集板卡选择的要点包括：

　　① 采样率：非常关键的指标，如果是包含直流分量的信号，采样率的选择一般是信号频率的 8 倍以上。如果是通信调制信号，可以采用欠采样的方式进行采集，这时重点考虑的是板卡的带宽。

　　② 分辨率：有些用户对分辨率的要求不高，比如卫星通信等；有些用户对分辨率则比较敏感，比如光脉冲信号捕捉等。通常可选有 8bit、10bit、12bit、14bit、16bit 等。

　　③ 通道数：数据采集项目中信号有多少路需要采集，决定了数据采集板卡需要具备多少输入通道。对于有些阵列应用的场合，通道数是非常关键的一个要素，比如超声阵列、相控阵雷达、分布式高能物理探测等。当然，此种场合对同步性要求也非常高。

　　不同的需求可以按照自己的设计选择合适的性能指标搭配方式，在保证达到预期目标的同时尽可能地减少费用支出以达到更高的性价比是在实际工程问题中需要着重考虑的。

习　　题

　　1. 简单描述数据采集板卡的分类。

　　2. 如何安装和使用数据采集板卡？

　　3. PCI-1730U 的 I/O 连接器可以划分为几个部分？各部分的用途分别是什么？

　　4. 在选择数据采集板卡的时候，主要考虑哪些因素？

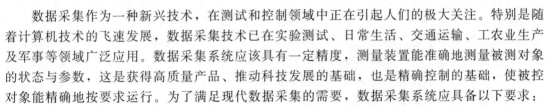

第 10 章

数据采集系统设计

数据采集作为一种新兴技术，在测试和控制领域中正在引起人们的极大关注。特别是随着计算机技术的飞速发展，数据采集技术已在实验测试、日常生活、交通运输、工农业生产及军事等领域广泛应用。数据采集系统应该具有一定精度，测量装置能准确地测量被测对象的状态与参数，这是获得高质量产品、推动科技发展的基础，也是精确控制的基础，使被控对象能精确地按要求运行。为了满足现代数据采集的需要，数据采集系统应具备以下要求：

① 性能稳定：系统的各个环节具有时间稳定性。性能稳定主要取决于系统的软硬件水平。

② 精度符合要求：精度主要取决于传感器、信号调理电路及 A/D 转换器等模拟部件。

③ 采集速率符合要求，有足够的动态响应：现代数据采集中，高频信号成分迅速增加，要求系统必须具有足够的动态响应能力。采集速率主要与采样频率、A/D 转换速度等因素有关。

④ 具有实时和事后数据处理能力：能在工作过程中处理数据，便于现场实时观察分析，及时判断实验对象的状态和性能。实时数据处理的目的是确保实验安全、加速实验进程和缩短实验周期。系统还必须有事后处理能力，待实验结束后能对全部数据做完整、详尽的分析。

⑤ 具有开放性和兼容性：主要表现为数据采集系统的标准化。计算机和操作系统具有良好的开放性和兼容性，可以根据需要扩展系统硬件和软件，便于使用和维护。

10.1 数据采集系统设计原则

基于以上要求，在设计数据采集系统时，应当遵循以下系列原则，以保证测量精度和满足系统所规定的使用性能要求。

（1）环节最少原则

组成数据采集系统的各个元件或单元模块通常称为环节。开环数据采集系统的相对误差为各个环节的相对误差之和，故环节愈多，误差愈大。因此在设计数据采集系统时，在满足数据采集要求的前提下，应尽量选用较少的环节。对于闭环测量系统，由于数据采集系统的误差主要取决于反馈回路，所以在设计此类数据采集系统时，应尽量减少反馈环节的数量。

（2）精度匹配原则

在对数据采集系统进行精度分析的基础上，根据各环节对系统精度影响程度的不同和实际可能，分别对各环节提出不同的精度要求和恰当的精度分配，做到恰到好处，这就是精度匹配原则。

（3）阻抗匹配原则

数据信息的传输是靠能量流进行的，因此，设计数据采集系统时的一条重要原则是要保证信息能量流最有效地传递。这个原则是由四端网络理论导出的，即数据采集系统中两个环节之间的输入阻抗与输出阻抗相匹配的原则。如果把信息传输通道中的前一个环节视为信号源，下一个环节视为负载，则可以用负载的输入阻抗 Z_L 对信号源的输出阻抗 Z_o 之比 $\alpha = |Z_L|/|Z_o|$ 来说明这两个环节之间的匹配程度。当 $\alpha = 1$ 或 $|Z_L| = |Z_o|$ 时，数据采集系统可以获得传送信息的最大传输效率。应当指出，在实际设计时为了照顾采集装置的其他性能，匹配程度 α 常常不得不偏离最佳值 1，一般在 $3 \sim 5$ 范围内。匹配程度 α 的大小决定了数据采集系统中两个环节之间的匹配方式。当 α 的数值较大，即负载的输入电阻较大时，负载与信号源之间应实现电压匹配；当 α 的数值较小，即负载的输入电阻较小时，两环节之间应实现电流匹配。当两个环节之间的输出电阻与输入电阻相同时，则取功率匹配，此时由信号源馈送给负载的信息功率最大。

（4）经济原则

在设计过程中，要处理好所要求的精度与仪表制造成本之间的矛盾。系统硬件设计中，一定要注意在满足性能指标的前提下，尽可能地降低价格。因为系统在设计完成后，主要的成本便集中在硬件方面，当然也成为产品争取市场的关键因素之一。

（5）可扩展原则

为方便系统功能的扩展，该系统采用 SOA 开放标准，将主要功能都写成专门的模块或是类。在后期系统扩展和更新维护中，只需修改参数、调用或开发新的模块即可实现功能扩展。

10.2   数据采集系统设计步骤

数据采集系统的设计虽然随采集对象、采集环境、采集方式等不同有所差异，但系统设计需要考虑的基本内容和主要步骤是大体相同的，一般包含以下几步。

（1）分析问题和确定任务

在进行数据采集系统设计之前，必须对要解决的问题进行调查研究、分析论证，在此基础上，根据实际应用中的问题提出具体的要求，确定系统所要完成的数据采集任务和技术指标，确定调试系统和开发软件的手段等。另外，还要对系统设计过程中可能遇到的技术难点做到心中有数，初步定出系统设计的技术路线。这一步对于能否既快又好地设计出一个数据采集系统是非常关键的，设计者应花较多的时间进行充分的调研，其中包括翻阅一些必要的技术资料和参考文献，学习和借鉴他人的经验可使设计工作少走弯路。

（2）确定采样周期 T_s

采样周期 T_s 决定了采样数据的质量和数量。T_s 太小，会使采样数据的数量增加，从而占用大量的存储空间，严重时将影响计算机的正常运行；T_s 太大，采样数据减少，会使模拟信号的某些信息丢失，使得在由采样数据恢复模拟信号时出现失真。因此，必须按照采样定理来确定采样周期。

（3）系统总体设计

在系统总体设计阶段，一般应做以下几项工作：

① 进行硬件和软件的功能分配　数据采集系统是由硬件和软件共同组成的，对于某些既可以用硬件实现又可以用软件实现的功能，在进行系统总体设计时，应充分考虑硬件和软件的特点，合理地进行功能分配。一般来说，多采用硬件可以简化软件设计工作，并使系统的快速性得到改善，但成本会增加，同时也因接点数增加而增加不可靠因素，若用软件代替硬件功能，可以增加系统的灵活性，降低成本，但系统的工作速度也降低。因此，要根据系统的技术要求，在确定系统总体方案时，进行合理的功能分配。

② 系统信号调理方案的确定　确定数据采集系统信号调理方案是总体设计中的重要内容之一，其实质是根据传感器选择满足系统要求的信号放大、信号滤波、信号转换电路。

③ 系统 A/D 通道方案的确定　确定数据采集系统 A/D 通道方案是总体设计中的重要内容，其实质是选择满足系统要求的多路模拟开关和 A/D 转换芯片及相应的电路结构形式。

④ 确定微型计算机的配置方案　可以根据具体情况，采用微处理器芯片、标准功能模板或个人微型计算机等作为数据采集系统的控制处理机。选择何种机型，对整个系统的性能、成本和设计进度等均有重要的影响。

⑤ 操作面板的设计　在单片机等芯片级数据采集系统中，通常都要设计一个供操作人员使用的操作面板，用来进行人机对话或某些操作。因此，操作面板一般应具有下列功能：

a. 输入和修改源程序。

b. 显示和打印各种参数。

c. 工作方式的选择。

d. 启动和停止系统的运行。

为了完成上述功能，操作面板一般由数字键、功能键、开关、显示器件以及打印机等组成。

⑥ 系统抗干扰设计　对于数据采集系统，其抗干扰能力要求一般都比较高。因此，抗干扰设计应贯穿于系统设计的全过程，所以要在系统总体设计时统一考虑。

（4）硬件和软件的设计

在系统总体设计完成之后，便可同时进行硬件和软件的设计。具体项目如下：

① 硬件设计　硬件设计的任务是以所选择的微型机为中心，设计出与其相配套的电路部分，经调试后组成硬件系统。不同的微型机，其硬件设计任务是不一样的，以下是采用单片机的硬件设计过程。

a. 明确硬件设计任务。为了使以后的工作能顺利进行，不造成大的返工，在硬件正式设计之前，应细致地制定设计的指标和要求，并对硬件系统各组成部分之间的控制关系、时间关系等作出详细的规定。

b. 尽可能详细地绘制出逻辑图、电路图。当然，在以后的实验和调试中还要不断地对电路图进行修改，逐步达到完善。

c. 制作电路和调试电路。按所绘制的电路图在实验板上连接出电路并进行调试，通过调试，找出硬件设计中的毛病并予以排除，使硬件设计尽可能达到完善。调试好之后，再设计成正式的印刷电路板。

若在硬件设计中，选用的微型机是微处理器或个人微型机，由于与这些微型机配套的功能板可从市场上购买到，故设计者只需配置其他接口电路，因此硬件设计被大大简化。

② 软件设计　软件设计是系统设计的重要任务之一。在数据采集系统中，由于其任务不同，计算机种类繁多，程序语言各异，因此没有标准的设计格式或统一的流程图，这里只能对软件设计的过程及相同的问题作一介绍。以下是软件设计的一般过程：

a. 明确软件设计任务。在软件正式设计之前，首先必须明确设计任务。然后，再把设计任务加以细致化和具体化，即把一个大的设计任务，细分成若干个相对独立的小任务，这就是软件工程学中的"自顶向下细分"的原则。

b. 按功能划分程序模块并绘出流程图。将程序按小任务组织成若干个模块程序，如初始化程序、自检程序、采集程序、数据处理程序、打印和显示程序、打印报警程序等，这些模块既相互独立又相互联系，低一级模块可以被高一级模块重复调用，这种模块化、结构化相结合的程序设计技术既提高了程序的可扩充性，又便于程序的调试及维护。

c. 程序设计语言的选择。在进行程序设计时，可供使用的语言有汇编语言和高级语言（如 C、VB），或者是混合语言。采用汇编语言编程能充分发挥计算机的速度，可以对数据按位进行处理，可以开发出高效率的采集软件，但是通用性差且数据处理麻烦和编程困难。采用高级语言和汇编语言进行混合编程，既能充分发挥高级语言易编程和便于数据处理的优点，又能通过汇编程序实现一些特定的处理（如中断、对数据移位等），这种编程方法在数据采集和处理中已经成为重要的编程手段之一。

d. 调试程序。程序调试是程序设计的最后一步，同时也是最关键的一步。在实际编程当中，即使有经验的程序设计者，也需要花费总研制时间的 50% 用于程序调试和软件修改。

在程序调试中一般采用如下方法：

• 首先对子程序进行调试，不断地修改出现的错误，直到把子程序调好为止，然后再将主程序与子程序连接成一个完整的程序进行调试。

• 调试程序时，在程序中插入断点，分段运行，逐段排除错误。

• 将调试好的程序固化到 EPROM（系统采用微处理器、单片机时）或存入硬盘（系统采用 PC 机时），供今后使用。

（5）系统联调

在硬件和软件分别调试通过以后，就要进行系统联调了。系统联调通常分两步进行。首先在实验室里，对已知的标准量进行采集和比较，以验证系统设计是否正确和合理。如果实验室实验通过，则到现场进行实际数据采集实验。在现场实验中测试各项性能指标，必要时，还要修改和完善程序，直至系统能正常投入运行时为止。

总之，数据采集系统的设计过程是一个不断完善的过程，一个实际系统很难一次就设计完善，常常需要经过多次修改补充，才能得到一个性能良好的数据采集系统。

10.3　集中式数据采集系统设计案例

10.3.1　心电监测系统设计要求

伴随着生活水平的提高，健康问题引起了人们的高度重视，尤其是心脏疾病方面，心电监护仪逐渐被关注。因此，研究开发一种价格低廉且操作简单的家庭式心电检测系统对家庭患者的心电监护有着重要的意义，本设计主要完成人体心电信号检测系统：要求能检测人体心电信号，被测参数为双极性周期信号，信号幅值为 $0\sim5\mathrm{mV}$，频率为 $0.05\sim100\mathrm{Hz}$，心电信号中包含工频干扰（$50\mathrm{Hz}$）和肌电干扰（$35\mathrm{Hz}$），转换误差小于 0.1%；能在通用计算机上实时显示测量数据及信号的波形曲线；具有实时数据分析、存储功能；具有历史数据调用、分析、打印功能。

10.3.2　方案论证

（1）系统设计技术指标和难点

本设计的目标是研制一套价格低廉且便于携带的心电监护仪，为家庭心脏疾病患者解决心电监测困难的问题，及时发现严重的心脏疾病，减轻心脏疾病对家庭成员的生命威胁。同时，也为医院外出就诊提供了方便，是病人的医疗及抢救过程中的重要技术保障工具。

整个信号调理电路板可以随便移动，方便携带，在心电测试过程中此心电信号调理电路应符合以下工作条件及性能指标要求：

① 环境条件

a.工作温度：$0\sim60℃$。

b.工作湿度：$\leqslant93\%$。

c.大气压强：$70\sim105\mathrm{kPa}$。

② 技术指标

a.显示：ECG 波形。

b.导联模式：三导联（RA、LA、RL）。

c.测量模式：监护、手术、诊断。

d.精度：$\pm1\%$。

e.带宽：$0.012\sim110\mathrm{Hz}$。

f.抗干扰：抗干扰功能在干扰环境中，波形稳定，参数准确。

（2）系统方案论证

① 虚拟仪器设计方案的选择　虚拟仪器主要是通过软件编程的方式，实现对系统的测试及控制等功能。常用的虚拟仪器开发软件有以下几种：

a.方案一：C 语言。

C 语言具有语法简洁的特点，此外还有以下几个特点：运算符丰富，数据结构类型丰富，结构化，语法要求不严格，功能强大。

b. 方案二：VB。

VB 是由美国微软公司开发的一种可视化的、面向对象和采用事件驱动方式的结构化高级程序设计语言，可用于开发 Windows 环境下的各类应用程序。VB 语言有以下几个特点：面向对象，事件驱动，软件 Software 集成式开发，结构化设计语言，强大的数据库访问功能，支持对象链接和嵌入技术，网络功能，多个应用向导，支持动态交换，动态链接技术，联机帮助功能。

c. 方案三：LabVIEW。

LabVIEW 软件采用图形化编程，编程直观，简单易懂。LabVIEW 是一种程序开发环境，由美国国家仪器（NI）公司研制开发，类似于 C 语言和 VB 开发环境，但是 LabVIEW 与其他计算机语言的显著区别是：其他计算机语言都是采用基于文本的语言产生代码，而 LabVIEW 使用的是图形化编辑语言 G 编写程序，产生的程序是框图的形式，是创建虚拟仪器的最佳软件。

本设计由于 LabVIEW 的种种优点，在设计上位机端软件时采用其来实现对心电信号的处理、显示以及分析等功能。

② 滤波器设计方案的选择　心电信号总是存在各种干扰，如工频干扰、基线漂移、肌电干扰等，噪声严重时可完全淹没心电（ECG）信号，因此必须消除噪声，对心电信号进行滤波处理。本设计采用低通和高通滤波相结合，选择出心电信号所在的窄频带，它能很好地滤除心电信号中混杂的噪声信号。设计中采用"二阶低通滤波电路"和"二阶高通滤波电路"实现带通，选择出心电信号频率所在范围内的信号。

因为工频干扰对相对较小的心电信号的干扰较大，所以本设计在带通电路后加上陷波电路，滤除不需要的工频信号。这样就可以在一定程度上保证采集到的信号主要是心电信号，从而提高了整个系统的可靠性和可信度。

③ 放大电路设计方案的选择　心电信号是毫伏级的信号，实验采集到的心电信号相当微弱，在进行处理前需要进行放大处理。常见的放大方式有以下两种方式：

a. 方案一：采用一级放大。

采用一级放大其硬件结构简单，电路不复杂，但是放大器输入阻抗小，对信号的携带能力差，增益带宽小，放大频率范围有限。

b. 方案二：采用两级放大（例如：一级 AD620，二级 OP07）。

采用两级放大时，虽然电路相对复杂，需要的器件较多，但是整个放大器结构的输入阻抗较大，携带能力较好，能够有效地放大心电信号，增益带宽也适当增大，有利于增加频率范围。所以，在增加电路结构复杂度以及设计经济条件允许的前提下选择"两级放大"能够取得更好的效果，此外也能够获得高可靠性。所以本设计采用了"前置放大"和"二级放大"两级分别对信号进行放大处理。

④ A/D 转换设计方案的选择　要将心电信号送入计算机中进行处理就必须把心电信号转换成数字量，通常使用的模/数转换方式有以下两种：

a. 方案一：8 位 A/D 转换器，例如 ADC0809。

采用 8 位的 A/D 转换器能使整个设计的成本大大降低，而且在与 8 位单片机通信的时候信号的读取方面比较容易实现，但是对微弱的心电信号而言，采用 8 位 A/D 转换器其转换精度不能够达到要求。

b. 方案二：12 位 A/D 转换器，例如 AD574A。

通过比较可以得出，12 位 A/D 转换器虽然说价格较高，但是其能够满足信号的转换精度，能够使获得的心电信号不失真，所以，由于本设计转换精度要求高，且 12 位 A/D 转换器的价格是在设计承受范围之内的，本设计中所采用的 A/D 转换器是 12 位的转换器。

10.3.3 系统设计框架

（1）系统设计分析

心电信号属于生物医学信号，具有如下特点：

① 信号具有近场检测的特点，离开人体体表微小的距离，就基本上检测不到信号；

② 心电信号通常比较微弱，至多为毫伏量级；

③ 属于低频信号，且能量主要在几百赫兹以下；

④ 干扰特别强，干扰既来自生物体内，如肌电干扰、呼吸干扰等；也来自生物体外，如工频干扰、信号拾取时因不良接地等引入的其他外来串扰等；

⑤ 干扰信号与心电信号本身频带重叠（如工频干扰等）。

本设计为了采集到心电信号，采用三个心电极，分别放置位置为：左手、右手、右腿。此外，在采集到心电信号以后，针对心电信号的特点，对采集电路系统的设计应该达到以下要求：

① 信号放大是必备环节，而且应将信号提升至 A/D 输入口的幅度要求，即至少为"V"的量级；

② 应尽量削弱工频干扰的影响；

③ 应考虑因呼吸等引起的基线漂移问题；

④ 信号频率不高，通频带通常是满足要求的，但应考虑输入阻抗、线性、低噪声等因素。

（2）系统框架

心电监护仪是一套弱信号的采集处理系统，在其结构上主要由可以完成信号读取的传感器、信号调理和数据转换的主备系统硬件电路部分，以及完成数据分析和处理功能的计算机软件部分构成，这两部分协调配合工作完成整个系统功能，整体设计方案如图 10-1 所示。

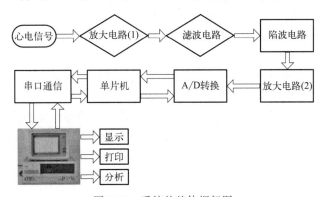

图 10-1 系统的整体框架图

本系统设计以单片机为基础，结合传感器技术，通过采用自行设计的微弱信号采集系统及各种信号处理电路，通过串口通信方式将心电信号送入计算机，最后在计算机上采用 LabVIEW 实现信号的显示、储存及分析等功能。

10.4　分布式数据采集系统设计案例

10.4.1　物流仓库火情智能监测系统设计要求

现代物流仓库内存放的货品种类繁多、数量巨大，存在极大的风险。针对传统火情监测的不足，本节研究了基于无线传感网的物流仓库的火情智能监测系统，利用网络覆盖率算法建立起一种适用于火情的网络模型，将汇聚节点和火情探测节点组建成无线传感器网络，对物流仓库内的多种环境参数进行采集。在火情发生之后，全部网络节点立即被激活启用，通过监控中心实现对环境的实时监测，掌握各参数的强度信息，判断现场火情的严重程度和发展趋势以便用来作为对现场救援行动的指挥依据。

10.4.2　物流仓库火情智能监测设计原则

对研究需求进行分析，了解物流仓库火情智能监测系统的需求是研究设计之前应做好的工作。系统设计要遵循一些基本原则，在满足需求的同时还要保证系统工作的及时性、稳定性、可靠性、抗干扰性和可扩展性等。对于仓库火情智能监测系统，其信息传输准确性和可靠性尤其重要。在进行硬件设计时要考虑如何设计才能达到这些性能要求。在软件设计时采用结构化的设计并融入抽象化和模块化的思想以达到需要的性能要求。

本系统的基本工作流程为：当该物流仓库火情发生，部分连续工作节点（相当于传统的火情监测报警系统）监测到火情以后会立即报警并启动消防联动设备，同时激活处于休眠状态的其他节点，各节点会探测到火情现场多个物理量的变化情况。火情探测节点对原始数据进行预处理，将处理后的信号通过无线传感器网络传送到控制平台——上位机，在上位机上处理信号。若有人先发现火情，也可通过手动报警将报警信号传送到主控，从而激活全部节点。上位机控制平台根据收到的监测数据、火情发生地点以及火情的严重情况发出相应的预定动作指令，及时拉响火情警报，启动消防装置喷水灭火，逃生指示牌声光报警，指引人们以最佳路线逃离火情现场，引导救援等等。进行设计时，需要重点关注以下几个方面的问题：

① 研读关于火情的标准和相关规定，严格按照这些标准和规定进行设计和研究。

② 按照相关覆盖率算法，组建网络，保证监测的准确度。

③ 对现场进行实时监测，同时检测多个参数，避免因设备故障而出现漏报现象。

④ 火情发生时，控制平台需要发出警报，同时火情所在区域需要发出声光报警，告知人们该区域已发生火情，并引导人们顺利逃生，同时还要启动消防联动设备协助消防人员进行现场救援。

10.4.3　一种物流仓库火情环境监测网络部署新模型

根据该物流仓库的特点设计合理的网络监测模型和适用的节点部署算法可以有效地对现场环境进行监测。因此，结合物流仓库的特点能够实现火情核心区域做到全方位不遗漏监测，火情扩散区域要能指引工作人员科学有效地撤离。由于该研究处于初步探讨阶段，以某物流仓库为研究对象进行仿真，该物流仓库分为大型货物储物区、小型货物储物区、收货区、发货区、出入库缓冲区、作业工具存放区以及办公室等区域。在实际运转的时候，该仓库由于存放各类网购物流产品，存在货物储存量大、货物周转较快、人流量大等特点，这些特点使之存在较大的火灾隐患。该物流仓库实际平面布局如图 10-2 所示。该物流仓库实际尺寸为 $21m \times 20m$，将其近似为 $20m \times 20m$ 的区域。该物流仓库为平房型物流仓库。

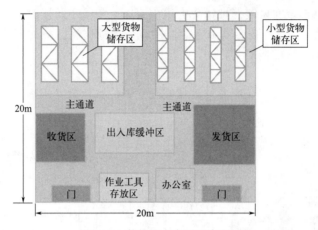

图 10-2　某物流仓库平面布局图

将监测区域 A 抽象成一个二维平面，在监测区域中随机部署 N 个传感器节点，每个节点的位置坐标已知为 (x_i, y_i)，传感器节点的通信范围是一个以节点位置为圆心、监测感知半径为 r 的圆形区域。为了保证网络的连通性，通常将通信半径 $R_c = 2r$。将区域 A 离散化为 $m \times n$ 个像素点，目标像素点的坐标为 $P(x, y)$，则传感器节点与目标点 P 之间的距离为 $d(S_i, P) = \sqrt{(x_i - x)^2 + (y_i - y)^2}$。$S = (S_1, S_2, S_3, \cdots, S_N)$ 为传感器节点集，目标点 P 被节点 S_i 所覆盖的概率为：

$$P_{\mathrm{COv}}(S_i) = \begin{cases} 1, & d(S_i, P) < r \\ 0, \text{其他} \end{cases} \tag{10-1}$$

对上述的概率感知模型加入正态分布的扰动，使模型更接近实际的传感器节点感知模型，传感器节点的感知模型可改进为：

$$P_{\mathrm{COv}}(S_i) = \begin{cases} 0, & r + r_e \leqslant d(S_i, P) \\ \mathrm{e}^{\left(-\frac{a_1 \lambda_1^{\beta_1}}{\lambda_2^{\beta_2}} + \alpha_2\right)}, & r - r_e \leqslant d(S_i, P) \leqslant r + r_e \\ 1, & d(S_i, P) \leqslant r - r_e \end{cases} \tag{10-2}$$

式中　α_1，β_1，β_2——与传感器节点特性有关的测量参数；

　　　　α_2——外界扰动参数；

　　　　r_e——传感器节点不确定检测能力的一个度量；

　　　　λ_1，λ_2——输入参数。

$$\lambda_1 = d(S_i, P) + r_e - r \tag{10-3}$$

$$\lambda_2 = r_e + r - d(S_i, P) \tag{10-4}$$

无线传感网采用大量的节点测量，则目标点 P 被覆盖的概率为被所有节点覆盖概率的并集。传感器节点集 $S = (S_1, S_2, S_3, \cdots, S_N)$ 对目标像素点 P 的联合测量概率为：

$$P_{\text{COv}}(S)=1-\prod_{S_i \in S}(1-P_{\text{COv}}(S_i))\qquad(10\text{-}5)$$

将监测区域离散为 $m \times n$ 个网格点来研究其覆盖率。由于传感器节点集 S 的区域覆盖率 $R(S)$ 为节点集 S 的覆盖面积与目标监测区域的总面积之比，因此传感器节点集 S 的区域覆盖率可表示为：

$$R(S)=\frac{\sum P_{\text{COv}}(S)}{m \times n}\qquad(10\text{-}6)$$

忽略传感器节点部署在监测区域边界上引起覆盖面积减小的情况，每个传感器节点所监测的区域面积为 πr^2，则一个传感器节点能监测整个目标监测区域的概率为 $P=\pi r^2/A$，并设一个节点覆盖监测区域的概率为：

$$P(S_i)=P\qquad(10\text{-}7)$$

现假设所有节点对目标区域的监测是相互独立事件，且节点的感知半径 r 相同，则两个节点的覆盖概率可表示为：

$$P(S_1 \bigcup S_2)=1-P(\bar{S}_1 \bigcap \bar{S}_2)=1-P(\bar{S}_1)P(\bar{S}_2)=1-(1-P)^2\qquad(10\text{-}8)$$

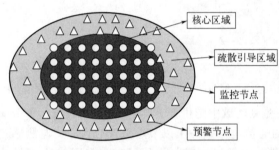

图 10-3　火情状态下的协作网络模型

结合无线传感网的特点，针对某物流仓库提出一种新的火情环境监测网络模型。如图 10-3 所示，根据物流仓库实际情况建立网络模型。其中红色区域是核心区域，黄色区域为疏散引导区域。当没有紧急事件发生时，由监测网络中的监测节点对核心区域实时监测，了解物流仓库的情况。当紧急事件发生时，疏散区域的网络将立即启动，协同监测节点对事件所涉及的范围进行监测，对事件进行监测并判断事件的发生状况，引导现场人员疏散撤退。

对于核心区域，追求的是覆盖质量，主要运用虚拟力算法提出一种覆盖模型；对于疏散引导区域，更多的是追求通信覆盖率，即保证网络的通信连接，采用改进的自适应 PSO 算法。

为实现相应的火情监测，根据该物流仓库的布局，结合网络模型可以得到火情状态下系统所监测的区域示意图如图 10-4 所示。

本算法进行如下理论假设：

① 假设传感器网络中传感器节点的通信半径是覆盖半径的 2 倍以上，当满足此条件时，网络如果满足全覆盖，则一定满足连通性，避免讨论连通性问题。

② 假设传感器网络中所有节点是同构的，所有节点具有相同的发射功率，即节点的通信半径和覆盖半径都相同。

③ 假设目标区域为二维平面区域，所有传感器节点的感知范围为以一个节点为圆心的圆形区域，感知半径为 r。

④ 假设每个位置上只有一个传感器节点，即每个传感器的位置是不同的。如果在某一个位置上有两个节点，则让其中一个直接进入睡眠状态。

根据系统设计方案，使用 MATLAB 根据所建模型对监测区域的节点部署做仿真实验。假定监测区域 A 为 $80 \times 80\text{m}^2$ 的矩形区域，在该区域上投放参数相同的传感器节点，数目为 N。每个节点的覆盖模型可以看作是以节点坐标为圆心、$r=3\text{m}$ 为感知半径的圆。通信范围也为圆，半径均为 R。为了保证网络的连通性，设置通信半径大于等于感知半径的 2 倍，即 $R \geqslant 2r$。节点的感知模型采用 0-1 模型。

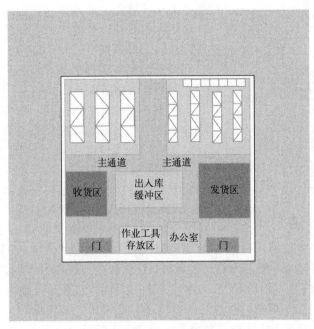

图 10-4 火情状态下的监测区域示意图

需要指出的是，在疏散区域，为了达到更好的监测，以及更好的指示作用，需要在疏散区域的周围部署一些固定节点，以监测各个路径上的状况，具体部署情况如图 10-5 所示。

这些固定节点能被部署在撤退路径上，能为现场人员撤离选择最佳路线提供有力的依据。根据现场实际情况，将这个矩形区域分割成内外两个区域，核心区域的坐标范围为 $30\mathrm{m} \leqslant x \leqslant 50\mathrm{m}$、$30\mathrm{m} \leqslant y \leqslant 50\mathrm{m}$，其余的定义域内的部分为外围的疏散区域。利用覆盖率对监测区域建立节点部署的数学模型为：

$$P = \begin{cases} P_1, 30 \leqslant x \leqslant 50, 30 \leqslant y \leqslant 50 \\ P_2, 其他,(x,y) \in A \end{cases} \quad (10\text{-}9)$$

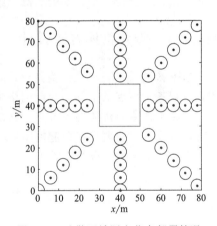

图 10-5 疏散区域固定节点部署情况

式中，P_1 为核心区域的覆盖率；P_2 为疏散区域的覆盖率。

核心区域重视覆盖质量，需要对监测区域进行全覆盖，而且要保证监测的准确性、实时性，为此采用之前建立的核心区域监测模型。外围疏散区域由于不需要监测每个区域，只需要知道这个区域的基本信息，采用建立的疏散区域模型，可以节省监测节点，延长网络寿命。

在模型中，核心区域是一种节点运动覆盖方式，节点的运动可以是随所处环境随机移动，也可以是人为控制，所以研究这类覆盖的方法有很多种。一般来说，对于人为控制的节点运动，可以利用虚拟势场的方法确定传感器节点的移动规则，而随机运动的节点则可以根据连通图来确定网络的实时结构。疏散区域是一种随机性覆盖方式，随机覆盖中的"随机"是指传感器节点的部署位置在无线传感器网络部署之前是未知的，需要经过一定的算法计算出所有节点理想的部署位置，而计算后的位置也是随机产生的。以节点覆盖率为无线传感器网络覆盖性能指标，在随机覆盖中，网络建立之初，不仅节点的部署位置杂乱无章，而且覆

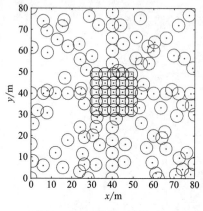

图 10-6　网络模型仿真图

盖性能也非常差。通过计算，传感器节点将得到最优部署位置，在调整位置之后无线传感器网络将正式建立，此时的传感器节点就不能再移动。随机覆盖的核心问题是如何调整传感器节点的位置，以使网络最终建立时的覆盖率最大化。

图 10-6 为仿真结果，可以看到在核心区域，其面积为 $20 \times 20 \mathrm{m}^2$，用 25 个传感器节点，使覆盖率达到 100%，没有监测盲区，用户对这块区域能够完全地掌控。在实际情况中，这些节点处于长期运行中，对环境参数进行实时监测，在未有紧急事故发生时，这块区域的节点构成一套常规的环境监测系统。当有紧急情况发生时，外围疏散区域的节点监测系统被唤醒，整个监测面积扩展到 $80 \times 80 \mathrm{m}^2$，监测范围扩展了 16 倍，使工作人员能够及时地了解气体扩散情况、气象情况等，便于为规划撤离路线提供依据。在疏散区域，根据模型需要 130 个节点，由改进后的 PSO 算法将其分布在监测区域，能保证通信覆盖率达到 90%，监测覆盖率达到 43% 以上，能了解监测对象的基本信息。同时由于疏散区域的监测系统平常处于休眠状态，在遇到事故发生时才被紧急唤醒，而其分布特点也决定了，外围区域的监测系统寿命较长，能作为一个长期的监测系统使用。

10.4.4　研究总体方案设计

根据系统研究需求进行整体设计，利用新建立的网络模型将 ZigBee 节点部署在监测区域，得到各个节点的坐标。在此网络模型的基础上实现对物流仓库的实时监测、报警救援指示。研究硬件主要由协调器节点、路由器节点、火情探测节点、联动控制节点以及上位机监控软件组成。在协调器组建起网络后，采集节点对环境进行监测，当有火情发生后，上位机上可以看到监测的实际情况，并分析是否有火情发生，从而采取相应的措施。图 10-7 为本研究的总体方案。

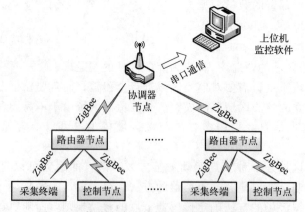

图 10-7　物流仓库火情智能监测研究总体结构

物流仓库的类型有很多，有的物流仓库结构复杂，目前该监测技术还处在探索阶段，以上研究是针对平房型物流仓库的火情监测研究，不考虑多楼层物流仓库的情况。在该研究中应实现网络中节点之间的通信距离能达到 30m，火情探测节点能对温湿度、光照强度、烟雾浓度等参数进行采集，数据传输的丢包率能控制在 2% 以内。根据实际情况，各个参数的报警阈值可以根据实际情况设定。

（1）硬件总体构架

结合设计方案中的硬件功能要求，实现对硬件的搭建。火情后的物流仓库环境往往是较危险的，人们关心的环境参数包括温度、光照、烟雾浓度、一氧化碳气体浓度等参数。本研究要实现对现场这些环境参数的采集和数据处理，从而指引人们在事故之后的活动，最终提高事故处理能力与效率。

根据研究需求，本系统采用网状网络的组网方式，以物流仓库为研究对象，通过提前布置无线传感网络，对火情情况下物流仓库内的一些参数进行监测。物流仓库内火情监控网络硬件主要由火情探测节点、消防联动节点、路由器节点、协调器节点组成。物流仓库内的火情探测节点和控制节点负责完成环境信息数据的采集和控制，由协调器节点来完成环境信息的上传和用户端指令的下发；同时，增加路由器节点以扩大网络的覆盖范围。协调器节点是无线传感器网络建立的发起者，在协调器成功建立网络后，物流仓库内的各子节点通过协调器节点加入网络。启动网络后，网络中的火情探测节点开始对物流仓库内的火情参数，如温度、湿度、光照度和有害气体（一氧化碳）浓度等环境因子进行实时的监测，并将所采集到的环境数据通过路由器节点转发给协调器节点，再由协调器节点将接收到的信息发送给上位机监控软件进行实时的显示。结合功能设计得到本研究的硬件设计框图如图 10-8 所示。

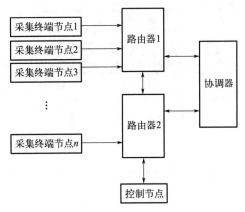

图 10-8　硬件设计框图

（2）软件总体构架

本系统选用的无线通信技术是 ZigBee 技术，对 ZigBee 技术支持的微处理芯片是基于 51 内核的 CC2530，对其进行的软件开发环境是 IAR Embedded Workbench For MCS-51 v8.1。软件开发是基于 ZigBee 协议栈，本研究主要采用 TI 公司研发的 Z-stack-CC2530-2.3.0-1.4.0 来进行开发，其内部程序包含了很多程序，如无线网络的组建、事件的触发调用等。

火情探测节点的功能是采集现场数据进行初步判断，若有可能发生火情，探测节点将火情信号上报给控制平台。为了保证整个网络的正常运行，避免节点出现故障，探测节点和路由器节点定时上报正常信号。火情探测节点主要负责采集现场数据，同时利用探测节点采集烟雾浓度、温湿度、一氧化碳浓度、光照强度等物理量。这些物理量经过调理电路和放大电路的处理后送入探测器节点的处理器，通过无线发射送到协调器。协调器接收到火情探测节点传来的火情信息后，将信息送到上位机对火情信息进行在线处理，并确认火情险情。当确定有火情发生时，根据火情险情激活报警信号，发出声光报警，把火情信息显示在控制平台的屏幕上，同时进行存储处理。除此之外，控制平台在激活声光报警的同时，通过无线通信程序启动联动报警装置。本研究在设计上位机时，应对现场参数进行深度挖掘，利用数值分析的方法得出现场各个参数强度，根据各个参数报警阈值设定情况以及其在物流仓库火情监测中所占的权重来规划逃生路径，指导现场人员撤离和救援人员打通生命通道。本研究不仅要实现火情监测报警，还要辅助指导救援和疏散，为人们逃生和火情的扑救取得一定的先机。软件总体设计框架如图 10-9 所示。

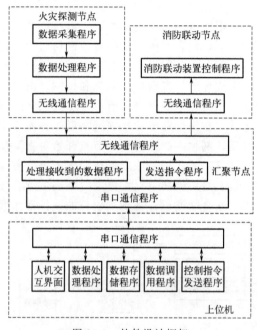

图 10-9　软件设计框架

10.5　分布式网络数据采集系统设计案例

10.5.1　燃气场站监控系统设计要求

随着技术的发展和数据采集与监视控制系统（SCADA）系统的更广泛运用，人们对更广区域的采输气和供气系统提出了远程生产、计量数据采集和监控的更高要求，很多站点实现了无人值守和超远距离的集中监控。为确保对各站点的生产数据进行实时监控，达到安全、稳定生产的目的，需对不具备数据远传功能的站点进行相关研究，通过无线或者有线网络远程传送数据，将各站点重要的生产数据远传至中心站，实现远程集中监控。无线或者有线网络远程传送数据、传感技术和计算机在各个领域的普及应用是一种成熟的技术。天然气的压力、温度测量采用能够输出模拟标准电信号的压力变送器和温度变送器，可使用专用远程测控终端（RTU）进行实时数据采集，通过无线 4G 网络（APN/VPN）或者有线网络（生产网）远程将数据传至中心井站；同时远程测控终端（RTU）带有 RS-485 接口，将旋进旋涡流量计、SYQ 流量计等不同种类的智能流量计数据采集统计后也传输至中心井站，实现生产数据的实时监控。

现代燃气公司中往往存在大量的配气站和无人值守场站，因此对于该类场所的监控成为保证工程安全进行的重要环节。针对传统监控中心和所辖站场的通信链路的不足，对基于分布式网络的数据采集系统的监测系统的建立进行了研究，建设覆盖全部场站的统一的数据采集系统，实现了一线生产单元各类日常生产数据和视频图片的采集、传输、存储、转换；实现了关键设施运行状态的实时监控和过程控制；有效解决了基层单位数据重复录入的问题，提高了数据自动采集能力，统一通过网络通信向上提供原始数据服务，支撑上层各类综合应用的发展，实现一次采集、集中管理、多业务应用。

10.5.2　系统设计原则

对研究需求进行分析，了解数据采集与监视控制系统的需求是系统设计之前应做好的工作。系统设计要遵循一些基本原则，在满足需求的同时还要保证系统工作的及时性、稳定性、可靠性、抗干扰性和可扩展性等。对于 SCADA 系统来说，实现一次采集、集中管理、多业务应用尤其重要。所以在进行硬件设计时要考虑如何设计才能达到这些性能要求，在软件设计中采用结构化的设计并融入抽象化和模块化的思想以达到研究软件需要的性能要求。对于燃气公司 SCADA 系统需要遵循相关国家标准，本系统也必须依照上述标准中关于 SCADA 系统设计的要求。

综上，本系统的基本工作流程为：天然气的压力、温度测量采用能够输出模拟标准电信号的压力变送器和温度变送器，通过具备 AI 数据采集功能的远程测控终端（RTU）使用 4G 无线（APN/VPN 组网）或者有线网络（生产网）远程传输至 SCADA 系统。而另外一部分具有现场数据总线的智能流量计，例如旋进旋涡流量计、SYQ、SGQ 智能差压式流量计等不同种类的智能流量计，远程测控终端（RTU）通过其接口采集、存储、统计数据后再传至 SCADA 系统，实现生产数据的实时监控。

10.5.3　总体方案设计

根据系统研究需求进行整体设计，在分布式网络模型的基础上实现对燃气公司的生产单元的生产数据采集和监控、视频语音数据采集与监控。研究系统方案主要由集成层、监控层和现场层组成。在管理平台组建起网络后，采集节点对各个参数进行监测，当有特殊情况发生后，上位机可以看到监测的实际情况，并分析是否有危险发生，从而采取相应的措施。图 10-10 为系统的总体方案。

（1）硬件总体构架

结合设计方案中硬件的功能要求，实现对硬件的搭建。在燃气公司各个生产单元中，包括了大量的生产数据的采集和监控、视频语音数据采集与监控、通信网络以及配套设施等，其中有大量的无人值守站，需要对类似站点的有关参数进行有效监控，因为它们的安全隐患尤为严重，所以对于各生产单元的建设非常重要。

根据研究需求，本系统采用分布式网络的组织方式，以生产单元为研究对象，通过提前布置无线监测网络，对燃气公司下属的生产单元的各项监控数据参数进行监测。基于分布式网络的燃气场站监控模型的硬件主要由生产数据采集监视、视频图像/图片采集监视、数据传输、远程控制和安防监控模块组成。生产单元和值守站内的生产数据采集监视节点和视频

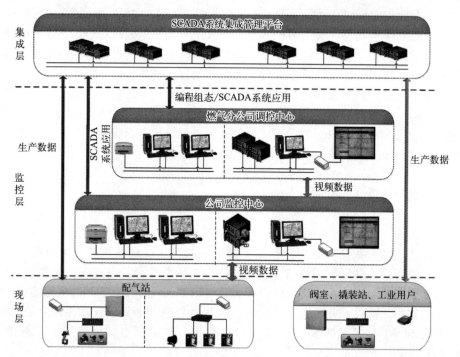

图 10-10　燃气场站监测系统总体架构

图像/图片采集监视节点负责完成各类参数的采集，由数据传输和远程控制模块来完成环境信息的上传和用户端指令的下发，成功建立网络后，生产单元内的现场仪表通过各个节点加入网络。启动网络后，网络中的现场监控节点开始对生产单元内的参数，如温度、压力、人流量等环境因子进行实时的监测，并将所采集到的环境数据通过有线通信转发给用户站，再由用户站将接收到的信息通过无线专网发送给集成管理平台进行实时的显示。

（2）软件总体构架

SCADA 系统的信息传输介质及方式应根据当地通信网络资源、地理环境、系统规模和功能需求等情况，经全面比选后确定。设置有远程控制功能的生产单元与上一级 SCADA 系统的通信宜设置主备冗余通信线路，主用通道优先选择有线链路资源，备用通道优先选择无线链路资源。就地控制的生产单元通信在具备条件的情况下，可优先选用有线网络资源传输方式进行数据交换，同一区、县域内各生产单元的有线链路原则上宜在区域内汇集后接入上一级网络。

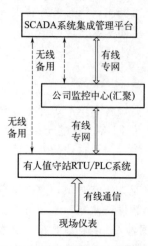

图 10-11　软件设计框架

现场层设备组网宜采用工业以太网，数据终端设备应支持 ModbusRTU、ModbusTCP/IP 等工业标准通信协议，现场层与上级 SCADA 系统通信宜采用 ModbusTCP/IP 协议，数据终端设备宜具备扩展支持其他标准协议（如 IEC 104、DNP3 等）的功能。RTU/PLC 等现场数据采集单元应提供不少于 1 路 RS-232/1 路 RS-485/1 路以太网 RJ-45 接口；SCADA 系统与分公司上游 SCADA 系统或第三方系统有数据交互需求时，应通过设置隔离区（DMZ）区满足数据交互安全要求。软件的总体设计框架如图 10-11 所示。

习　　题

1. 数据采集系统设计的原则是什么？
2. 数据采集系统设计的步骤是什么？

参考文献

[1] 张如洲.微型计算机数据采集与处理 [M].北京：北京工业学院出版社，1987.

[2] 赵负图.数据采集与控制系统：计算机测控技术 [M].北京：北京科学技术出版社，1987.

[3] 杨振江，等.智能仪器与数据采集系统中的新器件及应用 [M].西安：西安电子科技大学出版社，2001.

[4] 沈兰荪.数据采集技术 [M].合肥：中国科学技术大学出版社，1990.

[5] 尤德斐.数字化测量技术及仪器 [M].北京：机械工业出版社，1988.

[6] 马明建，周长城.数据采集与处理技术 [M].西安：西安交通大学出版社，2005.

[7] 肖忠祥，孟开元，等.数据采集原理 [M].西安：西北工业大学出版社，2001.

[8] 任家富，庹先国，陶永莉.数据采集与总线技术 [M].北京：北京航空航天大学出版社，2008.

[9] 王汉义.模-数与数-模转换技术基础 [M].哈尔滨：哈尔滨船舶工程学院出版社，1986.

[10] 王琳，商周，王学伟.数据采集系统的发展与应用 [J].电测与仪表，2004，41（8）：4-8.

[11] 李朝青.单片机原理及接口技术 [M].3 版.北京：北京航空航天大学出版社，2005.

[12] 叶洪海，李丽敏.基于单片机的多路数据采集系统的设计与实现 [J].佳木斯大学学报（自然科学版），2008，（4）：545-547.

[13] 陶楚良.数据采集系统及其器件 [M].北京：北京理工大学出版社，1988.

[14] 美国国家半导体公司.数据采集系统应用手册 [M].刘仁普，等译.北京：机械工业出版社，1997.

[15] 周林，殷侠，等.数据采集与分析技术 [M].西安：西安电子科技大学出版社，2005.

[16] 刘丽敏，廖志芳，周韵.大数据采集与预处理技术 [M].长沙：中南大学出版社，2018.

[17] 张艳兵，赵建华，鲜浩.计算机控制技术 [M].北京：国防工业出版社，2008.

[18] 唐光荣，李九龄，等.微型计算机应用技术（上）：数据采集与控制技术 [M].北京：清华大学出版社，2000.

[19] 詹宏英.数据采集与控制 [M].哈尔滨：黑龙江科学技术出版社，1991.

[20] 施洪昌，等.风洞数据采集技术 [M].北京：国防工业出版社，2004.

[21] 高光天，薛天宇，等.模数转换器应用技术 [M].北京：科学出版社，2001.

[22] 刘甫，陈健美.单片机原理及典型应用接口技术 [M].北京：中国水利水电出版社，2014.

[23] 王利强，彭月祥，宁可庆.计算机测控系统与数据采集卡应用 [M].北京：机械工业出版社，2007.

[24] 何宏.单片机原理与接口技术 [M].北京：国防工业出版社，2006.

[25] 张迎新，等.单片机（微控制器）原理及应用 [M].北京：高等教育出版社，2009.

[26] 卢胜利，郝立果，丁峰，等.单片机原理与应用技术实践 [M].北京：机械工业出版社，2009.

[27] 刘丽敏，廖志芳，周韵.大数据采集与预处理技术 [M].长沙：中南大学出版社，2018.

[28] 高云红，冯志刚，吴星刚.智能仪器技术及工程实例设计 [M].北京：北京航空航天大学出版社，2015.

[29] 陈福集.信息系统技术概论 [M].北京：高等教育出版社，2008.

[30] 四川省单片机与嵌入式系统专委会主编.中国西部嵌入式系统与单片机技术论坛 2005 学术年会论文集 [M].北京：北京航空航天大学出版社，2005.

[31] 王建东.基于 FPGA 的高速串行数据采集及恢复技术研究 [D].成都：电子科技大学，2017.

[32] 王婷婷.建筑基坑实时数据采集监控系统 [D].青岛：中国海洋大学，2007.

[33] 樊昌信，曹丽娜编著.通信原理（精编版）[M].北京：国防工业出版社，2021.

[34] Bishop R H. Mechatronic system control, logic, and data acquisition [M]. Taylor and Francis：CRC Press, 2017：704.

[35] Olsen R L, Madsen J T, Rasmussen J G, et al. On the use of information quality in stochastic networked control systems [J]. Computer Networks, 2017, 124.

[36] Prempain E, Postlethwaite I. Feedforward control: a full-information approach [J]. Automatica, 2001, 37 (1).

[37] Bouzar-Benlabiod L, Rubin S H. Heuristic acquisition for data science [J]. Information Systems Frontiers, 2020, 22 (5)：1001-1007.

[38] Mandelis A. Focus on software, data acquisition, and instrumentation.[J]. Physics Today, 2022, 75 (4)：57-59.

[39] Sheingold D H. Analog-digital conversion notes [Z]. Analog Devices, Inc. 1979：217 - 246.

[40] Haddad J, Mirkin B. Resilient perimeter control of macroscopic fundamental diagram networks under cyberattacks

［J］. Transportation Research Part B，2020，132.

［41］ Malmberg H，Wilckens G，Loeliger H A. Control-bounded analog-to-digital conversion.［J］. Circuits，Systems & Signal Processing，2022，41（3）：1223-1254.

［42］ 陈会娟.井下钻柱振动信号的测量及振动激励源研究［J］.石油钻探技术，2021，49（5）：57-63.

［43］ 刘本永.非平稳信号分析导论［M］.北京：国防工业出版社，2006.

［44］ 黄梦宏，朱令娴，张志勇，等.基于短时傅里叶变换的飞行器故障振动信号分析［J］.装备环境工程，2021，18（2）：62-65.

［45］ 杨秀芳，张伟，王若嘉，等.基于小波变换的雷达生命信号提取方法［J］.光子学报，2013，（11）：1370-1374.

［46］ 刘素贞，魏建，张闯，等.基于 FPGA 的超声信号自适应滤波与特征提取［J］.电工技术学报，2020，35（13）：2870-2878.

［47］ 沈兰荪.高速数据采集系统的原理与应用［M］.北京：人民邮电出版社，1995.

［48］ Tarpara E G，Patankar V H . Design and development of reconfigurable embedded system for real-time acquisition and processing of multichannel ultrasonic signals［J］. Science，Measurement & Technology，IET，2019，13（7）：1048-1058.

［49］ Zhang X . ADCP data acquisition and its application in multichannel signal processing［J］. Journal of Physics Conference Series，2020，1533：032-053.

［50］ Hidvegi A，Eriksson D，Cederwall B，et al. A high-speed data acquisition system for segmented Ge-detectors［C］//2006 IEEE Nuclear Science Symposium Conference Record. IEEE，2006，2：999-1001.

［51］ Satish L，Vora S C，Sinha A K. A time efficient method for determination of static non-linearities of high-speed high-resolution ADCs［J］. Measurement，2005，38（2）：77-88.

［52］ Raj J J R，Rahman S M K，Anand S. 8051 microcontroller to FPGA and ADC interface design for high speed parallel processing systems-application in ultrasound scanners［J］. Engineering science and technology，an international journal，2016，19（3）：1416-1423.

［53］ Xie W，Mei S，Wang H，et al. A Digital System Design of High-Speed Acquisition Module［C］//2021 IEEE 3rd International Conference on Circuits and Systems（ICCS）. IEEE，2021：15-18.

［54］ Zhiqiang H，Wenxian Z，Jianke L. Research on high-speed data acquisition and processing technique［C］//2007 8th International Conference on Electronic Measurement and Instruments. IEEE，2007：4-816-4-819.

［55］ Bartknecht S，Fischer H，Herrmann F，et al. Development of a 1 GS/s high-resolution sampling ADC system［J］. Nuclear Instruments and Methods in Physics Research Section A：Accelerators，Spectrometers，Detectors and Associated Equipment，2010，623（1）：507-509.

［56］ Zhang X W，Qian F Y，Xi J X，et al. A 16-bit 2. 5-MS/s SAR ADC with on-chip foreground calibration［J］. Microelectronics Journal，2022，130：105618.

［57］ 苏迪，杨帆，陶俊，等.一种适用于 FPGA 应用的高效高速缓存压缩方法［J］.复旦学报（自然科学版），2019，58（05）：634-641.

［58］ Sideris I，Pekmestzi K. A column parity based fault detection mechanism for FIFO buffers［J］. Integration，2013，46（3）：265-279.

［59］ Khan M A，Ansari A Q. n-Bit multiple read and write FIFO memory model for network-on-chip［C］//2011 World Congress on Information and Communication Technologies. IEEE，2011：1322-1327.

［60］ 卓浩泽，龚仁喜，谢玲玲，等.基于 FPGA 的多路高速数据采集系统的设计［J］.电测与仪表，2011，48（09）：65-68.

［61］ 周晨曦，曾国强.基于 USB 3.0 的高速数据传输接口设计［J］.计算机测量与控制，2020，28（05）：146-150.

［62］ 王鑫幕，芦夜召，孟立凡，等.基于 FPGA 和 USB 3.0 的超高速数据传输系统设计［J］.现代电子技术，2022，45（16）：71-74.

［63］ 展永政，李拓，胡庆生，等.一种适用于 100Gbit/s 以太网 PCS 的高速异步 FIFO［J］.微电子学，2022，52（05）：886-892.

［64］ Benevenuti F，Gonçalves M M，Pereira Jr E C F，et al. Investigating the reliability impacts of neutron-induced soft errors in aerial image classification CNNs implemented in a softcore SRAM-based FPGA GPU［J］. Microelectronics Reliability，2022，138：114738.

［65］ Sharma V，Bisht P，Dalal A，et al. Half-select free bit-line sharing 12T SRAM with double-adjacent bits soft error correction and a reconfigurable FPGA for low-power applications［J］. AEU-International Journal of Electronics and

Communications，2019，104：10-22.

[66] Pradeep S，Dappuri B. FPGA based area efficient implementation of DDR SDRAM memory controller using Verilog HDL [J]. 2022：352-355.

[67] Shi H，Zhang S. Dual-channel image acquisition system based on FPGA [C] //2019 International Conference on Intelligent Transportation，Big Data & Smart City (ICITBS). IEEE，2019：421-424.

[68] Micron Corporation. DDR3 SDRAM Tech Note [EB]. http://www. micron. com/ products/dram/ddr3-sdrarn/ddr3-sdram-tech-notes，2010.

[69] 沈伟，王军政，汪首坤. 基于 FIFO 的高速高精度数据采集技术研究 [J]. 电子件，2007（05）：1673-1676.

[70] 张嘉璐，段俊萍，王淑琴. 基于 FIFO 缓存的数据混合编帧技术研究与实现 [J]. 电子测量技术，2020，43（18）：125-130.

[71] 张华夏，陈青山，王艳林. 基于双缓存技术实现光谱数据高速采集与处理 [J]. 电子测量技术，2022，45（13）：54-58.

[72] Zack S J. Allaire W E. BLOCK RAM WITH EMBEDDED FIFO BUFFER [P]. United States Patent. May 2003. US Patent N0.：7038952. 9-12.

[73] 王嘉慧. 基于 FPGA 的高速 A/D 数据采集设计 [J]. 中国棉花加工，2014（04）：22-24.

[74] Fu S Y. Design of high speed data acquisition system for linear array CCD based on FPGA [J]. Procedia Computer Science，2020，166：414-418.

[75] Wang S，Liu Y C，Ruan X. A multirate and multi-channel data acquisition system based on DSP [C] //Seventh International Conference on Electronic Measurement &amp；Instruments (ICEMI'2005)，2005，6：6.16-6.19.

[76] 黄辉. USB3.0 技术发展和展望 [J]. 大众硬件，2008（10）：78-82.

[77] Law D，Dove D，D'Ambrosia J，et al. Evolution of ethernet standards in the IEEE 802.3 working group [J]. Communications Magazine IEEE，2013，51（8）：88-96.

[78] Otani S，Kondo，et al. Peach：A multicore communication system on chip with PCI express [J]. IEEE Micro，2011，31（6）：39-50.

[79] Quinnell R A. PCI Express contends for communications role [J]. Electrical Design News. 2006，51（21）：51-52.

[80] 周林，殷侠，等. 数据采集与分析技术 [M]. 西安：西安电子科技大学出版社，2005.

[81] 熊尧. 多功能高速采集卡的设计与实现 [D]. 西安：西安电子科技大学，2013.

[82] 周佳琪. 海底管道超声探测数据采集模块的设计与实现 [D]. 上海：上海交通大学，2007.

[83] 廖大强. 数据采集技术 [M]. 北京：清华大学出版社，2022.

[84] 任家富. 数据采集与总线技术 [M]. 北京：北京航空航天大学出版社，2008.

[85] 杨毅明. 数字信号处理 [M]. 北京：机械工业出版社，2012.

[86] 奥本海姆 A V. 离散时间信号处理 [M]. 2 版. 北京：电子工业出版社，1999.

[87] 李刚，林凌. 现代测控电路 [M]. 北京：高等教育出版社，2004.

[88] 马丽忠，周雪梅，蔡成涛. 传感器及信号检测转换技术 [M]. 哈尔滨：哈尔滨工程大学出版社，2016.

[89] 李醒飞. 测控电路 [M]. 5 版. 北京：机械工业出版社，2016.

[90] 李承，徐安静. 模拟电子技术 [M]. 2 版. 北京：清华大学出版社，2020.

[91] 马明建. 数据采集与处理技术 [M]. 3 版. 西安：西安交通大学出版社，2019.

[92] 松井邦彦. OP 放大器应用技巧 100 例 [M]. 北京：科学出版社，2006.

[93] Alexander C K. Fundamentals of Electric Circuits [M]. 北京：机械工业出版社，2018.

[94] 杨畅，史小冉. 数值逼近 [M]. 北京：科学出版社，2017.

[95] 孙一林，彭波. 单片机原理及接口技术 [M]. 北京：清华大学出版社，2020.

[96] 金纯，祖秋，罗凤，等. ZigBee 技术基础及案例分析 [M]. 北京：国防工业出版社，2008.

[97] 刘国福，杨俊. 微弱信号检测技术 [M]. 北京：机械工业出版社，2014.

[98] 李晓峰，周宁，周亮，等. 通信原理 [M]. 2 版. 北京：清华大学出版社，2014.

[99] 吴建平，彭颖. 传感器原理及应用 [M]. 4 版. 北京：机械工业出版社，2021.